BIOLOGISCHE STUDIENBÜCHER

HERAUSGEGEBEN VON WALTHER SCHOENICHEN · BERLIN

VIII

PALÄONTOLOGISCHES PRAKTIKUM

VON

O. SEITZ UND W. GOTHAN

DR. PHIL. BEZIRKSGEOLOGE   DR. PHIL. · PROFESSOR · KUSTOS

AN DER PREUSSISCHEN GEOLOGISCHEN
LANDESANSTALT BERLIN

MIT 48 ABBILDUNGEN

Springer-Verlag Berlin Heidelberg GmbH
1928

© 1928 SPRINGER-VERLAG BERLIN HEIDELBERG
URSPRÜNGLICH ERSCHIENEN BEI JULIUS SPRINGER IN BERLIN 1928
SOFTCOVER REPRINT OF THE HARDCOVER 1ST EDITION 1928

ISBN 978-3-642-98229-3   ISBN 978-3-642-99040-3 (eBook)
DOI 10.1007/978-3-642-99040-3

Inhaltsverzeichnis.

A. Einleitung.

Auf den ersten Blick möchte man es vielleicht als überflüssig erachten, wenn diesem Buche ein größerer allgemein-paläontologischer Teil vorausgeschickt wird. Versteht man doch gewöhnlich unter einem Praktikum nur eine Zusammenstellung der technischen Methoden, Erfahrungen und Hilfsmittel, die zur Durchführung einer wissenschaftlichen Arbeit erforderlich sind. Die erste Voraussetzung für jede erfolgreiche Tätigkeit auf dem Gebiete der Paläontologie ist aber richtiges Sammeln und richtiges und sorgfältiges Beobachten beim Sammeln. Mancher Irrtum könnte vermieden werden, wenn nicht gerade die Beobachtung beim Sammeln häufig zu wünschen übrig ließe. Die Paläontologie ist keine Schubkastenwissenschaft; es genügt nicht, die gesammelten Versteinerungen mit Fundortbezeichnung und rohen stratigraphischen Angaben zu versehen und in Schränken aufzubewahren. Sammeln bedeutet nicht „Zusammenraffen", auf das „Wie" kommt es hier vor allen Dingen an.

Wer jedoch Sammeln nur aus Liebhaberei betreibt, etwa in dem Sinne eines Briefmarkensammlers, der kann sich mit der Freude an gut und schön erhaltenen Stücken begnügen, der braucht sich nicht die Frage nach der tieferen Bedeutung seines Tuns vorzulegen. Für ihn genügt es, wenn er sich mit den im zweiten Teil geschilderten Präparationsmethoden beschäftigt.

Aber richtiges Sammeln und Beobachten im Gelände ist nur möglich, wenn der Sammler mit den wichtigsten Problemen vertraut ist. Eine Einführung in diese Aufgaben, die selbstverständlich nicht erschöpfend, sondern nur unter gewisser Auswahl im Zusammenhang mit der Praxis des Sammlers dargestellt werden können, ist daher nicht nur mit Rücksicht auf den Untertitel des Buches und im Hinblick auf den größeren Leserkreis, an den es sich wenden soll, sondern auch aus sachlichen Gründen unbedingt erforderlich.

Die wissenschaftlichen Forschungsmethoden haben in den letzten Jahren eine beträchtliche Verfeinerung erfahren. Nachdem eine erste Ordnung und Sichtung durch die Arbeiten des vergangenen Jahrhunderts durchgeführt worden ist, nachdem ein gewisser Überblick über das riesige Fossilmaterial besteht, handelt es sich nun darum, in mancher Beziehung tiefer zu schürfen. Nun besteht die Frage, ob die Wissenschaft an der Tätigkeit des Laiensammlers achtlos vorübergehen soll oder ob sie daraus noch heute und künftig ebenso wie in früheren Jahren wert-

vollen Gewinn schöpfen kann, oder mit anderen Worten: Ist der S a m m -
l e r heute noch in der Lage, solches Material zusammenzutragen, das den
höhergestellten Ansprüchen der Wissenschaft genügt? Wir denken hierbei nicht an gewisse Einzelfunde, wie z. B. Wirbeltierreste, die oft unter
den ungünstigsten Fundumständen hohen wissenschaftlichen Wert behalten, sondern zunächst nur an die Wirbellosen, die ja weitaus die
Hauptmasse jeder Sammlung ausmachen. Eine starke Quelle — die
Mitarbeit des L a i e n s a m m l e r s — droht zu versiegen, wenn nicht neue
Anregungen verbreitet werden. Wir möchten beispielsweise darauf hinweisen, daß gewisse nicht sehr fossilreiche Schichten nur dann in den
Fortschritt wissenschaftlicher Forschung miteinbezogen werden können,
wenn die in F r a g e k o m m e n d e n A u f s c h l ü s s e e i n e r s t ä n d i g e n,
g e g e b e n e n f a l l s ü b e r J a h r e h i n a u s s i c h e r s t r e c k e n d e n p a l ä o n-
t o l o g i s c h e n K o n t r o l l e u n t e r l i e g e n. Hier ist das Arbeitsfeld des
Lokalsammlers. Denn der Fachgeologe ist in den meisten Fällen zu sehr
an den Sitz seines Forschungsinstitutes gebunden und kann infolgedessen eine regelmäßige Beobachtung nur der nahegelegenen Aufschlüsse
durchführen.

Zu solcher und ähnlicher Mitarbeit anzuregen, ist ein Hauptzweck
des Buches. Daneben soll es aber auch den Studenten der Paläontologie eine Hilfe sein.

B. Tierische Fossilien.

I. Aufgaben der Paläontologie.

a) Morphologie und Stratigraphie.

Als Einführung in die wichtigsten Aufgaben der Paläontologie ist eine kurze geschichtliche Darstellung am besten geeignet, die jedoch keinen Anspruch auf Vollständigkeit machen kann,
denn es handelt sich hier vor allem darum, die Beziehung zwischen den
wissenschaftlichen Methoden und dem Sammeln und Beobachten klar-
zustellen. Es erübrigt sich selbstverständlich, diejenigen älteren paläontologischen Arbeiten zu berühren, in welchen die Versteinerungen
in ihrer Bedeutung entweder vollständig verkannt oder nur rein be-
schreibend ohne jede tiefere Fragestellung behandelt wurden.

Zwei Namen sind es, die den Ausgangspunkt der folgenden Betrachtung bilden müssen: WILLIAM SMITH und GEORGES CUVIER, beiden ver-
dankt die Paläontologie grundlegende Erkenntnisse. Während WILLIAM
SMITH zum Begründer der Stratigraphie wurde, hat CUVIER durch
die Einführung der vergleichenden Anatomie die wissenschaftliche Morphologie und damit auch die wissenschaftliche Paläozoologie
geschaffen.

Stratigraphie im Sinne einer Schichtbeschreibung kannte man schon
vor WILLIAM SMITH, aber sie erschöpfte sich in einer Beschreibung der
Gesteine und hatte den Fossilien jede Bedeutung abgesprochen. Die
Unterscheidung dessen, was älter oder jünger ist, stützte sich lediglich
auf die petrographische Beschaffenheit, eine Methode, die in ABRAHAM
GOTTLOB WERNER (1749—1817) ihren bedeutendsten Vertreter fand.
Erst WILLIAM SMITH (1769—1839) erkannte den hohen Wert der Versteinerungen für die Ermittlung des relativen geologischen Alters der
Schichten. Er stellte fest, daß jede Schicht sich durch einen besonderen
Fossilinhalt auszeichnet und daß also in den verschiedenen Schichten
übereinander verschiedene Faunen enthalten sind. Für England konnte
er ein stratigraphisches System aufstellen und auch kartographisch fest-
legen, dessen wichtigste Grundzüge auch heute noch zu Recht bestehen.

Mit dem Nachweis, daß in erster Linie Versteinerungen zur Alters-
bestimmung der Schichten geeignet sind, war eine ungemein fruchtbare
Erkenntnis gewonnen, welche zur Grundlage zahlreicher Arbeiten in der
Folgezeit werden mußte. Nicht nur die Paläontologie, sondern auch die
gesamte Geologie, einschließlich ihrer Bedeutung für das praktische

Leben, fußt auf diesem zuerst von WILLIAM SMITH erbrachten und folgerichtig durchgeführten Nachweis.

Zur Feststellung des Alters der Schichten ist also eine Beschreibung
des Fossilinhaltes notwendig. Aber diese Beschreibung ist ungenügend,
wenn sie nicht in Beziehung gesetzt wird zu den Tieren und
Pflanzen der Gegenwart, oder umgekehrt: die Gegenwart muß die
Grundlage für die Beurteilung der Vergangenheit bilden.

Hier setzen nun die bahnbrechenden Arbeiten CUVIERS (1769—1832)
ein, dessen Haupterfolge auf dem Gebiete der Wirbeltierkunde liegen.
Bei dem Versuch, die im Tertiär und Diluvium des Pariser Beckens gefundenen Knochenreste zu beschreiben, erkennt er, daß dies nur durch
einen Vergleich mit den lebenden Formen möglich ist. Sie stehen daher
am Anfang seiner Untersuchungen und führen ihn zu dem Gesetz der
Korrelation, nach welchem alle Teile eines Tieres in gesetzmäßiger
morphologischer Wechselbeziehung zueinander stehen, so daß man also
z. B. aus einem einzelnen Knochen Schlüsse auf den Gesamtbau des
Tieres ziehen kann. Durch ständigen Vergleich mit den noch lebenden
verwandten Arten versucht er die fossilen Knochen zu bestimmen. Es
wird von ihm z. B. der Nachweis erbracht, daß eine Reihe von Gattungen,
wie *Rhinoceros, Hippopotamus, Tapirus* und *Elephas*, die heute nur auf
die Tropen beschränkt sind, früher in Europa und Nordamerika lebten,
und daß andere, wie *Mastodon, Palaeotherium* und *Anoplotherium*, ausgestorben sind. Von den Skeletten der beiden zuletzt genannten gelingen ihm sogar vollständige Rekonstruktionen. Interessant ist es, daß
es CUVIER auf sehr sinnfällige Weise gelingt, seine skeptischen Fachge-
nossen von der Richtigkeit seiner Arbeitsmethoden zu überzeugen. Als
an der Oberfläche eines vom Montmartre stammenden Gipsblockes Reste
eines Skelettes sichtbar werden, bestimmt CUVIER dieses im voraus als
zu einer amerikanischen Beutelratte (*Didelphys*) gehörig und präpariert
nun vor Zeugen den im Gestein verborgenen, charakteristischen Beutel-
knochen heraus.

Auf einem anderen Gebiet war CUVIERS Einfluß leider verhängnis-
voll. Den plötzlichen Faunenwechsel in übereinanderliegenden Schichten erklärte er als Folge katastrophaler Vorgänge, durch welche das
Leben der Vernichtung anheimgefallen sei. Diese Erdrevolutionen,
die CUVIER in der Aufrichtung und Faltung der Schichten mit nach-
folgender Abtragung und neuer Überflutung durch das Meer zu erkennen
glaubte, sollen allerdings nicht universeller Natur[1], wie es von späteren Geologen dargestellt wurde, sondern örtlich beschränkt gewesen
sein. Aus Gebieten, die von diesen Ereignissen nicht betroffen worden
sind, konnte nach Beendigung der Katastrophe eine neue Fauna einwandern. Auf diese Weise soll der Faunenwechsel in übereinanderliegenden Schichten entstanden sein. Den Gedanken einer Abstammung
lehnte CUVIER ab, da ihm die Arten als etwas durchaus unver-
änderliches, festumrissenes erschienen.

---

[1] DEPÉRET: Die Umbildung der Tierwelt. Deutsch von R. N. WEGNER. Stuttgart 1909. S. 10.

Cuviers Kataklysmenlehre wurde von d'Orbigny dahin erweitert, daß die Katastrophen wiederholt erdumspannend zu einer völligen Auslöschung des ganzen Lebens geführt haben, auf welche dann jeweils eine Neuschöpfung folgte.

Lamarcks und Geoffroy Saint Hilaires Hypothesen von einer Entwicklung der Tier- und Pflanzenwelt blieben unbeachtet.

Erst später führte Darwin wieder auf den rechten Weg zurück.

Wenn auch die Wissenschaft durch den Einfluß Cuviers bezüglich der Kataklysmenlehre zunächst auf Abwege geleitet wurde, so brachten doch die Jahre von 1830 bis zum Eindringen der Deszendenzlehre in die Paläontologie um etwa 1863 zahlreiche stratigraphische und morphologische Arbeiten, die ja schließlich erst das Fundament bilden konnten, auf welchem ein Fortschritt möglich war. Überall wurden Versuche unternommen, eine zusammenfassende Beschreibung der bisher bekannten und gesammelten Versteinerungen zu geben. In den Jahren 1835—1838 veröffentlichte H. G. Bronn mit Göppert in seiner *Lethaea geognostica* das Wichtigste und Wesentlichste, was bis dahin über Paläontologie und Formationskunde bekannt war. A. Goldfuss und Graf zu Münster wollten eine Monographie[1] aller in Deutschland vorkommenden Wirbellosen veröffentlichen. Aber das in den Jahren 1826 bis 1844 erschienene Tafelwerk der *Petrefacta Germaniae* blieb infolge der von einem einzelnen Forscher nicht zu bewältigenden Materialfülle ebenso unvollendet wie der gleiche Versuch d'Orbignys[2] in Frankreich. Von England ist Sowerbys Mineral Conchologie of Great Britain als eine ähnliche Darstellung zu nennen.

Einen Höhepunkt in dieser „beschreibenden Periode" der Paläontologie bedeuten die Arbeiten von Quenstedt und Oppel. Quenstedt beschränkte sich zwar im wesentlichen auf Schwaben, führte hier aber eine stratigraphische Gliederung des Jura durch, wie sie bisher unerreicht war. Ausgehend von einer Einteilung Leopold v. Buchs in schwarzen, braunen und weißen Jura, gliederte er diese Hauptabschnitte in je 6 Unterabteilungen, die er mit $\alpha, \beta, \gamma, \delta, \varepsilon, \zeta$ bezeichnete; innerhalb dieser Unterabteilungen unterschied er noch kleinere Stufen, die er nach dem häufigsten Fossil und nach dem petrographischen Charakter der Schicht benannte, also z. B. Gryphitenkalk, Amaltheenton, Posidonienschiefer usw. Aber auch in morphologischer Beziehung, in der Beschreibung und Darstellung der Versteinerungen unter Hervorhebung zahlreicher Einzelheiten und Feinheiten nehmen Quenstedts Arbeiten eine überragende Stellung ein.

Auf diesem vorzüglichen morphologischen und stratigraphischen Fundament konnte nun Oppel weiter bauen. Durch einen Vergleich der Stratigraphie des Juras von Schwaben mit demjenigen von Frankreich

---

[1] Behandelt nur die Spongien, Korallen, Crinoiden, Echiniden, einen Teil der Muscheln und Schnecken.

[2] *Paléontologie française*; dieses vielbändige Werk behandelt die Cephalopoden, Gastropoden des Jura und der Kreide, Lamellibranchiaten, Brachiopoden, Bryozoen und einen Teil der Seeigel der Kreide; dazu die Gymnospermen und Farngewächse, bearbeitet von Saporta.

und England bringt er den Nachweis, daß im allgemeinen überall die gleiche Aufeinanderfolge der Faunen vorhanden ist. Bei diesen Untersuchungen sah er sich vor die Notwendigkeit gestellt, einen stratigraphischen Begriff zu schaffen, der von dem bisherigen die lokale Ausbildung der Schichten, also in erster Linie den petrographischen Charakter und auch die unwesentlichen Faunenbestandteile, abstrahiert. An Stelle QUENSTEDTscher Lokalnamen, wie z. B. ,,Posidonienschiefer'', trat die Bezeichnung ,,Zone'' der *Posidonomya Bronni*, womit also ausgedrückt war, daß diese Zone eine mehr oder weniger mächtige Schicht ist, welche durch den genannten Zweischaler charakterisiert wird ohne Rücksicht auf die örtliche Ausbildung des Gesteins. OPPEL hat keine Definition dieses Begriffes gegeben, und wie wir weiter unten sehen werden, dauert die Diskussion hierüber bis in die Gegenwart fort. Sicherlich wollte er damit nur die kleinste stratigraphische Einheit benennen, die sich auf Grund seiner Untersuchungen erzielen ließ.

Mit OPPEL kann man die beschreibende Periode der Paläontologie abschließen. Aber nicht etwa, weil die Arbeitsmethoden in morphologisch-stratigraphischer Beziehung sich in der darauf folgenden Zeit sofort grundsätzlich gewandelt hätten, sondern nur, weil durch die Abstammungslehre ein neuer Gedanke in die Paläontologie hineingetragen wurde, neben welchem die morphologisch-stratigraphischen Untersuchungen in breitem Strome ihrem Ziele zuflossen.

Zusammenfassend kann man die ältere Periode als diejenige Zeit bezeichnen, in welcher sich die Wissenschaft in der Hauptsache mit einem morphologischen und einem stratigraphischen Probleme befaßte, nämlich einerseits die zoologische und botanische Systematik zu vertiefen und zu erweitern und andererseits die Grundlage einer stratigraphischen Gliederung zu schaffen. In dieser Zeit begann die Suche nach den Leitfossilien, d. h. nach denjenigen Versteinerungen, welche in einer möglichst geringmächtigen Schicht auftreten, dabei aber dennoch eine weite flächenhafte Verbreitung besitzen und infolgedessen ganz besonders zu Altersbestimmungen geeignet sind.

Gedanken über Abstammung fehlten damals gänzlich.

b) Phylogenie und Biostratigraphie.

Gegenüber der Autorität CUVIERS, gegenüber seiner klaren eindrucksvollen und genialen Beweisführung konnten sich die von LAMARCK und GEOFFROY ST. HILAIRE schon früher ausgesprochenen Gedanken über eine Umbildung und Entwicklung der Tier- und Pflanzenwelt nicht durchsetzen. 40 Jahre bis zum Erscheinen von DARWINS ,,Entstehung der Arten'' (1859) herrschte sein Einfluß. Aber es dauerte noch einige Jahre, bis die Abstammungslehre auch in der Paläontologie ihren Einzug fand.

Als einer der ersten[1], welche die neue Theorie auf Versteinerungen

---

[1] Vgl. POMPECKJ: J. C. M. REINECKE, ein deutscher Vorkämpfer der Deszendenzlehre aus dem Anfange des 19. Jahrhunderts. Paläontol. Zeitschr. *8*, 39. 1926 und WÜST: LUDWIG RÜTIMEYER (1825—1895) als Begründer der historischen Paläontologie. Ebenda S. 34.

bewußt und folgerichtig anwandten, ist HILGENDORF zu nennen, der im
Jahre 1866 seine Untersuchungen über *Planorbis multiformis* im Steinheimer Süßwasserkalk[1] veröffentlichte. Es ist nun sehr überraschend,
daß diese Arbeit in methodischer Beziehung als völlig gleichwer-
tig neben die modernsten Abhandlungen gestellt werden kann,
was bei vielen Untersuchungen, die nach HILGENDORF erschienen sind,
nicht möglich ist. Infolge ihres ungeheuren Fossilreichtums waren allerdings die Steinheimer Ablagerungen für phylogenetische Betrachtungen
ein sehr dankbares Objekt. HILGENDORF erkannte, was den Forschern
vor ihm entgangen war, daß gewisse Schichten der Steinheimer Süß-
wasserkalke sekundär umgelagert waren, daß also die in ihnen enthaltenen Fossilien nicht zu gleicher Zeit gelebt haben, sondern erst
nachträglich aus verschieden alten Schichten zusammengespült worden
sind. Versteinerungen, die aus solchen Ablagerungen herrühren, sind
für stammesgeschichtliche Untersuchungen völlig wertlos, ja sie dürfen
— wie wir noch sehen werden — zunächst auch nicht zu systematischen
Klassifikationsversuchen herangezogen werden. Die Arbeit HILGEN-
DORFS ist ein klassisches Beispiel dafür, wie sehr Sammeln zugleich
auch Beobachten bedeutet.

HILGENDORF hat also nur diejenigen Formen, die aus dem anstehenden primären Gestein entnommen waren, einer Untersuchung unterzogen. Er stellte sämtliche Formen zu *Planorbis (Gyraulus) multiformis* und unterschied hierbei 19 verschiedene „Varietäten",
indem er entsprechend der bei QUENSTEDT üblichen Nomenklatur dem
Artnamen „*Planorbis multiformis*" noch einen dritten Namen, z. B.
steinheimensis, zur Bezeichnung der Varietät anfügte.

Im folgenden sind nicht die von HILGENDORF selbst gebrauchten
Artnamen, sondern diejenigen eingesetzt, wie sie von der neueren For-

Zone	Hauptreihe	1. Nebenreihe	2. Nebenreihe
Hangendes			
Supremus-Z.	*supremus*	*crescens*	
Revertens-Z.	*revertens*		
Oxystoma-Z.	*oxystoma*		
Trochiformis-Z.	*trochiformis*	*crescens*	*kraussi*
Planorbiformis-Z.	*planorbiformis*	*subhemistoma*	
Sulcatus-Z.	*sulcatus*		
Tenuis-Z.	*tenuis*	*subhemistoma*	*kraussi*
Steinheimensis-Z.	*steinheimensis*	*steinheimensis*	*steinheimensis*
Kleini-Z.		*kleini*	
Liegendes			

---

[1] Monatsberichte der kgl. Pr. Akad. d. Wiss. Berlin. 1866, S. 475.

schung im Anschluß an WENZ[1] gebraucht werden; so muß z. B. *Planorbis multiformis* bei HILGENDORF jetzt den Namen *Gyraulus trochiformis* erhalten. Entsprechend der Formgestaltung und der Aufeinanderfolge in den Schichten hat HILGENDORF verschiedene Zonen unterschieden und einen Stammbaum konstruiert, den wir nach WENZ, aber in etwas vereinfachter Form, wiedergeben.

Es würde zu weit führen, diesen Stammbaum hier im einzelnen zu begründen. Nur die Hauptreihe[2] soll kurz erörtert werden. Aus der Stammform des *Gyraulus trochiformis kleini* (Abb. 1a) entwickeln sich die Haupt- und die beiden Nebenreihen. Die Umwandlung zu *G. trochiformis steinheimensis* (Abb. 1b) vollzieht sich durch Größerwerden des Gehäuses, Änderung im Querschnitt der Gehäuseumgänge und durch Bildung einer schwachen Einfurchung auf der Oberseite der Schale. Aus *G. tr. steinheimensis* geht *G. tr. tenuis* (Abb. 1c) hervor, in dem sich die Furche etwas stärker vertieft.

Ziemlich schnell vollzieht sich der Übergang zu den nächst jüngeren Formen *G. tr. sulcatus*, bei welcher, wie Abb. 1d erkennen läßt, das Gehäuse etwas höher und der Querschnitt der Umgänge vierkantiger geworden ist. Allmählich verläuft die Umwandlung zu *G. tr. planorbiformis*, der im allgemeinen größer als die vorhergehende Art ist; die obere Außenkante der Umgänge ist noch schärfer geworden; das Gehäuse ist ziemlich scheibenförmig, doch kommen auch Formen vor, bei denen die Mündung etwas nach abwärts gesenkt (wie Abb. 1e) oder die ersten Windungen etwas erhöht sind. Sehr schnell erfolgt in den darüberliegenden Schichten die Umwandlung zu *G. tr. trochiformis* (Abb. 1g), bei dem das Gewinde sich stark heraushebt in der Weise, wie die Übergangsformen (Abb. 1f) es erkennen lassen[3].

Durch Verflachung des Gehäuses entstehen Übergangsformen zu *G. tr. oxystoma* (Abb. 1h) und schließlich diese Art selbst (Abb. 1i). In *G. tr. revertens* (Abb. 1k) ist die Form noch flacher und kleiner geworden. Bei *G. tr. supremus* (Abb. 1l) sind die Schalen auffallenderweise wieder stärker gewölbt, größer und gekielt.

Das Methodisch-Wertvolle, das uns an der HILGENDORFschen Arbeit im Rahmen dieses Buches weit mehr interessiert als wissenschaftliche Einzelergebnisse[4], erblicken wir zunächst in dem sorgfältigen

---

[1] WENZ: Die Entwicklungsgeschichte der Steinheimer Planorben und ihre Bedeutung für die Deszendenzlehre. Aus Natur u. Museum, 52. Ber. d. Senckenberg. Naturf. Ges. Frankfurt a. M. 1922, S. 135.

[2] KLÄHN hat in seiner Abhandlung „Paläontologische Methoden und ihre Anwendung auf die paläobiologischen Verhältnisse des Steinheimer Beckens" (Berlin: Gebr. Bornträger, 1923) die Entwicklungsreihe nur von *steinheimensis* bis *trochiformis* als bewiesen angesehen; die Fortsetzung über *oxystoma* zu *supremus* erscheint ihm zweifelhaft. Über diese und andere Meinungsverschiedenheiten zu diskutieren, ist hier nicht der Ort, da es uns nur auf das Methodische ankommt.

[3] Beschreibung und Abbildungen entnehmen wir der Arbeit von WENZ.

[4] So ist es im Zusammenhang mit der Sammelmethode völlig gleichgültig, ob die *Gyraulus*-Stammreihe als echte Stammfolge angesehen wird oder ob man nur eine Umwandlung durch äußere Einflüsse verursacht, bei deren Aufhören sofort ein Rückfall in die älteste Stammform eintritt, anerkennen will.

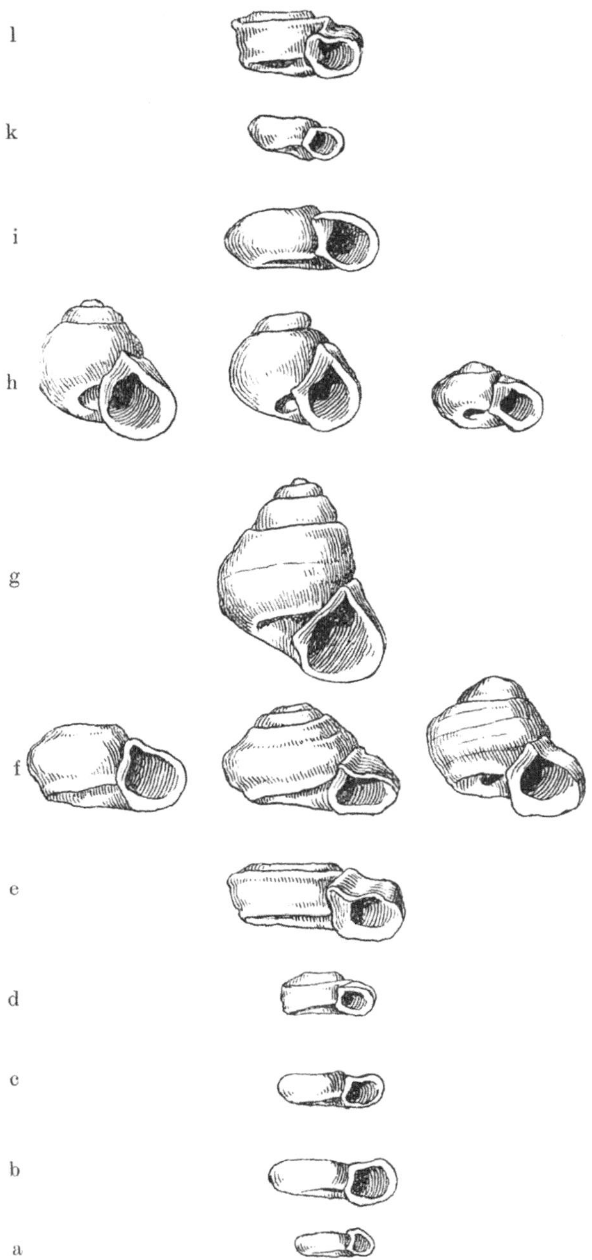

Abb. 1. *Gyraulus*-Stammbaum (Hauptreihe) nach HILGENDORF und WENZ. a *Gyraulus trochiformis kleini* (GOTTSCHICK et WENZ), b *steinheimensis* (HILGENDORF), c *tenuis* (HILGENDORF), d *sulcatus* (HILGENDORF), e *planorbiformis* (ZIETEN), f Übergänge von e zu g, g *trochiformis* (ZIETEN), h Übergänge von g zu i, i *oxystoma* (KLEIN), k *revertens* (HILGENDOEF), l *supremus* (HILGENDORF).

Sammeln und Beobachten im Gelände. Die Arbeit im Gelände bildet die unbedingt notwendige Grundlage für die Untersuchung am Arbeitstisch und für das Ergebnis. Die Versteinerungen wurden nicht wahllos zusammengerafft und dann nach Formähnlichkeit oder Verschiedenheit sortiert, sondern sie wurden schichtmäßig gesammelt und unter diesem Gesichtspunkte ausgewertet. Die innerhalb einer Schicht gefundenen Formen wurden beschrieben und mit denjenigen Formen, die in einem höheren oder tieferen Niveau vorkommen, verglichen. Die Beschreibung einer „Varietät" beschränkt sich nicht auf die genauen Angaben ihrer Gestalt, also auf das Morphologische, sondern sie wird — als Teil der Entwicklungsreihe durch ihr Erscheinen und Erlöschen — zeitlich definiert.

Nehmen wir einmal an, man hätte dieselben Schnecken ohne Rücksicht auf die Schichten, in denen sie vorkommen, gesammelt oder, was dasselbe ist, man hätte sich mit den oben erwähnten sekundär umgelagerten Fossilien begnügt, und man wollte nun eine Beschreibung der Formen versuchen. Man würde zunächst erkennen, daß zahllose Übergänge vorhanden sind. Man könnte einzelne besonders auffällige Typen herausgreifen, sie benennen und das übrige Material darum gruppieren. Wie man aber diese Gruppen umgrenzen wollte, das bliebe völlig der Willkür des einzelnen überlassen. Es gibt mindestens ebenso viele Möglichkeiten, ein solches Material zu beschreiben als Autoren, die sich diese Aufgabe stellen würden. Der eine würde im weitgehendsten Maße zusammenfassen und nur wenige Namen gebrauchen, ein anderer würde vielleicht die feinsten Unterschiede heraussuchen und diese besonders benennen. Zwischen diesen beiden Extremen sind außerdem zahllose andere Möglichkeiten vorhanden. Wir erkennen daraus, daß diese Methode zu keinem zuverlässigen Ergebnis führt. Eine solche wahllose morphologische Aufteilung hat nicht nur bei der Umgrenzung der Arten große Schwierigkeiten, sie ist auch für stammesgeschichtliche Forschungen völlig unbrauchbar. Es fehlt, abgesehen von einem ganz äußerlichen Gesichtspunkt, der sich gewissermaßen nur auf die Geometrie der Form bezieht, jede Fragestellung.

Vergleicht man hiermit die Arbeitsmethode der Zoologie, so erkennt man, daß diese gewiß vieles derjenigen der Paläontologie voraus hat. Die Untersuchung des lebenden Tieres gibt eine so klare Vorstellung seiner Organisation, wie sie durch die genaueste Untersuchung der im Gestein erhaltenen Skelette, Schalen und sonstigen Hartteile niemals erreicht werden kann. Aber dennoch hat die Paläontologie einen großen, ihr eigentümlichen Vorzug, der aber bei den Arbeiten im Gelände bis zu den feinsten Einzelheiten beachtet werden muß. Ihr Untersuchungsmaterial ist in chronologischer Reihenfolge überliefert, welche die Entwicklung und Umwandlung der Tierwelt in geologischen Zeiten zu beschreiben gestattet. Ihr stehen solche Zeiträume zur Verfügung, für welche das zoologische Vererbungsexperiment nichts Gleichwertiges an die Stelle zu setzen vermag.

Darum ist mit Nachdruck immer wieder darauf hinzuweisen, daß die historische oder stratigraphische Seite der paläontologischen Arbeitsmethode an erster Stelle stehen muß[1].

Sieht man von der stammesgeschichtlichen Deutung in dem Aufsatz HILGENDORFS ab, dann besteht zwischen seiner Methode und derjenigen WILLIAM SMITHS nur ein gradueller Unterschied. WILLIAM SMITH konnte nur deshalb das stratigraphische Problem lösen, weil er schichtmäßig sammelte. Aber die älteren Forscher hatten zunächst keine Veranlassung sich einer subtileren Stratigraphie zu widmen, zumal ja auch erst die Grundzüge der historischen Geologie aufzuzeichnen waren. Da sie innerhalb eines größeren Schichtkomplexes keine faunistischen Unterschiede machten, betrachteten sie ihn als eine Einheit, also im wesentlichen als gleich alt. HILGENDORF dagegen sammelte viel sorgfältiger; nach gering-mächtigen Schichten getrennt, mit dem Zwecke, die stratigraphischen Grenzen überall dahin zu legen, wo morphologische Unterschiede in der Fauna erkennbar werden. Aber schließlich war doch der Deszendenz-gedanke der Antrieb zu dieser Methode; denn wo es galt, Umwandlung und Abstammung einer Formgruppe nachzuweisen, mußten selbst-verständlich die kleinsten stratigraphischen Einheiten die Steine zum Bauwerk liefern.

Es ist bemerkenswert, daß diese innige wechselseitige Verknüpfung zwischen Phylogenie, Stratigraphie und Morphologie in der Folgezeit, ja bis in die Gegenwart hinein wenig beachtet wurde. Gewiß können wertvolle Arbeiten genannt werden, die den Anforderungen entsprechen. Daneben gibt es aber noch viele andere, die sich im Austüfteln rein morphologischer Unterschiede ohne jegliche Berücksichtigung und Verwertung des Zeitfaktors erschöpfen.

Auch die Grundbegriffe, die HILGENDORF zunächst unbewußt zur Anwendung brachte, und die kurze Zeit darauf von WAAGEN und NEU-MAYR klar definiert bzw. benannt worden sind, werden später fast vergessen oder kommen vielfach in unklarer Weise zur Anwendung[2]. WAA-GEN erkennt als erster den tiefgreifenden Unterschied zwischen der Veränderlichkeit einer Art in ein- und derselben Zeit und der Umwandlung der Art zu einer neuen in übereinanderliegenden Schichten. In seiner Arbeit „Die Formenreihe des *Ammonites subradiatus*"[3] schreibt er: „Sehr häufig zeigt sich nämlich, daß mehrere aufeinanderfolgende Schichten Formen ein und desselben Bildungstypus beherbergen, welche einander äußerst nahe stehen, die miteinander näher verwandt sind, als mit allen übrigen in den gleichen Schichten liegenden Arten. Solche Bildungstypen kann man oft durch eine große Zahl von Schichten hindurch verfolgen, aber in jeder Schicht zeigen die Individuen eine von der vorgehenden und nachfolgenden etwas abweichende

---

[1] Man vergleiche STOLLEYS berechtigte Kritik, die er in seiner Arbeit „Zur Systematik und Stratigraphie median gefurchter Belemniten" (20. Jahresber. d. Niedersächs. geol. Ver. 1927, S. 117) an der unhistorischen Methode NAEFS übt.

[2] Vgl. DIENER: Die Bedeutung der Zonengliederung für die Frage der Zeitmessung in der Erdgeschichte. N. Jahrb. f. Min. Beil. *42*, 87. 1918.

[3] Geognostische und paläontologische Beiträge, herausgegeb. v. BENECKE. 1869, S. 185.

Gestalt; das ganze bildet eine zusammenhängende Reihe, die man am besten mit dem technischen Ausdruck ‚Formenreihe' belegen könnte." Auf die innerhalb einer Schicht auftretenden Abänderungen einer Art beschränkt er die Bezeichnung „Varietäten" und prägt für die zeitlich aufeinanderfolgenden Abänderungen den Ausdruck „Mutationen". Da beide Begriffe in der Zoologie und Botanik in wesentlich anderem Sinne gebraucht werden, hat neuerdings SALFELD[1] für Mutation das Wort „Zeitglied", für Variation das Wort „Breitenreichweite" geschaffen.

Wir haben schon erwähnt, daß OPPEL den Begriff „Zone" in die Stratigraphie einführte und zwar wohl nur mit der Absicht, eine von örtlichen Eigentümlichkeiten unabhängige, kleinste stratigraphische Einheit zu schaffen. HILGENDORF benannte als erster die von ihm unterschiedenen Zonen nach den „Varietäten" (= Mutation im Sinne WAAGENS) der Hauptreihe des von ihm aufgestellten Stammbaumes. Seine Auffassung des Begriffes Zone wird 1878 von NEUMAYR[2] scharf umrissen. Er definierte nämlich die Zone durch die Lebensdauer einer Mutation; in der Weise, wie Mutation auf Mutation folgt, soll sich Zone über Zone reihen, als Grundlage stratigraphischer Gliederung.

Auch dieser klare Standpunkt hat aber zunächst wenig Beachtung gefunden. Noch handelte es sich darum, die Fülle des zusammenströmenden Fossilmaterials nach größeren Gesichtspunkten zu bewältigen. Auch der Hinweis BENECKES im Jahre 1905, daß die Zone aufzufassen sei als die geographische Verbreitung und Lebensdauer einer Art, vermag auf die Arbeitsmethode der Paläontologen keinen wesentlichen Einfluß zu gewinnen. Erst durch die Arbeiten POMPECKJs[3] und seiner Schüler und schließlich durch WEDEKIND[4] kam der Gedanke von NEUMAYR wieder zu seinem Recht.

In seiner akademischen Antrittsvorlesung in Tübingen wies POMPECKJ auf den Unterschied zwischen der Lebensdauer und der lokalen Existenzdauer einer Art hin. Vielfach wird man beobachten, daß eine Art in ein bestimmtes Gebiet eingewandert ist, dort eine gewisse Zeit lebte und dann infolge Änderung der Existenzbedingungen entweder ausgestorben oder wieder ausgewandert ist. In einem solchen Gebiet kann nicht festgestellt werden, wie lange diese Art gelebt hat. Wenn wir also eine stratigraphische Feingliederung versuchen, dann dürfen wir in diesem Falle nicht von einer echten Zone der Art sprechen, sondern nach WEDEKIND[4] nur von einem „Lager", nach FREBOLD[5] nur von einer „Teilzone" der Art.

---

[1] SALFELD: Die Bedeutung der Konservativstämme für die Stammesentwicklung der Ammonoideen. Leipzig 1924. (Max Weg.)

[2] NEUMAYR: Über unvermittelt auftretende Cephalopodentypen im Jura Mitteleuropas. Jahrb. d. k. k. Reichs-A. Bd. *27*, 1878, S. 40.

[3] POMPECKJ: Die Bedeutung des Schwäbischen Juras für die Erdgeschichte. Stuttgart 1914.

[4] WEDEKIND: Über Zonenfolge und Schichtenfolge. Centralbl. Min. 1918, S. 268.

[5] FREBOLD: Ammonitenzone und Sedimentationszyklen in ihrer Beziehung zueinander. Centralbl. Min. *4*, 317, 1924.

Die echte Zone oder auch Biozone[1], also die Lebensdauer
einer Art, kann nur durch eine über ein großes Gebiet sich erstreckende
phylogenetische Untersuchung ermittelt werden. In vielen Fällen dürften
wohl nur Teilzonen vorliegen.

Nehmen wir einmal an, eine Art Aa sei aus einem fernliegenden
Meeresbecken eingewandert, habe sich in einer Schichtserie zur Art Ab,
darüberfolgend zu Ac und Ad (vgl. nachfolgendes Schema) entwickelt und

Formenreihe	A	B
Teilzone		Bz
Biozone.		By
Teil- oder Biozone. .	Ad	Bx
Biozone.	Ac	
Biozone.	Ab	
Teilzone	Aa	

sei dann ausgestorben. Die Schichten mit Aa enthalten nicht die gesamte Lebensdauer der Art; man kann also hier nur von einer Teilzone
sprechen. Eine echte Zone oder Biozone sind dagegen die Schichten mit
Ab und Ac, denn wir haben ja die ganze Entwicklung der Form von Aa
bis Ad beobachten können. Wir können auch von einer Biozone der Art
Ad sprechen, wenn der Nachweis in unserem Untersuchungsgebiet gelingt,
daß sie tatsächlich ausgestorben ist. Wenn nun mit Ad eine andere Art Bx
vorkommt, so kann gegebenenfalls mit Hilfe einer an Bx sich anschlie-
ßenden neuen Reihe die stratigraphische Gliederung fortgesetzt werden.

Nun kann man sich zwei verschiedene Entwicklungsmög-
lichkeiten vorstellen: Entweder hat sich die Umwandlung der Arten
ganz allmählich vollzogen, so daß man gezwungen ist, durch mehr
oder weniger willkürliche Schnitte in einzelne Stadien (= Mutationen)
aufzuteilen, um überhaupt eine Verständigung bzw. Beschreibung zu erreichen, oder die Entwicklung hat sich sprunghaft vollzogen, also
unter Ausfall eines theoretisch möglichen Übergangstadiums[2]. Im letzten Falle gibt die Natur selbst das Mittel zur scharfen Umgrenzung der
Mutation. Im ersten Falle ist der Bearbeiter gezwungen, ein „künst-
liches" System in den Stoff hineinzutragen. Durch genaue Beschreibung
der Mutationen erreichen wir eine genaue Beschreibung der Zeitskala;
jedem Glied der Reihe entspricht ein bestimmter Zeitabschnitt.

Das wesentliche ist also, daß die gleichalten Fossilien mit den älteren

---

[1] BUCKMAN, S. S.: The term „Hemera". Geol. Mag. London 9, 554. 1902;
10, 95. 1903.

[2] Bei sprunghaften Mutationen müssen im allgemeinen Stammform und
Nachkomme innerhalb einer geringmächtigen Grenzschicht der Zonen nebeneinander gefunden werden. Sind aber die beiden aufeinanderfolgenden Mutationen im Profil scharf voneinander getrennt, dann kann eine stratigraphische
Lücke vorhanden sein. Umgekehrt kann durch eine stratigraphische Lücke eine
sprunghafte Mutation vorgetäuscht werden; bei Sedimentationsunterbrechungen
können bestimmte Glieder einer allmählichen Entwicklungsreihe örtlich aus-
fallen. Aber an irgendeinem Punkt der Erde müßte dann die vollständige Reihe
vorhanden sein. Durch die Lückenhaftigkeit der paläontologischen Über-
lieferung wird aber die Erforschung solcher Fragen sehr erschwert.

oder jüngeren verglichen und auf Grund dieses Vergleiches die Unterschiede festgestellt werden. Erst dann wird man erkennen, ob auch
innerhalb einer Zone mehrere Arten sich abtrennen lassen, ob vielleicht
verschiedene parallel laufende Entwicklungsreihen nebeneinander vorhanden sind.

Wenn man neuerdings von stratigraphischer Paläontologie oder von
Biostratigraphie spricht, so kommt darin die sehr enge Verknüpfung
zwischen Entwicklungsgeschichte, Stratigraphie und Systematik zum
Ausdruck; Morphologie ist nur auf ganz exakter stratigraphischer Grundlage möglich. Die Bezeichnung „Biostratigraphie" wird in verschiedener
Weise gebraucht. Dollo[1] prägte das Wort im Sinne von stratigraphischer Paläontologie im Gegensatz zur reinen Paläontologie, womit er
offenbar die Morphologie meinte. Diener[2] gebrauchte es sehr viel um-
fassender, so daß ein Unterschied zwischen Stratigraphie und Biostratigraphie nicht mehr ersichtlich und die Wortbildung überflüssig erscheint.
Wedekind[3] wendet dagegen den Begriff in viel engerem und, wie uns
scheint, in allein brauchbarem Sinne an. Wir möchten uns seiner Aus-
legung im wesentlichen anschließen und unter Biostratigraphie nicht
eine mehr oder weniger selbständige Disziplin, sondern nur die Methode
erblicken, auf Grund sorgfältiger, schichtmäßiger Aufsammlungen und
Beobachtungen mit Hilfe von Formenreihen (die Entwicklungsreihen sein können aber als solche nicht unbedingt beweisbar sein müssen)
stratigraphisch zu gliedern (vgl. hierzu S. 17).

Es kann nun ein und derselbe Schichtkomplex mit Hilfe mehrerer
Reihen gegliedert werden. So wird z. B. die Untere Kreide[4] mit Hilfe der
Ammoniten in verhältnismäßig kleine Abschnitte zerlegt, während die
Gliederung mit Hilfe der Belemniten im allgemeinen etwas größere
Schichtmächtigkeiten umfaßt. Da die Lebensdauer der Arten sehr verschieden groß ist, so sind auch die Biozonen von verschiedenem Umfang. Es gibt Arten von sehr großer Lebensdauer. Theoretisch ist man
auch in einem solchen Falle berechtigt, z. B. von der Zone des *Spondylus
spinosus Sow.*[5] zu sprechen; praktisch hat es aber für die Stratigraphie
keine Bedeutung, denn die Art reicht von Turon bis in das Obere Senon.

Die älteren stratigraphischen Gliederungsversuche befolgten zwei
Methoden, die selbstverständlich nicht scharf getrennt voneinander an-
gewandt wurden, nämlich die Leitfossilien-Stratigraphie und die
Faunen-Stratigraphie.

Die Leitfossilien-Stratigraphie gliedert mit einzelnen Fossilien,
die — wie schon S. 6 erwähnt — bei möglichst geringer vertikaler eine
möglichst große horizontale Verbreitung aufweisen. Die Faunen-Stratigraphie stellt den Charakter einer Fauna fest; überall, wo dieselbe

---

[1] Dollo: La paléontologie éthologique Bull. de la soc. Belge de geol. *23*,
377. 1910.

[2] Diener: Grundzüge der Biostratigraphie. Leipzig u. Wien: Deuticke 1925.

[3] Wedekind: s. Fußnote S. 12.

[4] Stolley: Die leitenden Belemniten des norddeutschen Neokoms. 17. Jahresber. d. Niedersächs. geol. Ver. 1925, S. 112.

[5] Sofern diese „Art" durch eine Spezialuntersuchung sich nicht als Sammel-
begriff verschiedener Spezies herausstellen sollte.

Fauna auftritt, sollen die Schichten gleiches Alter besitzen. Der Charakter einer Fauna ist etwas durchaus dehnbares und begrifflich nicht scharf zu erfassen; es besteht keine Möglichkeit im Liegenden und Hangenden scharfe Grenzen zu ziehen, weil langlebige Arten die Übergänge von alten zu jüngeren Schichten verwischen. Man muß also von einer Fauna doch wieder einzelne kurzlebige Arten herausgreifen; damit nähert man sich aber der Leitfossilien-Stratigraphie. Verzichtet man hierauf, dann erhöht sich die Gefahr, daß mit dem Charakter einer Fauna nur die faunistische Fazies (vgl. S. 19) bezeichnet ist und daß infolgedessen verschieden altes parallelisiert wird.

Die Leitfossilien-Stratigraphie verwendet zur Gliederung eines Profiles im allgemeinen Fossilien, die in keiner morphologischen, biologischen oder phylogenetischen Beziehung zueinander stehen; denn es werden z. B. eine untere ‚Zone‘ durch einen Ammoniten, darüber folgende Schichten durch eine Muschel charakterisiert und dann wird vielleicht ein Brachiopode herangezogen. Es besteht keine Möglichkeit die lokale Existenzdauer von der absoluten Lebensdauer einer Art zu unterscheiden und es werden infolgedessen ganz verschieden alte Teilausschnitte der gesamten vertikalen Verbreitung als gleich alt angesehen. Die Leitfossilien-Stratigraphie ist gezwungen, das Auftreten eines Leitfossils an allen Stellen der Erde als gleichzeitig anzunehmen (vgl. hierzu S. 23 u. Abb. 2).

Diese Nachteile vermeidet die Biostratigraphie, wenn sie einen Schichtkomplex nicht mit einer, sondern mit möglichst vielen Entwicklungsreihen gliedert. Wird nur eine Formenreihe herangezogen, dann nähert man sich schließlich bis zu einem gewissen Grade der einseitigen Leitfossilien-Stratigraphie. Gliedert man aber mit vielen Reihen, also unter Verwendung der verschiedenen Stämme und Klassen, dann erhält man unter Umständen ein mannigfaltig ineinandergreifendes stratigraphisches Schema. Man wird hierbei von der Fazies abhängige und faziesbrechende Reihen unterscheiden können. Da jede Reihe für sich etwas biologisch einheitliches ist, so lassen sich aus dem verschiedenen Verhalten der nebeneinander laufenden parallelen Reihen Schlüsse auf die sich ändernden Existenz- oder paläogeographischen Bedingungen ziehen. Solche Änderungen sind nur erfaßbar unter dem Gesichtspunkt der Entwicklung. Die Leitfossilien-Stratigraphie versagt in dieser Beziehung völlig. Endet eine Formenreihe, dann wird z. B. die Biostratigraphie sofort die Frage nach der Ursache dieser Erscheinung stellen. Der Leitfossilien-Stratigraph erkennt dieses Problem überhaupt nicht; seine Aufgabe ist gelöst, wenn das nächstfolgende Leitfossil gefunden wird. Oder nehmen wir einmal an, daß ein Schichtkomplex Fossilien geliefert hätte, mit deren Hilfe trotz umfangreichen Materials keine Entwicklungsreihe aufgestellt werden kann. Für die ältere stratigraphische Methode ist die Aufgabe gelöst, wenn die Leitfossilien nachgewiesen sind. Durch die Biostratigraphie erschließen sich erst weitergehende Fragen nach den biologischen oder paläogeographischen Ursachen der stratigraphischen Lückenhaftigkeit[1].

---

[1] SEITZ: Die Methoden der stratigraphischen Paläontologie. Sitzungsber. d. preuß. geol. L. A. H. 3. 1928.

Die Methoden der älteren Stratigraphen werden überall da auch heute noch zur Anwendung kommen, wo ein systematisches Sammeln unmöglich ist, wenn z. B. in wenig oder unerforschten Ländern erst das Gerippe einer Stratigraphie geschaffen werden muß oder wenn es sich um ein praktisches Ziel, z. B. um eine Kartierung, handelt.

Auch wenn es sich um rein paläozoologische Aufgaben handelt, ist die biostratigraphische Methode nicht immer anwendbar. Seltene Einzelfunde, wie z. B. Wirbeltiere, können nur dann in das Zonensystem eingeordnet werden, wenn auf ihr Zusammenvorkommen mit einem Zonenfossil geachtet wird. Die Beschreibung solcher Einzelfunde, die Abgrenzung der Art ist daher weit mehr als bei den übrigen Formen dem taktvollen Ermessen des Bearbeiters überlassen. Ihre Phylogenie kann daher meist nicht bis in die kleinen und kleinsten Etappen hinein verfolgt werden wie diejenige der häufiger vorkommenden Invertebraten.

Man hat in der Literatur ernsthaft darüber gestritten, ob der Begriff Zone zeitlich oder räumlich aufzufassen sei. Diese Diskussion ist aber insofern überflüssig, als keines der beiden Kriterien weggenommen werden kann, ohne daß ein wesenloses Wortgebilde entstünde. Da jedes Fossil ein Bestandteil einer Ablagerung ist und diese Ablagerung ein in der Zeit geschaffenes räumliches Gebilde, so muß auch der Begriff Zone räumlichen und zeitlichen Inhalt haben. Alle stratigraphischen Begriffe[1] sind gleichzeitig räumlich und zeitlich (man denke nur an eine Sanduhr), also auch geographisch. Da wo eine Ablagerung mit einem bestimmten Fossil nicht mehr vorkommt, können wir die Zeit dieses Fossils nicht mehr beschreiben. In zwei völlig voneinander getrennten Sedimentationsräumen werden gleichalte Ablagerungen nicht immer in genau übereinstimmender Weise zu gliedern sein. Es bedarf besonderer Untersuchungen, um nachzuweisen, daß eine Zone hier gleichalt ist mit der Zone eines anderen Fossils dort. Obwohl manche Zone weltweite Verbreitung hat, so wird doch die Gesamtheit einer Feingliederung mehr oder weniger räumlich beschränkt sein. Erst in höheren stratigraphischen Einheiten (Stufe, Formationsabteilung) wird eine Parallelisierung leichter durchführbar.

Bei unserer Arbeitsmethode kann man also zwei große Etappen unterscheiden, die bei jeder wissenschaftlichen Arbeit voneinander zu trennen sind und die man schlagwortartig als Beobachtung und Deutung bezeichnen kann. Die Beobachtung, die sich nicht allein auf das Fossil beschränken darf, sondern auch die Einbettungs- und Sedimentationserscheinungen berücksichtigen muß, beginnt bei dem Sammeln, worüber wir S. 41 noch ausführlich zu sprechen haben; sie gipfelt in sorgfältiger Beschreibung, d. h. in dem Herausarbeiten der Artunterschiede. Hier treten aber bereits subjektive Momente hinzu, die den objektiven Tatbestand der Beobachtung zu trüben geeignet sind. Das Aufteilen einer Art in Variationen oder das Abtrennen der einzelnen Arten voneinander bleibt immer noch im hohen Maße dem Ermessen des

---

[1] Auch der paläontologische Artbegriff ist räumlich (= morphologisch) und zeitlich (= stratigraphisch); denn die Art ist als eine beschriebene Form Bestandteil einer Entwicklungsreihe.

Bearbeiters überlassen. Trotzdem kann dieses subjektive Moment vernachlässigt werden, wenn die Beschreibung sich auf sorgfältig gesammeltes Material stützt, wenn die herausgearbeiteten morphologischen Unterschiede auch zeitlich erfaßbar und somit ein im wesentlichen objektives stratigraphisches Ergebnis bringen.

Darüber muß aber unbedingt Klarheit bestehen, daß sich eine Darstellung bei der Anwendung der Begriffe Biozone und Mutation bereits in dem Gebiet der Deutung bewegt, weil diese Begriffe von phylogenetischen Vorstellungen abhängen, die nicht immer eindeutig bewiesen werden können. „Die Paläontologie[1] kann, rein theoretisch betrachtet, uns eindeutige, sicher beweisbare spezielle Ahnenreihen direkt nicht liefern, wenn sie auch sonst für die allgemeine Geschichtsschreibung des Organischen unter allen biologischen Disziplinen weitaus die erste Stelle einnimmt." Wenn von einem Forscher ein Stammbaum aufgestellt wird, so bedeutet das nur, daß nach Auffassung des Autors zwischen den einzelnen Gliedern die größte Ähnlichkeit besteht und daß immer von einem jüngeren zu einem älteren Glied irgendwelche Eigenschaften sich in bestimmter Richtung abgeändert haben. Dabei zeigt sich aber, daß die einzelnen Arten oft in sehr verschiedener Weise durch Stammlinien miteinander verbunden werden können. Dies ist selbstverständlich von großer Bedeutung für die Anwendung der Begriffe Biozone oder Teilzone. Solche Fragen dürfen nicht auf Grund von wenigen Profilen eines kleinen Gebietes entschieden werden. Nur bei weit umfassendem, regionalem Vergleich können Gesetzmäßigkeiten gefunden werden. Bei Untersuchungen, die örtlich beschränkt sind, hüte man sich vor voreiligen phylogenetischen Schlußfolgerungen und begnüge sich mit rein morphologischen Formenreihen, deren Auswahl selbstverständlich im Hinblick auf das von der Biostratigraphie angestrebte Ziel — die noch zu beweisende Abstammung — getroffen werden kann.

Von einer anderen Seite her droht allerdings eine nicht unbedenkliche Gefahr. Da der biostratigraphisch arbeitende Forscher bemüht ist, möglichst subtil zu gliedern, ist seine — sagen wir einmal — seelische Einstellung darauf gerichtet, sofort und immer morphologische Unterschiede dann zu entdecken, wenn er Material aus verschiedenen Schichten vergleicht. Solange er über ein großes Material verfügt und die entdeckten Unterschiede an allen Stücken in gleicher Weise stratigraphisch gebunden auftreten, ist gegen seine Beobachtung und Beschreibung, gegen seine Artauffassung nichts einzuwenden. Wenn aber nur wenige Exemplare aus jeder Schicht vorliegen, dann können es ebenso gut individuelle Verschiedenheiten einer Art (Variationen) sein, denen eine feinstratigraphische Bedeutung nicht zukommt. Es kommt also auch auf die Quantität der gesammelten Versteinerungen an, wenn wir ihnen eine gewisse Beweiskraft zuerkennen wollen. Aber gerade hierüber schweigen sich viele Arbeiten aus. Man weiß oft nie, ob einem Autor ein einziges oder sehr viele Exemplare zur Verfügung ge-

---

[1] SCHINDEWOLF: Prinzipienfragen der biologischen Systematik. Paläont. Zeitschr. *9*, 133. 1927.

standen haben. Angaben, wie selten, häufig usw., sind zwar schon ein Fortschritt, reichen aber meist für einen kritischen Leser zur Bildung eines eigenen Urteils nicht aus. Man mache also genaue Angaben über die Zahl der untersuchten Stücke[1]. Wenn nun trotz allen Bemühungen ein größeres Fossilmaterial an einer Stelle nicht gefunden werden kann, dann müssen die zunächst mit allem Vorbehalt gewissermaßen nur im Manuskript aufgestellten Mutationen in der gleichen Aufeinanderfolge in möglichst vielen Profilen nachgewiesen werden. Gelingt dies nicht, dann ist es besser, auf eine phylogenetische Auswertung zu verzichten und sich mit einer vorsichtigen objektiven Beschreibung der vermuteten Unterschiede zu begnügen.

Es ist selbstverständlich unwissenschaftlich, unbedingt Formenreihen aufstellen zu wollen, wenn ausreichendes Beobachtungsmaterial nicht vorliegt. Die Formenreihen müssen sich aus einer möglichst voraussetzungslosen paläontologischen Beschreibung gleichsam von allein herauskristallisieren. Wo keine biostratigraphische Gliederung möglich ist, ergibt die Beschreibung der Schichten und ihres wechselnden Fossilinhaltes nur eine Gliederung in dem früher üblichen stratigraphischen Schema (S. 15), dem dann meist nur eine örtliche Bedeutung zukommt.

Der größere Teil des in unseren Museen ruhenden Materials, das aus älteren, nicht schichtmäßigen Aufsammlungen besteht, entspricht meist nicht den methodischen Anforderungen, wie sie im vorhergehenden dargelegt wurden. Trotzdem wäre es verfehlt, dieses Material als wertlos anzusehen. Gut erhaltene Fossilien sind immer notwendig zum Vergleich mit den aus dem Anstehenden entnommenen, aber unvollständig erhaltenen Versteinerungen. Sie dienen dazu, das morphologische Bild abzurunden und zu ergänzen, bilden aber selbst kein Beweismaterial in biostratigraphischem Sinne[2].

c) Paläobiologie.

Unter Biologie versteht man vielfach die gesamte Lebenskunde in ihren mannigfaltigen Verzweigungen. Der Paläontologe beschränkt nach ABEL diesen Begriff (als Paläobiologie) auf die Erforschung der Existenzbedingungen der Fossilien. Dementsprechend versteht DACQUÉ[3] darunter eine Beschreibung, „welche die fossilen Formen vergleichend-anatomisch betrachtet und in ihrer Beziehung zur Umwelt deuten will",

---

[1] Schon am Fundort sollte die Häufigkeit der Arten festgestellt werden. Die Zusammensetzung des Materials in der Sammlung ist von großen Zufälligkeiten abhängig.

[2] Vgl. SALFELD in DÜRKEN und SALFELD: Die Phylogenese. Berlin: Borntraeger 1921. S. 46.

[3] DACQUÉ: Vergleichende biologische Formenkunde der fossilen niederen Tiere. Berlin: Borntraeger 1921. S. 17. Vgl. ferner: ABEL, Paläobiologie der Wirbeltiere. — Ders.: Paläobiologie der Cephalopoden. Jena: Fischer 1916. — Ders.: Lehrbuch der Paläozoologie. Jena: Fischer 1924. S. 15. — WALTHER: Einleitung in die Geologie als historische Wissenschaft. Jena 1983/94. — Ders.: Allgemeine Paläontologie. Berlin: Borntraeger 1919/27. — Ders.: Die Methoden der Geologie als historischer und biologischer Wissenschaft, Handb. d. biol. Arbeitsmethoden. Wien: Urban & Schwarzenberg. S. 637.

eine Auffassung, der wir uns im folgenden anschließen. Er charakterisiert die paläobiologischen Methoden folgendermaßen:

1. Beobachtung der nächstverwandten oder körperlich gleichartigen, lebenden Tiere und entsprechende Übertragung der hierbei gewonnenen Erkenntnisse auf die fossilen;

2. Unmittelbare Ausdeutung der fossilen Formen, indem von den Organen auf die Lebensweise geschlossen wird, d. h. aus dem Bau der einzelnen Form und der Organe auf die mechanisch und physiologisch wahrscheinliche Verwendung und Funktion.

3. Ableitung der biologischen Verhältnisse fossiler Formen aus dem Charakter ihrer Sedimentlager und ihrer Lage in denselben.

Eine Darstellung der zoologischen, vergleichend-anatomischen Methoden, die der Erforschung der Anpassung und der Existenzbedingungen dienen und oben unter 1 und 2 erwähnt sind, würde hier zu weit führen, und steht auch nur in einer losen Beziehung zur Praxis des Sammlers; es kann hier nur auf die zitierten Arbeiten von DACQUÉ, ABEL und JOH. WALTHER verwiesen werden. Dagegen ergeben sich aus Punkt 3 wichtige Hinweise.

Man gliedert die Sedimente, um nur die großen Gruppen nach den Bildungsräumen zu nennen, in Land- und marine Ablagerungen. Bei den ersteren unterscheidet man zwischen Wind-, Fluß-, Seebildungen; bei den letzteren zwischen Küsten-, Flachsee- und Tiefseebildungen. Leider gibt es aber kein immer gültiges, petrographisches Kriterium, um die eine oder andere Sedimentart sicher zu identifizieren; vielmehr fällen gerade die Fossilien die ausschlaggebende Entscheidung über die Zugehörigkeit.

Die Sedimente, die in einem Meeresbecken zu einer bestimmten Zeit zur Ablagerung kommen, sind durchaus nicht gleichartig beschaffen. An der Küste können sich grobe Konglomerate bilden; nach dem Meere zu treten Sande auf, die allmählich in Ton und Schlick übergehen. Zu ein und derselben Zeit ist also verschiedenes entstanden. Wir sprechen dann von einer verschiedenen Ausbildung oder verschiedenen Fazies der Sedimente. Aber ebenso wie eine petrographische Fazies gibt es auch eine faunistische. Denn die Lebensbedingungen sind z. B. an der flachen Küste in der Brandung andere als im tiefen, wenig bewegten Wasser. Wir werden hier eine andere Fauna oder Lebensgemeinschaft finden als dort. Der Unterschied in der Horizontalen in ein und derselben Schicht kann sehr viel größer sein als in übereinanderfolgenden Schichten. Eine Änderung der Fauna bedeutet nicht immer ein anderes Alter der Schicht, sondern kann auch eine Änderung der Existenzbedingung in der Horizontalen oder eine Folge von Aufbereitungsvorgängen (S. 34) sein. Der Sammler muß daher besonders auf die Fazies achten.

Um Lebensgemeinschaften beschreiben zu können, müssen wir ebenso wie bei biostratigraphischen Untersuchungen in sorgfältigster Weise schichtmäßig sammeln; denn nur so können wir die feinen Unterschiede im Nebeneinander und Nacheinander der Fossilien herausfinden. „Wir müssen genau wissen, aus welcher Gesteinsschicht das Fossil geborgen wurde, ... in welchem Augenblick der Vorzeit es gelebt hat und gestorben ist, damit wir es einreihen können, in seine Lebensgenossen und in seine Lebenszeit. . . Wir müssen die Häufigkeit oder Seltenheit der einzelnen Arten scharf beobachten, müssen untersuchen, wie sie nebeneinander oder übereinander leben, müssen ihre Bruchstücke nicht nur ergänzen, sondern auch daraufhin prüfen, ob sie einen kürzeren oder längeren Transport vor ihrer Einbettung durchgemacht haben."

Damit berührt JOH. WALTHER die Verschiedenheit von Lebensort und Bestattungsort[1], die für die Beurteilung der petrographischen und der faunistischen Fazies von großer Bedeutung sind. Dort, wo ein Fossil gefunden wird, ist es — wenn man von sekundärer Umlagerung absieht — bestattet worden; es kann aber sehr wohl an einer ganz anderen Stelle gelebt haben; ja, meistens werden fossil keine Lebensgemeinschaften, sondern nur Totengesellschaften[2] oder besser Grabgemeinschaften[3] vorliegen, aus denen die Lebensgemeinschaften erst zu rekonstruieren sind. Die Untersuchung solcher Fragen ist erst in der letzten Zeit in Angriff genommen worden. Genannt seien hier WEIGELT[4], RICHTER[5], WASMUND[2] und W. QUENSTEDT[3], die als erste sich systematisch mit Einbettungsvorgängen- und -erscheinungen beschäftigt haben. In einer neuen, mit vielen Abbildungen versehenen Arbeit, die kurz vor Abschluß unseres Manuskriptes erschienen ist und leider nicht mehr ausführlicher berücksichtigt werden konnte, behandelt WEIGELT die „Rezenten Wirbeltierleichen und ihre paläobiologische Bedeutung"[6]. Er nennt die mit den Einbettungsvorgängen sich beschäftigende neue Disziplin „Biostratonomie"[7] und stellt ihr die Aufgabe, „die mechanische Lagebeziehung der (organischen) Reste zueinander und zum Sediment" zu erforschen. Mit diesem Ziel wird eine Lücke ausgefüllt, die bisher in der paläontologischen Beobachtung vorhanden war. Viel zu sehr hat man bisher die einzelne Form als morphologisches Objekt, losgelöst aus dem Schichtverband und aus der Gemeinsamkeit mit den gleichzeitig vorkommenden Fossilien, betrachtet. Zwar hat die Biostratigraphie dieser Einseitigkeit in den letzten Jahren wesentlichen Abbruch getan, indem sie zu sorgfältiger Beobachtung in der Natur bei dem Studium der Profile anregte; aber dennoch blieben hierbei alle diejenigen Erscheinungen, die in das Bereich der Einbettungsvorgänge fallen, unbeachtet. Die Beobachtungen, die diesem neuen Ziel dienen sollen, müssen an zwei Stellen einsetzen: Erstens bei der Beschreibung aller

---

[1] Vgl. auch ABEL: Lehrbuch d. Paläozoologie. Jena: Fischer 1924. S. 14.

[2] WASMUND: Biocoenose und Thanatocoenose. Arch. f. Hydrobiol. *17*, 1. 1926.

[3] QUENSTEDT, W.: Beiträge zum Kapitel Fossil und Sediment vor und bei der Einbettung. N. Jahrb. f. Min. Beil. *58*, Abt. B, 335.

[4] WEIGELT: Angewandte Geologie und Paläontologie der Flachseegesteine und das Erzlager von Salzgitter. Fortschr. d. Geol. u. Pal. H. 4. Berlin: Borntraeger 1923. Ferner: Geologie und Nordseefauna. Der Steinbruch, Jg. 14. 1919.

[5] RICHTER, R.: Flachseebeobachtungen zur Paläontologie und Geologie. Senckenbergiana *4*, 103. 1922.

[6] Leipzig: Max Weg 1927.

[7] WEIGELT: „Über Biostratonomie", Der Geologe, Auskunftsblatt für Geologen und Mineralogen usw. Nr. 42. Leipzig: Max Weg, November 1927.

an und in unseren heutigen Meeren und Binnengewässern sich abspielen-
den Einbettungsvorgänge und zweitens bei der Beschreibung der Lage
von Fossilien im Gestein; das Ergebnis bildet die Erklärung der geologischen Erscheinungen durch einen Vergleich mit den rezenten Vorgängen. Die Biostratonomie trägt dazu bei, diejenigen Faktoren allgemein geologischer und biologischer Natur zu ermitteln, welche bei der Ablagerung der Fossilien und auch
bei der Bildung der Sedimente wirksam waren.

Hier berühren sich paläobiologische und paläogeographische Untersuchungen. „Der Tod und seine Folgeerscheinungen, die Zersetzungs-
vorgänge, die Möglichkeiten der Erhaltung, die Tätigkeit der Insekten,
das Schicksal der Leichen an der Tagesoberfläche, die Einbettungsmög-
lichkeiten und Einbettungsmedien, das alles sind Dinge, mit denen der
Paläontologe möglichst gut vertraut sein muß[1]". Von den zahlreichen
Beispielen, die WEIGELT in den genannten Arbeiten bringt und deren
breitere Behandlung den Umfang des Buches völlig zersprengen würde,
möchten wir nur die nachfolgende Darstellung mit seinen Worten an-
führen: „Sehr oft haben alle Tiere einer reichhaltigen Fundschicht eine
gemeinsame Todesursache. Sie können deswegen trotzdem erst nach dem
Tode zu einem Leichenfeld konzentriert worden sein, während Wetter-
stürze, Dürren und ähnliche Ursachen die Tiere oft schon vor dem Tode
zu großen Scharen vereinigen. Außerordentlich lohnend ist der Vergleich der Lage rezenter Wirbeltierleichen, deren Todesursache und
Todesdatum feststeht, mit der von fossilen. Die Einbettung von Wirbeltieren in marinen Schichten bietet manche Frage. Die Ablösung des
Unterkiefers in seinem beweglichen Scharnier erfolgt gesetzmäßig.
Wasserleichen besitzen eine immer wiederkehrende charakteristische pas-
sive Lage. Die im Wasser befindlichen Leichen können von Krokodilen
und Fischen angeschnitten werden, sie können verlagert, zerkleinert und
zerstreut werden, einerseits durch Aasfresser, andererseits durch Strö-
mungen. Manchmal sind die zerstreuten Reste noch auf einzelne Leichen
zu beziehen, manchmal sind die Knochenreste vieler Beutetiere an Fraß-
plätzen konzentriert, teilweise Einbettung ist gar nicht selten, so daß oft
nur der Hauptpanzer oder die Skeletteile einer Körperhälfte im Gestein
erhalten sind. An Faziesgrenzen in horizontalem und vertikalem Sinne
und auf Schichtflächen werden die Wirbeltierleichen zu wichtigen Indi-
katoren der ehemaligen Wasserbewegung und der Ablagerungsbedin-
gungen der Einbettungsmedien. Die Kadaver engen als Widerstand
bietende Körper die weit über die Korngröße der Gesteinskomponenten
hinausgehen, die Wasserbewegung ein, die Querschnittsverengerung
steigert die Strömungsgeschwindigkeit und erzeugt dann an den Rändern
der Leiche durch erhöhte Spülkraft charakteristische Furchen und Rinnen. Die langgestreckten Leichen treiben in radialer Stellung senkrecht
zum Verlauf der Wellen an. Sie verankern sich mit den sperrigsten oder
schwersten Teilen und werden mehr oder minder vollkommen in die
tangentiale, uferparallele Lage herumgeschwenkt. Sie gestatten also

---

[1] WEIGELT: Ganoidfischleichen im Kupferschiefer und in der Gegenwart.
Paläobiologica *1*, 323. 1928.

sogar Schlüsse auf die Umrandung der jeweiligen Wasserflächen. Wirbeltierleichen treten sehr oft in Spülsäumen mit Pflanzenresten, Tongeröllen
und anderen auf. Im Strömungsschatten von Leichen kommt es zur An-
lagerung von anderen Gegenständen; kleine Leichen legen sich an größere
an. Im Strömungsschatten von Reptilien trifft man oft in der Mitte des
Körpers Holzreste; Kopf und Schwanz biegen, von der Strömung betroffen, nach derselben Seite zu ab. . . . Bei Stürmen werden an einem
bestimmten Teil des Seeufers, das dem Wind entgegengerichtet ist, die
radial zum Ufer antriftenden Leichen und Pflanzenbestandteile, die ursprünglich nur in lockeren Zusammenhang treten, zu fest gefügten Ufer-
säumen zusammengetragen. Bei sinkendem Wasserstand und nach-
lassender Wellenkraft — das ist nach stärkeren Stürmen die Regel —
legen sich seewärts immer neue Ufer- und Spülsäume an, die jeweils in
Beziehung zur augenblicklichen Kraft der Wasserbewegung stehen. So
weitet sich der lineare Saum schnell zu Flächen, die bei schwankendem
Wasserstand von Flachwassererscheinungen bestrichen werden, wenn auch
normalerweise die Gesetzmäßigkeiten des tieferen Wassers herrschen.‘‘

Einzelheiten, soweit sie sich auf die wirbellosen Tiere beziehen, sind in
dem Abschnitt über Fossilisation (S. 26) vereinigt.

d) Paläogeographie.

Die Paläogeographie[1] ist ein Wissenschaftszweig, der sich mit der
Geographie der einzelnen geologischen Zeitabschnitte beschäftigt. Sie untersucht die ursächlichen Zusammenhänge und Beziehungen des gesamten organischen und anorganischen Geschehens
innerhalb einer bestimmten Zeit; sie verwendet hierbei nicht nur die Ergebnisse der Paläontologie (Paläobiologie) und Stratigraphie, sondern
auch diejenigen der allgemeinen Geologie, Petrographie, Tektonik und
Geophysik. Die Paläogeographie beschränkt sich nicht auf die Beschreibung eines bestimmten Horizontes, sondern muß auch dessen Beziehungen zu dem vorhergehenden und dem nachfolgenden erklären. So
entsteht eine umfassende historische Darstellung. Paläogeographie und
historische Geologie sind also im wesentlichen übereinstimmende Begriffe.

Bei der Paläogeographie interessiert uns hier nur die Frage, was ist
gleichzeitig geschehen. Also z. B.: wo lag die Grenze zwischen Meer und
Land in einer bestimmten Zeit? Vielfach werden paläogeographische
Karten gezeichnet, ohne daß sie Anspruch erheben, das Augenblicksbild
eines bestimmten Zeitmomentes zu geben, sondern sie beschränken sich
bewußt auf die ungefähre flächenhafte Anordnung der Meer- und Land-
gebiete während eines längeren Zeitraumes. Will man wirklich geographische Grenzen rekonstruieren, dann kann dies nur mit Hilfe der kleinsten Zeiteinheit geschehen.

Was gleichzeitig im stratigraphischen Sinne ist, haben wir schon in
dem Abschnitt über Biostratigraphie und Phylogenie berührt und dort
auch auf die Abhängigkeit der geologischen Zeiteinteilung von der

---

[1] Wichtigste Literatur: ARLDT: Paläogeographie; in Handwörterbuch der
Naturwissenschaften 4, 152. — DACQUÉ: Grundlagen und Methoden der Paläogeographie. Jena: Fischer 1915. An beiden Stellen weiterer Literaturnachweis.

Sammelmethode hingewiesen. Im folgenden müssen wir hierauf noch
weiter eingehen. Hier ist zunächst die Frage zu erörtern, in welcher
Weise die Ausbreitung einer neuentstandenen Mutation erfolgt. Sie tritt
entweder an allen Orten zu gleicher Zeit, oder aber — was für die Zeit-
bestimmung ungünstig erscheint — zunächst nur an einem Punkte auf,
von wo aus sie sich allmählich ausbreitet. Derartige „Wanderungen"
sind in historischer Zeit vielfach beobachtet worden, und man weiß,
daß sie sich in einer verhältnismäßig so kurzen Zeit abspielen, wie sie
für geologische Unterscheidungsmöglichkeiten im allgemeinen praktisch
keine erhebliche Rolle spielt.

Damit ist aber nicht gesagt, daß jede neue Mutation sich gleichmäßig
über die ganze Erde ausbreiten müßte. Sie wird vielmehr nur dort lebens-
fähig sein oder einwandern können, wo die Existenzbedingungen vorhanden sind. Ungünstige physikalische Beschaffenheit des Wassers oder
ungünstige Tiefenverhältnisse in einem Meeresteil können das Eindringen einer neuen Mutation für einige Zeit verhindern; tektonische

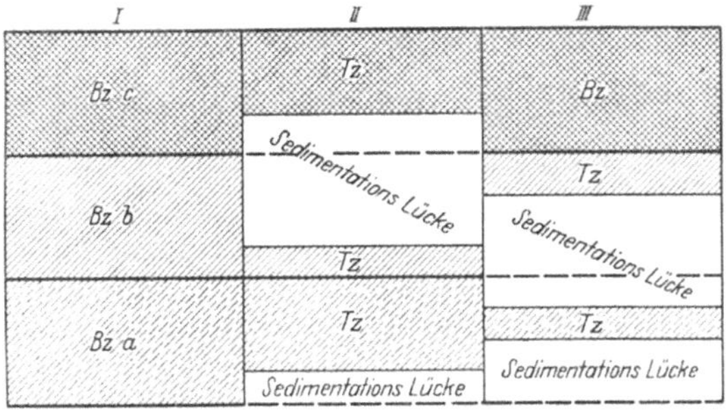

Abb. 2. Zeitschema zur Erläuterung der Bedeutung von Sedimentationslücken von Isochronen.
(*Bz* Biozone; *Tz* Teilzone.)

Bewegungen des Meeresbodens können vielleicht später die erforderlichen
Bedingungen für die Ausbreitung herstellen. Wir müssen also bei der
Frage nach dem, was gleichzeitig ist, wohl unterscheiden zwischen der
Biozone (= Lebensdauer einer Art) und der Teilzone (= Existenzdauer).

Das obenstehende Schema (Abb. 2) gibt die Zonengliederung von
drei verschiedenen Gebieten. Im Gebiet I besteht eine lückenlose Folge
von drei Biozonen *a*, *b*, *c*; im Gebiet II und III dagegen zeigt die Sedimentation viele Unterbrechungen. Obwohl in den Gebieten II und III
die Teilzone *b* vorhanden ist, sind die Ablagerungen verschieden alt. Dagegen ist die Grenzfläche zwischen den Biozonen *a* und *b* in I unbedingt
gleichzeitig (isochron) mit derjenigen in II; diese Fläche setzt sich aber
nicht in das Gebiet III hinein fort, obwohl dort die Zonen *a* und *b* allerdings nur als Teilablagerungen vorhanden sind. Ebenso ist die Fläche
zwischen den Biozonen *b* und *c* in I und III isochron in II dagegen nicht.

Mit Hilfe solcher Gleichzeitigkeitsflächen oder Isochronen[1] ist die

---

[1] Vergleiche als Beispiel den Aufsatz von R. BRINKMANN: Über die sedi-
mentäre Abbildung epirogener Bewegungen, sowie über das Schichtungsproblem.
Nachrichten d. Ges. d. Wiss. zu Göttingen 1925, 202.

schärfste Parallelisierung über große Flächen hinweg als Mittel zur Darstellung paläogeographischer Beziehungen möglich. Sie beruhen einerseits auf sorgfältigstem Sammeln und Beobachten der Einbettungs- und Sedimentationserscheinungen und andererseits, was selbstverständlich nie vergessen werden darf, auf gewissen theoretischen Überlegungen. Schon oben (S. 17) haben wir auf die Grenzen sicherer Beweisführung hingewiesen. Hier ist noch nachzutragen, daß die Unterscheidung von Biozone und Teilzone durchaus nicht so einfach oder eindeutig ist. Es kann zwar eine scheinbar geschlossene Zonenfolge einer Stammreihe vorliegen und doch zwischen jeder „Zone" eine Sedimentationslücke vorhanden sein (vgl. Abb. 2 II); es werden Biozonen vorgetäuscht, wo in Wirklichkeit nur Teilzonen vorliegen. Nur eine vielseitige Untersuchung und ein Vergleich über ein großes Gebiet, wobei die stratigraphische Gliederung nicht auf einer, sondern auf möglichst vielen Formenreihen[1] beruhen muß, kann diesen Fehler eliminieren.

Die Grundlage hierzu bildet gewissenhaftes Sammeln, aber nicht etwa eine einmalige Ausbeute, sondern viele, sich ständig kontrollierende.

e) Ontogenie.

Die Ontogenie als Teilgebiet der Morphologie untersucht die individuelle Entwicklung eines Tieres von seinen ersten Anfängen an (Embryologie) bis zum Tode. Allerdings kann die Paläontologie diese Untersuchung nur dann ausführen, wenn an dem fossilen Tierrest die einzelnen Entwicklungsstadien noch erkennbar bzw. durch Präparation sichtbar gemacht werden kann. Im Zusammenhang mit dem sogenannten „biogenetischen Grundgesetz" von HAECKEL strebt diese Untersuchungsmethode phylogenetische Ergebnisse an. Wenn die Entwicklung eines Individuums (Ontogenie) eine kurze, vereinfachte Wiederholung der Entwicklung seines Stammes (Phylogenie) ist, müssen in der Paläontologie zahlreiche Beispiele hierfür zu finden sein. Die großen Hoff-

---

[1] Da bei einer Gliederung mit verschiedenen Formenreihen die Grenzen der einzelnen Biozonen nicht miteinander übereinzustimmen brauchen, ergibt sich bisweilen von selbst aus einer bestimmten regelmäßigen Vergellschaftung der Zonenfossilien in den einzelnen Schichten eine Untereinteilung in Subzonen, wie z. B. in nachfolgendem Schema:

Zonen der Formenreihe	Zonen der Formenreihe	Subzonen
	Bz	Ad + Bz
Ad		Ad + By
	By	Ac + By
Ac		Ac + Bx
	Bx	Ab + Bx
Ab		Ab + 0

nungen, die man an dieses Gesetz geknüpft hat, sind aber enttäuscht worden. Immerhin konnten doch einige Erfolge verzeichnet werden.

Im Rahmen dieses Buches interessiert uns nur, wie an fossilem Material die Ontogenie festgestellt werden kann. Das beste Beispiel hierfür bilden die Ammoniten, deren Schale aus einem vielfach gekammerten, scheibenförmig spiral eingerollten Gehäuse besteht. Die Kammerwände folgen in regelmäßigen Abständen hintereinander und bilden mit der Gehäusewand eine mannigfaltig gestaltete, vor- und rückwärts gebogene Sutur oder Lobenlinie. Die Form des Gehäuses, die Art der Aufrollung, die Skulptur der Schale zeigen eine ungeheure Mannigfaltigkeit und geben ein vorzügliches Mittel zur Unterscheidung der Arten und Gattungen. Durch Abpräparieren (s. S. 113) der äußeren Windungen von den inneren kann an ein und demselben Individuum die Entwicklung der Lobenlinie, die Entstehung und Veränderung der Skulptur und des Gehäusequerschnittes nachgewiesen werden. Diese Veränderungen sind oft so bedeutend, daß man nach der zunächst sichtbaren Formbeschaffenheit bei einzelnen verschieden großen Stücken verschiedene Arten vermuten könnte, wenn nicht die Untersuchung der Ontogenie ergeben würde, daß es sich nur um Entwicklungsstadien ein und derselben Spezies handelt. Ohne Ontogenie ist die heutige Ammonitensystematik nicht denkbar. Bei einem vollständigen morphologischen Vergleich müssen sämtliche Entwicklungsstadien berücksichtigt werden.

Auch bei anderen Familien, wie z. B. bei Korallen, Schnecken usw., können individuelle Wachstumsstadien aufgezeichnet werden. Bei den Rudisten gelang es KLINGHARDT[1], die ontogenetische Entwicklung der Blutgefäße nachzuweisen.

Allerdings besteht für die Paläontologie eine nicht zu überwindende Schwierigkeit. Die Zoologie vermag das individuelle Alter nach Tagen, Wochen oder Monaten anzugeben und kann hierauf die einzelnen Entwicklungsstadien beziehen. Der Paläontologe kann dies nicht. Er wird vielleicht geneigt sein, die übereinstimmenden morphologischen Stadien als gleichalt zu betrachten, wofür aber ein Beweis nicht erbracht werden kann.

f) Geschiebeforschung[2].

Eine Sonderstellung in seiner Arbeitsmethode nimmt der Geschiebesammler ein. Er verfolgt zwei Hauptprobleme, die selbstverständlich mehr oder weniger miteinander verbunden sind:

1. Paläontologische und stratigraphische Fragen, die sich mit den in den Sedimentärgeschieben enthaltenen Fossilien befassen.

2. Diluviale Fragen nach der Ausdehnung der Eiszeit, dem Mechanismus der Eisbewegung usw.

Zur Lösung rein eiszeitlicher Probleme dienen die kristallinen und die Sedimentärgeschiebe. Durch die Bestimmung der petrographischen Eigenschaft oder der stratigraphischen Zugehörigkeit kann ein Fund-

---

[1] KLINGHARDT: „Rudisten, Chamen, Ostreen". Arch. f. Biontol. 5, 1. 1922.
[2] HUCKE: Die Sedimentärgeschiebe des norddeutschen Flachlandes. Leipzig: Quelle & Meyer 1917.

stück zu dem in Skandinavien usw. anstehenden Gebirge in Beziehung gebracht werden. Es kann gegebenenfalls die vollständige Übereinstimmung mit den dortigen Gesteinen und damit auch annähernd die Transportrichtung nachgewiesen werden, in welcher das Inlandeis die Verfrachtung nach Norddeutschland vollzogen hat.

Aber die in den diluvialen Ablagerungen zu findenden Versteinerungen haben auch ein paläontologisches Interesse. Besonders wertvoll sind Sedimentärgeschiebe, deren Heimat nicht ermittelt werden kann. Sie rühren entweder aus Ablagerungen her, die durch die erodierende Tätigkeit des Inlandeises vollkommen abgetragen worden sind oder die am Grunde der Ostsee anstehen oder die den tieferen Untergrund Norddeutschlands bilden und durch den diluvialen Schutt vollständig überdeckt sind. Sie bilden in stratigraphischer und paläontologischer Beziehung eine sehr wesentliche Ergänzung unseres Wissens, weil sie aus Gebieten herrühren, die unserer unmittelbaren Beobachtung entzogen sind.

Wie selbst Geschiebe die Formenfülle in überraschender Weise bereichern können, zeigt ein Fund, der vor kurzem von POMPECKJ[1] in der Paläontologischen Zeitschrift beschrieben wurde. Es ist dies ein Fossil aus wahrscheinlich präkambrischen Schichten, dessen systematische Stellung noch vollständig unbekannt ist.

Das Geschiebematerial ist zu biostratigraphischen Untersuchungen selbstverständlich nicht geeignet. Das Aufstellen neuer Arten ist nur nach morphologischen Gesichtspunkten durchführbar und daher ganz besonders von dem taktvollen Ermessen des Bearbeiters abhängig.

II. Fossilisation[2].

Von dem Augenblick an, in dem ein Tier- oder Pflanzenrest durch seinen Tod aus dem Kreislauf des Lebens ausgeschieden ist, bis zu dem Augenblick, in welchem es als Fossil geborgen wird, kann es die mannigfaltigsten Veränderungen erleiden. Betrachten wir zunächst einmal als einfachsten Vorgang das Schicksal eines toten Seetieres. Die Weichteile verwesen, das Skelett sinkt zu Boden, wird dort von dem Sediment eingebettet. Die Schichten häufen sich zu großer Mächtigkeit an, werden durch Gebirgsbildungen über den Wasserspiegel gehoben und ermöglichen endlich die Bergung des Fossils. Aber dieses einfache Beispiel kann auf die mannigfaltigste Weise abgeändert werden. Wir haben

---

[1] POMPECKJ: Ein neues Zeugnis uralten Lebens. Paläont. Zeitschr. *9*, 287. 1927.

[2] Als Quelle wurde für die folgenden Darlegungen hauptsächlich die nachstehende Literatur benutzt: DEECKE: Die Fossilisation. Berlin: Borntraeger 1923. — WEIGELT: Angewandte Geologie und Paläontologie der Flachseegesteine und das Erzlager von Salzgitter. Fortschr. d. Geol. u. Pal. Hf. 4. Berlin: Borntraeger 1923. — RICHTER, RUD.: Flachseebeobachtungen zur Paläontologie und Geologie. Senckenbergiana *4*. 1922 u. *6*. 1924. — QUENSTEDT, W.: Beiträge zum Kapitel Fossil und Sediment, vor und bei der Einbettung. N. Jahrb. f. Min. Beil. *58*, Abt. B, 335. 1927. — Diese vier Autoren bringen umfangreichen Literaturnachweis. Vgl. ferner KREJCI, K.: Beobachtungen an rumänischen Seichtwasserablagerungen. Senckenbergiana *8*. 1926.

oben stillschweigend angenommen, daß das Tier dort, wo es eingebettet wurde, auch gelebt hat, daß es also zur Lebensgemeinschaft der übrigen Organismen, mit denen es zusammen gefunden wird, gehörte. Nun können aber verwesende Tierkörper von der Strömung sehr weit transportiert werden, und bevor sie zur Einbettung gelangen, die einzelnen versteinerungsfähigen Hartteile über eine große Fläche zerstreut werden. Bereits eingebettete Skelettelemente können durch tiefwirkende Sturmwellen wieder ausgespült und umgelagert werden. Das, was man also in einer Schicht nebeneinander findet, muß nicht unbedingt einer Lebensgemeinschaft angehören und muß nicht unbedingt gleichalt sein. Aber auch nach der Einbettung kann das Fossil vielen Veränderungen unterworfen werden. Der Druck der sich aufschichtenden Sedimente wirkt von oben nach unten deformierend ebenso wie der gegebenenfalls später einsetzende horizontale Schub bei tektonischen Bewegungen. Neben dieser mechanischen Beanspruchung können gleichzeitig oder früher und später chemische Umsetzungen stattfinden, die eine teilweise oder vollständige Umwandlung oder Auflösung des Skeletts oder der Schale herbeiführen. Die Mannigfaltigkeit dieser Vorgänge ist nicht nur ihrem Wesen nach, sondern auch in dem Neben- und Nacheinander sehr groß. Es können hierbei zwei Hauptetappen unterschieden werden:

a) Vorgänge und Veränderungen nach dem Tode des Tieres und vor der endgültigen Einbettung in das Sediment, im folgenden als „Vorgänge während der Einbettung" bezeichnet.

b) Vorgänge und Veränderungen nach der endgültigen Einbettung bis zur Bergung des Fossils oder kurz „Vorgänge nach der Einbettung".

a) Vorgänge während der Einbettung.

Die Lage von Versteinerungen im Gestein kann entweder derart sein, wie sie zu Lebzeiten des Organismus bestanden hat, oder sie hat sich durch Fluß- oder Meeresströmungen, durch die Bewegung eines Gletschers oder unter Einwirkung des Windes oder überhaupt als Folge der Schwerkraft nach dem Tode des Tieres mehr oder weniger verändert. Die Lage eines Fossils bis zu seiner endgültigen Einbettung in ein Sediment bezeichnet man als primär, zum Unterschied von der sekundären Lage, wenn nämlich eine nachträgliche Umlagerung mit dem Gestein selbst stattgefunden hat. Innerhalb der primären Gruppe gibt es nach DEECKE (1923, S. 159) noch zwei Möglichkeiten: nämlich die echte primäre Lage, wenn das Fossil sich noch in der gleichen Stellung befindet, die durch seine Lebensweise bedingt war, und die subprimäre, wenn durch die oben genannten Kräfte eine Lage oder Ortsveränderung herbeigeführt wurde.

Die Entscheidung darüber, ob ein Fossil auf echt primärer, subprimärer oder sekundärer Lagerstätte sich befindet, kann auf Grund von Handstücken oder Sammlungsmaterial nur selten, wohl aber fast immer durch Beobachtung beim Sammeln gefällt werden. Die Frage lautet: Wie liegt das Fossil im anstehenden Gestein? Wurde es noch in der gleichen Lage gefunden, wie es seinen Lebensbedingungen entspricht, oder in einer Stellung, die auf eine Bewegung nach dem Tode schließen läßt? Aber mit solchen Feststellungen allein ist das Problem noch nicht gelöst. Vielmehr taucht die weitere Frage nach der biologischen und paläogeographischen Bedeutung der Beobachtung auf.

Über die Lage eines Fossils im Sediment fehlen in der Literatur vielfach zuverlässige Angaben. Es sei daher dem Sammler empfohlen, Beobachtungen über die Orientierung von Fossilien im anstehenden Gestein während des Sammelns anzustellen und zu notieren. Solche Beobachtungen werden früher oder später von hohem Wert sein.

1. Die echt primäre Lage.

In dieser Lage befinden sich vielfach die unterirdischen Teile von Pflanzen, Baumstämme und dergleichen. Erinnert sei nur an die Stubbenhorizonte der Braunkohle, an die Stigmarienböden, Calamitenstämme und ähnliches. Die pflanzlichen Fossilien sollen in dem paläobotanischen Hauptteil des Buches behandelt werden, und es mag daher hier die Erwähnung genügen und im übrigen auf S. 121 verwiesen werden.

Am Boden festgewachsene Tiere, wie Austern, Rudisten, Chamiden oder Korallen, befinden sich dann in echt primärer Lage, wenn die Anwachsfläche des Tieres parallel einer Schichtfläche oder auf einer noch im Schichtverband steckenden Klippe beobachtet werden kann. Selbstverständlich können durch Brandung oder andere Ursachen einzelne Individuen mit ihrer Anwachsstelle vom Standort losgerissen und subprimär eingebettet werden. Die primäre Lage von im Boden lebenden und grabenden Muscheln erkennt man an ihrer mit dem Siphonalende, bzw. mit ihrer Längsachse, senkrecht zur ehemaligen Schichtoberfläche gerichteten Stellung im Sediment. Besonders gut kann dies bei den in festem Gestein steckenden Bohrmuscheln beobachtet werden, deren keulenförmig gestalteter Wohnraum häufig in Kalken gefunden wird. Oft beobachtet man die auf einer Schichtfläche dicht nebeneinanderliegenden Bohrmuschellöcher (s. S. 45), die auf eine kurze Ablagerungsunterbrechung oder zum mindesten auf eine starke Verzögerung hinweisen; denn bei fortdauernder Sedimentation wären die geeigneten Lebensbedingungen nicht vorhanden gewesen. Bei fast allen Klassen der Wirbellosen gibt es Formen, welche dauernd oder gelegentlich im Boden leben und in dieser Lage fossil gefunden werden können, wenn auch der Nachweis dafür, daß die Einbettung wirklich echt primär ist, nicht immer leicht zu führen sein wird. Genannt seien nur Seeigel, Seesterne, Schnecken und Krebse.

Beobachtungen, die in dieser Beziehung während des Sammelns gemacht werden können, geben wichtige und wertvolle Hinweise für die Paläobiologie. In stratigraphischer Beziehung ist eine Beobachtung R. Richters beachtenswert; er schreibt (1922, S. 133): „30—40 cm tief, aufrecht und einschließlich der Abgestorbenen, oft dicht wie ein Beet, steckt *Mya arenaria L.* im Boden, aller Bewegung außer des senkrechten Grabens beraubt und nur durch einen langen, engen Schlot für die Siphonen mit der Oberfläche des Meeres verbunden. Auf dieser Oberfläche aber oder wenige Zentimeter darunter leben in ebensolchen Massen die frei beweglichen Cardien, Litorinen usw. . . . Die *Mya*-Fauna ist also nicht von gleichaltem, sondern älterem (oft viel älteren) Sediment eingehüllt, ja sie ist sogar noch jünger, als ihr Hangendes. Aber sie ist gleichzeitig mit der Fauna jener höheren Sedimentfläche, von der sie selber mit ihrer Lebensäußerung abhängig war."

Frei im Wasser oder auf dem Lande bewegliche Tiere wird man naturgemäß selten fossil in der ihren Lebensbedingungen entsprechenden Stellung finden; es sei denn, daß sie z. B. durch plötzliche Verschüttungen einen Erstickungstod erlitten. Durch Umsinken und Einsinken im Sediment nach dem Tode können immerhin schon wesentliche Veränderungen in der Lage der einzelnen Skeletteile zueinander eintreten.

2. Die subprimäre Lage.

Wie eine im Wasser zu Boden gesunkene Schale zur Ruhe kommt, ob mit ihrer Wölbung nach unten oder nach oben oder in irgendeiner anderen Stellung, ob es sich um das Vorkommen von Schalenhaufen oder von einzelnen Exemplaren handelt, ist von verschiedenen Faktoren abhängig. Zunächst einmal von der Gestalt und Beschaffenheit der Schale selbst, von der Lage ihres Schwerpunktes, dann von der Gestalt und Beschaffenheit des Bodens und der Sedimentation am Boden und schließlich von der Art der Wasserbewegung. Da uns fossil die Gestalt und Beschaffenheit der Schale und des Bodens oft überliefert sind, so besteht die Möglichkeit, innerhalb gewisser Grenzen aus der Lage des Fossils Schlüsse auf die Art der Wasserbewegung zu ziehen. Eine Antwort ist selbstverständlich nicht immer einfach. Man darf nicht ausschließlich von dem fossilen Befund ausgehen, sondern es müssen zunächst Beobachtungen an den uns zugänglichen Meeresufern[1] angestellt und gegebenenfalls muß auch das Experiment allerdings mit Kritik herangezogen werden. Dann erst kann der Vergleich mit dem geologischen Befund unternommen werden. Neben dieser für die Entstehung des Sediments und damit auch für die Paläogeographie wesentlichen Auswertung tritt in manchen Fällen auch noch eine besondere Bedeutung für die Stratigraphie und Tektonik, indem nämlich — umgekehrt — aus der Lage des Fossils auf die Lage des Gesteinsstückes im Schichtverband nach seinem Hangenden und Liegenden geschlossen werden kann.

α) **Die regelmäßige Lage.** Betrachten wir zunächst die Lage einer einzelnen schüsselförmigen Schale, z. B. von *Cardium*, — die sich nach den Untersuchungen von R. RICHTER und W. QUENSTEDT folgendermaßen gestaltet: In unbewegtem Wasser sinkt die Schale mit der Wölbung nach unten zu Boden. Damit ist aber noch nicht gesagt, daß sie in dieser Stellung eingebettet wird; denn sie befindet sich in sehr labilem Gleichgewicht. Eine verhältnismäßig schwache Strömung oder Wellenbewegung genügt, um sie umkippen zu lassen, so daß die Wölbung nach oben schaut. Meist werden die Schalen in dieser Lage am Strande gefunden, wie dies z. B. W. QUENSTEDT auch am Ufer des Kalksees bei Rüdersdorf (Berlin) durch die Stellung von Einzelklappen der *Dreissensia polymorpha* bestätigt fand; er beobachtete aber außer-

---

[1] Vgl. RICHTER, R.: Eine geologische Exkursion in das Wattenmeer. „Natur u. Museum". 56. Ber. d. Senckenberg. naturf. Ges. 1926.

dem im Stillwasser zwischen schützenden Steinen, daß die meisten Einzelklappen der *Dreissensia polymorpha* in der entgegengesetzten Stellung
mit der Wölbung unten ruhten. Sie waren hier durch die Wellen in das
Stillwasser eingespült und dann in der erwähnten Lage niedergesunken.
Im allgemeinen besteht am Strande im Bereiche der Brandung keine
Möglichkeit für Stillwasser, und es werden die Schalen fast nur mit der
Wölbung nach oben zu liegen kommen; nur im Spülsaum der auflaufenden Wellen hinterläßt das abfließende Wasser die meisten mit der Wölbung nach unten (R. RICHTER 1922). In den zu langen Streifen dicht
gepackten Muschelhaufen des Schills (s. S. 32) wird dagegen infolge
gegenseitiger Behinderung eine ziemlich regellose Lagerung angetroffen.

Allerdings können wir die am Strande beobachteten Erscheinungen
nicht unmittelbar auf das tiefere Wasser übertragen. Aber mit Recht
weist W. QUENSTEDT (S. 391) darauf hin, daß „eine Strömung, die
Schlick absetzt, keine Muschel zu kippen vermag", und weiter unten
(S. 392) sagt er: „Liegen die Klappen aber einmal, gleichgültig aus welchem Grunde, mit der Wölbung nach unten, in ruhigem Wasser, so
können sie sehr gut von einem feinkörnigem Sediment, das zu seinem
Absatz dieselbe Wasserruhe benötigt, zugedeckt werden; und zwar erfolgt dies wohl meist sehr bald, da sonst die Schalen aus irgendeinem
Anlaß" (bei plötzlich einsetzender stärkerer Strömung) „in stabile Lage
gekippt werden können."

Wenn wir also im anstehenden Gestein schüsselförmige Einzelklappen
von einer *Cardium*-ähnlichen Gestalt nur mit der Wölbung nach unten
in großer Zahl antreffen, können wir mit einiger Wahrscheinlichkeit annehmen, daß ihre Einbettung im Spülsaum oder im Stillwasser stattgefunden hat. Andererseits deutet die umgekehrte Lage auf Strömung
oder Wellenbewegung hin; die Wölbung[1] oben ist so stabil, daß bisweilen die Muscheln nach einer Beobachtung von R. RICHTER (1924,
S. 159) in dieser Stellung über den Sand von den Wellen hingeschoben
werden.

Doppeltklappige geschlossene Schalen von *Cardium* fallen
selbstverständlich immer mit einer Wölbung nach unten, während die
andere Schale nach oben schaut. Etwas geöffnete Schalen fallen im
Stillwasser mit dem Schloßrand nach unten; in gestrecktem Winkel
(180º) geöffnete Schalen mit der Wölbung nach unten und können dann
durch eine ziemlich kräftige Strömung in die sehr stabile Lage, Wölbung
oben, gekippt werden. Ist die Schale zu einem rechten Winkel geöffnet,
dann bleibt die Lage, Wölbung-unten oder, was dasselbe bedeutet,
Schloßrand-unten viel stabiler als umgekehrt Wölbung-oben, wenn auch
in diesem Falle die Schalenränder der Muschel in den Sand etwas eindringen sollten. Die länglich gestaltete Miesmuschel ruht ebenfalls als
etwas geöffnete Doppelklappe mit Wölbung-unten stabiler als umgekehrt.

---

[1] BESCHOREN hat im Turon des Sackwaldes beobachtet, daß die *Inoceramen*
fast stets mit der Wölbung nach unten eingebettet sind. (N. Jahrb. f. Min. *55*, 111.
1927. Cenoman und Turon der Kreidemulde von Sack b/Alfeld.) — Vgl. auch
HÄNTZSCHEL: Die Einbettungslage von *Exogyra columba* im sächsischen Cenomanquader. Senckenbergiana 1924.

Formen mit starker Abplattung der Vorderseite, wie *Dreissensia poly-morpha*, verhalten sich bei vollständig geöffneter Schale[1] ähnlich wie *Cardium*; die wenig geöffnete oder geschlossene Schale legt sich im Still-wasser oft auf die abgeplatteten Vorderseiten. „Im bewegten Wasser ist bei geschlossener, noch viel mehr aber bei klaffender Doppelschale die Lage mit den Vorderseiten nach unten die bei weitem kippsicherste" (QUENSTEDT 1927, S. 398). Daraus ergibt sich, daß die Bestimmung des Liegenden und Hangenden an Sammlungsstücken am besten mit Hilfe von *Dreissensia*-ähnlichen Doppelklappen durchgeführt werden kann, denn bei gleichartiger Lagerung der Exemplare auf einer Gesteinsplatte zeigt immer die abgeplattete Vorderseite nach dem Liegenden; die rich-tige nachträgliche Orientierung eines Handstückes kann für viele Unter-suchungen von Bedeutung sein. Regellose Lagerung solcher einzelner Formen weist auf Absatz im Stillwasser hin. Der Schloßrand schüssel-förmiger Muscheln weist nur dann nach dem Liegenden, wenn die Schalen in etwa rechtem Winkel klaffen.

In einem sehr dünnflüssigen Schlamm werden die Schalen in gleicher Weise zu Boden sinken, wie im Wasser; in einem dickflüssigen Brei ist jedoch ein anderes Verhalten zu erwarten. Nach den Experi-menten von W. QUENSTEDT (S. 421) „versacken" Einzelklappen von *Dreissensia*, die man mit der Wölbung nach unten „in eine zähflüssige Masse" hineinbrachte, ... langsam erst mit der abgeplatteten Vorder-seite und dann mit dem Wirbel voraus; ebenso verhalten sich die Doppel-klappen. Eine derartige Lagerung beobachtete BESCHOREN (1927, S. 111) an einzelnen Inoceramenschalen im Turon des Sackwaldes, welche „des öfteren . . . . schräg oder ganz auf dem Vorderrande liegend" eingebettet, also offenbar „in einem unbewegten Kalkschlamm versunken" waren (QUENSTEDT, S. 423).

Im vorhergehenden ist die gesetzmäßige Lagerung von Fossilien ge-wissermaßen nach ihrer Orientierung im Profil, d. h. je nach dem sie eine bestimmte Seite nach oben oder nach unten richteten, dargelegt worden. Aber auch in der Sedimentationsebene selbst kann man bei länglich gestalteten Formen eine Gesetzmäßigkeit ihrer Lage daran erkennen, daß die Längsachsen parallel angeordnet sind. Bei Pflanzen ist dies oft in auffälligster Weise der Fall, wovon später S. 121 die Rede ist.

Von den Wellen an den Strand geworfene längliche Körper ordnen sich vielfach parallel dem Ufer an. In einem von starker Wasserbe-wegung ans Land geworfenen Muschelhaufen wird man diese Erscheinung natürlich selten beobachten, weil die einzelnen Schalen dicht gedrängt in ihrer Lage sich gegenseitig behindern.

Es gibt nun für die parallele Anordnung länglicher Schalen noch eine andere Ursache, die von W. QUENSTEDT (1927, S. 403) nachgewiesen wurde. *Dreissensia*-Einzelklappen stellen sich im schwachbewegten Wasser, das die Schale selbst nicht mehr von der Stelle zu rücken ver-mag, mit der Wölbung oben in ihrer Längsachse senkrecht zur Strö-mungsrichtung und zwar derart, daß sie sich um ein Ende ihrer

---

[1] Bis 180° kann die Schale nicht geöffnet werden, da sonst das Band zerreißt.

Schale so drehen wie eine Fahne im Winde oder ein Schiff an der Boje. Nach einem seetechnischen Ausdruck nennt W. Quenstedt diese Erscheinung sehr treffend „Schwoien". Die *Dreissensia*-Einzelklappe schwoit meist um das Vorderende (den Wirbel), seltener um das Hinterende, wenn dieses aus irgendeinem Grunde fester liegt. Ein doppelschaliges Exemplar schwoit leichter als eine Einzelklappe; eine Einzelklappe, die ihre steile Vorderseite der Strömung entgegenstellt, schwoit schon bei schwächerer Strömung, während von der abgeflachten Hinterseite aus eine etwas stärkere Kraft einsetzen muß. Daraus geht hervor, daß bei schwacher Wasserbewegung nur ein Teil der Schalen sich parallel zu stellen braucht. Einzel- und Doppelklappen von *Mytilus* drehen sich um das Vorder- oder Hinterende, von *Unio* in der Regel um das Vorderende parallel zur Strömung. Nach den von W. Quenstedt angestellten Experimenten schwoien kegelförmige Formen, wie z. B. *Tentaculiten* und *Turritellen*, um ihre Spitzen, die in der Richtung des Stromes schauen. Die hohle Spitze eines *Orthoceras*, sofern sie noch von Luft erfüllt ist, verhält sich, weil sie sehr leicht ist, gerade entgegengesetzt. Stielglieder von *Crinoiden* oder die fünf Arme eines Seesternes können durch Strömung in parallele Lage gebracht werden.

Aus diesen wenigen Aufzählungen ergibt sich, daß das Verhalten der einzelnen Formen sehr verschieden sein kann und daß viele Einzelfälle noch in der Natur beobachtet und experimentell untersucht werden müssen. Auf solche Erscheinungen hat man aber bisher kaum geachtet, und man ist vielleicht geneigt, sie als seltene Ausnahmefälle zu betrachten. Dies dürfte aber wohl kaum zutreffen. Beispiele hierzu werden sich sicher in großer Zahl einstellen, wenn erst die Sammler darauf zu achten beginnen.

β) **Die unregelmäßige Lage.** Nicht nur für die regelmäßige, sondern auch für die unregelmäßige Lagerung von Fossilien muß eine Erklärung gefunden werden. Überall da, wo Schalenreste, vollständige und zerbrochene, sich in dichter Packung anhäufen, wird eine regelmäßige Lage nicht möglich sein, da sich die einzelnen Stücke gegenseitig behindern. Eine solche Ansammmlung ist — wie bereits erwähnt — im Schill möglich, in dem von den Wellen an den Strand geworfenen Muschelhaufen. Aber nicht nur strandwärts, sondern auch seewärts findet an der Nordsee nach Weigelt (1923, S. 17) ein Transport der Schalen statt. Es arbeiten hierbei wohl hauptsächlich die Sogströme der Ebbe, die in den zahlreichen Rinnen des Wattmeeres beim Zurückweichen des Wassers die zerstreuten Muschelschalen zusammenspülen, eine Beobachtung, auf welche bereits Häberle[1] hingewiesen hat. Auch auf unebenem Boden oder über Geröllen wird regellose Einbettung stattfinden (R. Richter, 1922, S. 108).

Durch tiefgreifende Wellenbewegung können Sand und Schalen gleichzeitig aufgewühlt werden. Wenn der Sand so schnell sich zu Boden setzt, daß „die Schalen und Gehäuse gewissermaßen im Umfallen ein-

---

[1] Häberle: Paläontologische Untersuchung triadischer Gastropoden aus dem Gebiet von Predazzo. 5. Teil über die Entstehung von Lumachellen usw. Verhandl. d. naturhist. med. Ver. z. Heidelberg N. F. *9*, 563.

gemauert" werden, dann entsteht ebenfalls ein ganz unregelmäßiges Bild (W. Quenstedt 1927, S. 419).

Bei untermeerischen Rutschungen und Gleitungen werden die in einer sehr zähflüssigen Schlammasse steckenden Fossilien die zufällige Stellung behalten, die sie gerade beim Stillstand der Bewegung einnehmen.

Auch durch im Boden grabende und wühlende Tiere können ursprünglich regelmäßige liegende Schalen in die regellose Lage gebracht werden.

Tongeröllc, die von dem Wasser über den mit Schalen bedeckten Boden gewälzt werden, sammeln auf ihrem Wege Muscheln auf, die sich mit ihren scharfen Rändern in die Tonmasse einstechen und festgehalten werden; so entsteht ebenfalls eine unregelmäßige Anhäufung von Fossilien.

γ) **Sediment- und Fossilien-Fallen.** Die Beschreibung und scharfsinnige Erklärung[1] dieser Erscheinungen verdanken wir W. Quenstedt in seiner wiederholt zitierten Arbeit (S. 366—78). Die Wohnkammer von Ammoniten enthält in manchen Fällen ein anderes Sediment als dasjenige, in welchem das Fossil eingebettet ist, oder auch bisweilen zahlreiche kleine Fossilien, die in dieser Häufigkeit im umgebenden Gestein nicht vorhanden sind. In der am Boden liegenden Schale eines Ammoniten kann Stillwasser herrschen, während darüber hinweg eine mit einem Sediment belastete Strömung streicht. Gesteinsteilchen, die dicht an die Wohnkammer herangebracht werden und so in das Stillwasser geraten, setzen sich dort ab, werden also gewissermaßen in einer Falle gefangen. Ebenso können auch Schalen von anderen Tieren in die Wohnkammer hineingespült werden. Abgesehen von dem Unterschied zwischen der Strömungsgeschwindigkeit innerhalb und außerhalb der Schale, tritt im letzten Falle manchmal noch eine besondere Ursache hinzu. „Sobald Körper hineingespült werden, deren Größe, mindestens aber deren Länge dem Durchmesser des Hohlraumes nahekommt, werden sie darin infolge ihres Umfanges in vielen Fällen festgehalten ... Oft genügt schon eine leichte Behinderung durch die Fallenwand, die sich der Strömungsrichtung entgegen stellt, um das Wiederhinausgespültwerden des eingedrifteten Körpers zu verhindern".

Solches Ineinanderstecken von Fossilien wird nicht nur bei Ammoniten, sondern auch bei anderen Formen beobachtet und dürfte wohl meist auf dieselbe Ursache zurückzuführen sein. Auch sonstige Vertiefungen und Höhlungen im Boden können ebenfalls die Wirkung einer Falle ausüben. Linsen- oder rinnenartige Einlagerungen von Muschelhaufen im Gestein deuten vielfach auf Zusammenschwemmen im Stillwasser hin.

Wenn das in einer Falle niedergeschlagene Gestein grobkörniger ist als das Gestein der Umgebung, dann weist dies darauf hin, daß in einem

---

[1] Vgl. Drevermann: Eine paläontologische Exkursion auf den Kühlkopf. 52. Ber. d. Senckenberg. Naturf. Ges. Frankfurt a. M. und Krejci: Beobachtungen usw. (siehe Fußnote S. 26).

bestimmten Augenblick der Sedimentation eine stärkere Wasserbewegung herrschte, die in der Lage war, das schwere Sediment zu verfrachten; nur in der Falle wurde dieses Gestein, das sonst in der weiteren Umgebung nicht zum Absatz gelangte, zurückbehalten. Ganz allgemein ausgedrückt können Fallen „Sedimentationspausen infolge veränderter Wasserbewegung oder Materialzufuhr darstellen oder auch nur Auslesevorrichtungen für bestimmte Sedimentbestandteile bilden, gleichgültig, ob wir es dabei mit Stillwasserwirkung von Höhlungen oder mit Reusenwirkung von Fallenmündungen zu tun haben".

Für den Sammler ergibt sich die Notwendigkeit, auf solche Erscheinungen, deren Deutung im Einzelfalle in vielfacher Weise variieren kann, zu achten; er wird nicht nur das Fossil, sondern auch das umgebende Gestein in Handstücken mitnehmen, um zu Hause in die exakte Untersuchung des Befundes eintreten zu können.

Auch bei Pflanzen kommt etwas Ähnliches vor. Hohle oder später hohlgewordene Stämme enthalten oft ein gröberes Gestein als das umgebende ist. Für solche Fälle gilt ähnliches wie das oben Gesagte. Doch kann der Inhalt solcher fossilen hohlen Stämme auch z. B. durch chemisch niedergeschlagenes Mineral verfestigt sein, insbesondere Eisenverbindungen, die das Sediment im Innern der Hohlräume verfestigt haben, oft auch das um die Stämme herum. In diesem Falle handelt es sich um Vorgänge der Konkretionierung, die sowohl bei tierischen als bei pflanzlichen Fossilien stattfinden.

3. Aufbereitungsvorgänge.

In den vorhergehenden Abschnitten betrachteten wir die Gesetzmäßigkeiten, die in der Lage der einzelnen Schale bestehen können. Es gibt aber noch andere Regelmäßigkeiten, die in der flächenhaften Sonderung nach Größe, Gewicht und Form als Folge der Brandung bei Ebbe und Flut oder bei Windstau ihren Ausdruck finden. Das, was am Strande eines Meeres angespült wird, gehört nicht mehr zu einer Lebensgemeinschaft (Biocoenose), sondern bereits zu einer Totengesellschaft (Thanatocoenose nach WASMUND, 1926[1]) oder zu einer Grabgemeinschaft (Taphocoenose nach QUENSTEDT 1927, S. 355). Für den Paläontologen ist diese Unterscheidung von großer Bedeutung, denn die durch den Aufbereitungsprozeß des Wassers geschaffene Taphocoenose kann eine wesentlich andere Zusammensetzung der Formen enthalten, als die Biocoenose, aus welcher sie hervorging. Sehr eingehend schildert WEIGELT diese Vorgänge in seiner Arbeit über „Angewandte Geologie und Paläontologie der Flachseegesteine und das Erzlager von Salzgitter". Wenn man an der Nordsee von dem Meere aus sich strandwärts wendet und den Boden betrachtet, dann sieht man bei Ebbe zunächst „Mytilusschalen, Klaffmuscheln, Herzmuscheln, Pfeffermuscheln, lebende und tote Litorinen weiträumig und unregelmäßig verstreut auf dem Watt liegen. Dann aber vereinigt sich alles zu einem festen . . . geschlossenen Pflaster. Die blauschwarzen Schalen sind . . ., die Wölbung nach oben

---

[1] WASMUND: Biocoenose usw. (siehe Fußnote 2, S. 20).

gekehrt, unter strengster Ausnützung des Raumes eine neben der anderen festgekeilt und eingefügt durch die saugende Wirkung der Ebbe, so daß auch die Flut nicht mehr imstande war, sie zu verschieben. Kurz, dasselbe Bild wie es die mit *Myophorien* oder *Gervillien* bedeckten Flächen des Muschelkalkes oder andere organische Lesedecken bieten. Weiter küstenwärts nimmt die Größe der Miesmuschelschalen immer mehr ab. *Cardium edule*, die Herzmuschel, auch *Tellina baltica*, die Blattmuschel, schaltet sich reichlicher dazwischen, und vereinzelt treten schon die größten Schalen von *Litorina* hinzu. Der Saum ist also braun, blauschwarz und weiß geblümt, und der Zahl nach nehmen dann die braunen

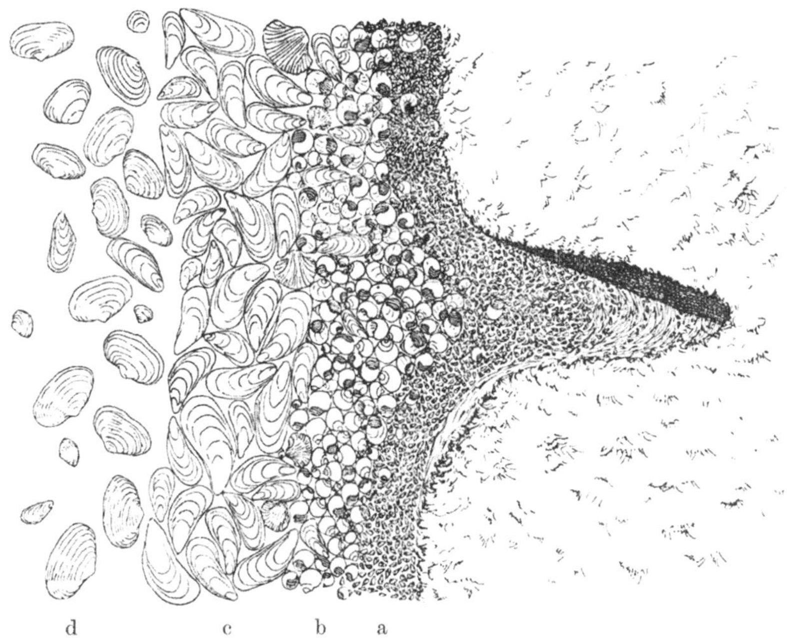

Abb. 3. Einspringende Wattkliffkante von oben gesehen; a Hydrobiensaum mit *Chaetomorpha aurea*, b Litorinaband, c Mytiluspflaster, d *Mya*-Streuung. (Nach WEIGELT.)

Gehäuse von *Litorina* zu. Auch sie sind so angeordnet, daß sie einer Lageveränderung den größtmöglichen Widerstand bieten; sie liegen so dicht, daß eine die andere berührt. Kleinere *Cardien* und Bruchstücke von *Mytilus* liegen zuweilen noch dazwischen. Die Farbe des *Litorina*-Saumes ist braun, noch weiter küstenwärts aber herrscht die weiße Farbe. Zunächst schalten sich die großen *Hydrobien* zwischen jugendliche und abgerollte, nur noch die Spindel aufweisende Gehäuse von *Litorina*, um dann als weiße Säume handhoch und mächtiger aus reinen *Hydrobien*, mit feinsten Schalentrümmern gemengt, zu bestehen (Abb. 3). So werden durch Ebbe und Flut die Überreste der abgestorbenen Tiere als **gröbere und feste Komponenten eines großen Lebensraumes nachträglich zusammengedrängt in einem nur wenige**

3*

Meter breiten Streifen. Was wir beobachten, ist vor allem eine zonar angeordnete Trennung nach Größe und Gewicht und damit auch nach Arten und Lebensaltern oder auch nach dem Erhaltungszustand; denn die Trümmer größerer Arten sind ja häufig den ganzen Gehäusen kleinerer beigemengt." Ein derart gestalteter Spülsaum der Wellen kann nun von Sand überdeckt werden, über dem eine neue Schalenschicht in gleicher Weise abgelagert wird. So entstehen schließlich übereinander viele Schalenlagen, die von leeren Zwischenschichten getrennt sind und die im Profil die Täuschung hervorrufen können, als ob verschiedene Faunen, z. B. eine reine *Litorina*-Fauna, von einer *Hydrobien*- und diese von einer Misch-Fauna aus *Cardium, Mytilus* und *Litorina* bestehend abgelöst worden seien. Denn es ist ja klar, daß der Spülsaum sich see- oder landwärts verschieben wird und daß sich dementsprechend in einem Vertikalschnitt die einzelnen Aufbereitungsbänder selten decken werden.

Ein anderes Beispiel erwähnt WASMUND, der in der oben zitierten sehr wertvollen Arbeit sich mit den gesetzmäßigen Beziehungen zwischen Lebensgemeinschaften und Totengesellschaften ausführlich beschäftigt: „Wenn im Profil auf eine Fossilbank mit großen Exemplaren eine der gleichen Art mit kleineren Stücken folgt, ist es unnötig, auf einen Milieuwechsel zu schließen, der die ‚Kümmerformen' hervorgebracht hätte". Es braucht also nicht die Aufeinanderfolge zweier verschiedener Lebens-

Abb. 4. *Mya arenaria*, linke Klappe mit, rechte ohne Ligamentlöffel.

gemeinschaften zu sein, sondern es kann auch eine Auslese nach Größe oder Gewicht aus zwei Totengesellschaften vorliegen. Sehr interessant ist auch der Hinweis des genannten Forschers, daß der Strandauswurf am Kattegat fast nur aus *Mollusken* aus der Tiefe bis zu 12 m besteht und daß Arten, die im tieferen Wasser leben, wie *Modiolaria, Leda, Pecten*, und „ganz typische Mudbewohner, wie *Dentalium entale.* oder *Cardium norvegicum"* vollständig fehlen.

Neben einer Frachtsonderung nach Größe und Gewicht besteht noch eine andere Möglichkeit der Auslese, die durch die verschiedene Gestalt der beiden Schalen einer Art bedingt wird. *Mya arenaria* (ein sehr charakteristisches Beispiel hierzu) lebt 30—40 cm tief mit nach oben gerichteten Sipho senkrecht im Boden vergraben, und zwar stecken die einzelnen Individuen so dicht nebeneinander, daß man von einem *Mya*-Beet zu sprechen berechtigt ist. Die linke Schale dieser Muschel besitzt an ihrem Wirbel einen etwa 5 mm breiten Ligamentlöffel, der unter den Wirbel der rechten Schale greift (Abb. 4). Die Beobachtungen RICHTERS (1927, S. 130) ergaben, daß die beiden Schalenhälften verschieden weit von dem Wasser transportiert werden. Er schreibt: „Verläßt man das Gebiet, wo die Muscheln eben erst ausgespült, gehälftet und flach hingelegt werden und noch im gleichen Verhältnis beider Klappen vorhanden sind, und wandert mit der am Orte herrschenden

Wasserbewegung, so kommt man bald in ein Gebiet, wo ganz überwiegend linke Klappen vorhanden sind. Sie liegen gewölbt oben auf dem Sand oder haben sich in dieser Lage bereits darin verkrochen. Beim Herausheben aus der Einbettung zeigt ein festes Haften sofort, weshalb diese Klappen auf ihrer Wanderung früh Halt gemacht haben: Der Ligamentlöffel steckt wie ein Anker im Boden und setzt gerade dem ja seitlich angreifenden Bewegungsantrieb des Wassers den größten Widerstand entgegen. Die rechten Klappen, völlig ankerlos, sind weiter abgewandert, und in der Tat kommen wir erst in größerer oder geringerer Entfernung in ihre Wanderschar hinein: Hunderte und Aberhunderte von rechten Klappen, aber nur ausnahmsweise eine linke. Sind Brandungswellen die verfrachtende Kraft . . ., so vollzieht sich die Wanderung der Klappen in breiter Front gegen den Strand. Ist eine Strömung die verfrachtende Kraft, so geht . . . die Wanderung linienhaft vor sich und mit weit auseinandergezogener Trennung. Watet man ein Priel entlang, dann kann man auf größere Strecken (bis 300 m beobachtet, aber gewiß viel weiter) nur die löffellosen rechten Klappen finden. Mischen sich auf dem Boden dieses Priels auch linke Klappen dazu, dann kann man sicher sein, in die Nähe eines in Abspülung begriffenen *Mya*-Beetes zu kommen."

4. Die Abrollung von Fossilien und die sekundäre Lage.

Durch Transport im Flußwasser oder in der Meeresströmung werden die Hartteile von Organismen in der Regel mehr oder weniger abgerollt. Je nach dem Grade der Abrollung schließt man gewöhnlich auf einen größeren oder kleineren Transport. Stark abgenutzte Fossilien müssen demnach von weither eingeschleppt sein und können nicht der Lebensgemeinschaft der sonst noch gleichzeitig gefundenen Formen angehören. Aber nicht immer liegen die Dinge und ihre Erklärung so einfach. Zunächst hängt der Grad der Abrollung nicht allein von dem Transport, sondern auch z. B. von der Beschaffenheit der Schale oder des Skeletteiles ab; Zähne sind Dank ihrer Bedeckung mit Schmelz viel widerstandsfähiger als andere Knochen und werden deshalb fossil viel häufiger gefunden; dünne Schalen werden leichter zerrieben als dickschalige Formen. Die Kraft der Strömung und die Beschaffenheit des mitgeführten Gesteinsmaterials, zwischen denen die Abschleifung stattfindet, ist ebenfalls von Bedeutung.

Aber man muß auch berücksichtigen, daß „Abrollung auch ohne wesentliche Verfrachtung oder überhaupt auch ohne Transport zustande kommen kann. DAQUÉ[1] weist darauf hin, daß ein „anhaltendes Hin- und Herbewegen an ein und demselben Punkt . . . die Fossilien abrollen oder ein Schalengetrümmer daraus machen" kann.

Nach W. QUENSTEDT (1927, S. 360) „kann der Träger der Schale das Beutetier eines Räubers werden, dessen Kauwerkzeuge und Verdauungssäfte den Überresten seiner Mahlzeit übel mitspielen mögen.

---

[1] DACQUÉ: Vergleichende Formenkunde der fossilen niederen Tiere. 1921. S. 33.

Tiere und Pflanzen, die sich in und auf der Oberfläche eines Gehäuses ansiedeln, zerstören den Kalk meist durch Auflösung. Die jugendlichen Teile einer Schale werden, einmal vom Periostracum[1] entblößt, oft noch bei Lebzeiten des Bewohners angeätzt."

Eine Schale kann so schwer sein, daß sie von der Strömung und von der Wellenbewegung nicht mehr erfaßt wird; wohl aber werden die leichteren Sandteilchen noch mitgerissen und gegen das ruhende Fossil getrieben, das schließlich auf diese Weise abgescheuert wird (QUENSTEDT, S. 364). Darauf beruht auch die häufige Erscheinung, daß die größeren, mit unbewaffnetem Auge sichtbaren, aus einem Gestein ausgeschlemmten Foraminiferen zerbrochen sind, während die kleineren, nur unter dem Mikroskop erkennbaren alle Feinheiten der Skulptur zeigen. „Ebenso wie der Insasse des Luftballons den Wind nicht spürt, mit dem er segelt, wohl aber" — wobei wir den von W. QUENSTEDT angestellten Vergleich etwas abändern — der auf einem Turm freistehende Beobachter, „ebenso kann die leichte Foraminiferenschale" mit dem mit gleicher Geschwindigkeit verfrachteten Sandkorn nicht in unsanfte Berührung kommen, desto mehr aber die unbewegliche oder schwerer bewegliche auf dem Boden des Meeres liegende Muschel.

Auch nach der Einbettung, nachdem der Fossilisationsprozeß begonnen oder bereits beendet ist, können Versteinerungen mit dem Sediment sekundär umgelagert und abgerollt werden. Eine Unterscheidung der subprimären Einbettung und Abrollung von der sekundären Umlagerung und Abrollung ist dann leicht, wenn der Altersabstand zwischen den primär und sekundär eingebetteten Fossilien sehr groß ist. So sind z. B. die im Unteren Neokom des Harzvorlandes vorkommenden, auf sekundärer Lagerstätte befindlichen Lias-Fossilien nicht nur durch ihre Erhaltung, sondern auch morphologisch sehr leicht von den Kreideversteinerungen zu unterscheiden. Wenn aber der Altersabstand und die Abrollung gering ist, dann werden die Sedimentationsvorgänge nur durch eine umfassende Untersuchung aufzuklären sein.

Für den Sammler ergibt sich daraus die Notwendigkeit, auf das „Gleichzeitig-eingebettet-sein" von abgerollten und nicht abgerollten Fossilien zu achten.

5. Schlußbetrachtungen.

Wir müssen ausdrücklich darauf hinweisen, daß die oben stehenden Schilderungen sich nur auf einige wenige Einzelerscheinungen und Beobachtungen aus der Gegenwart stützen und daß es nicht zulässig ist, irgendeine biostratonomische Beobachtung mit Hilfe dieser wenigen Beispiele ohne sorgfältige umfassende Prüfung und Erwägung aller, auch der nicht paläontologischen Faktoren zu erklären. Unser Zweck ist ja nur, den Sammler anzuregen, auf die Art des Auftretens der Fossilien im Gestein während des Sammelns zu achten. Das Ziel bei dem heutigen Stande unserer Kenntnis über Einbettungsvorgänge kann zunächst nur darin bestehen,

---

[1] Die äußere, meist nicht fossilisierte aus organischer Substanz bestehende Epidermis der Schale.

Material zu sammeln, festzustellen, ob regional in einem Horizont Regelmäßigkeiten vorhanden sind und wie diese Erscheinungen in einer Schichtenfolge sich verändern. Es muß also auch hierbei in der gleichen Weise schichtmäßig gesammelt werden, wie bereits in dem Abschnitt über Biostratigraphie und Phylogenie gefordert wurde.

b) Vorgänge nach der Einbettung.

Für das Sammeln und die Präparation ist die Kenntnis der einzelnen Stadien dieser sehr mannigfaltigen Vorgänge nach der Einbettung von keiner großen Bedeutung, vielmehr genügt ein gewisses Verständnis für das Endergebnis der Fossilisation, worauf wir unsere Darstellung im wesentlichen beschränken müssen. Zwei große Gruppen lassen sich bei den hier in Betracht kommenden Veränderungen unterscheiden: 1. Die mechanischen Veränderungen und 2. die chemischen Umsetzungen.

1. Die mechanischen Veränderungen.

Für die mechanischen Veränderungen sind zwei Ursachen verantwortlich zu machen. Der Belastungsdruck, der sich aufschichtenden Sedimente und der tektonische Druck bei Gebirgsbildung. Der Belastungsdruck wirkt von oben nach unten, senkrecht zur Schichtfläche; der tektonische Druck meist horizontal oder bei Faltungen in der Ebene der Schichtfläche. Dies letztere hat bisweilen zur Folge, daß alle auf einer Schichtfläche liegenden Fossilien in einer einzigen Richtung verkürzt werden. Tektonischer Druck und Belastungsdruck können eine plastische bruchlose Umformung oder eine solche zur Folge haben, bei der die Schalen zerbrochen, verbogen oder zerquetscht werden.

Bei einem einzelnen aus dem Gestein herausgenommenen Fossil ist die Unterscheidung, ob eine bruchlose Deformation stattgefunden hat oder ob es sich um ein neues, besonderes morphologisches Merkmal handelt, oft recht schwierig. Schon mancher Bearbeiter hat sich zur Aufstellung von neuen Arten auf Grund von Eigentümlichkeiten verleiten lassen, die in Wirklichkeit durch Druck entstanden sind. Deswegen sei empfohlen, während des Sammelns bereits auf solche Erscheinungen zu achten, damit aus dem Schichtverbande und aus der Lage des Fossils eine Erklärung für die Ursache der Verdrückung gefunden werden kann.

2. Die chemischen Veränderungen.

Die chemischen Umsetzungen beginnen bei der Fossilisation mit der Zersetzung der organischen Substanz des Tierkörpers, ein Prozeß, der nach der Einbettung im Sediment noch nicht beendet zu sein braucht. Es finden aber auch Veränderungen in der chemischen Zusammensetzung des Skelettes oder der Schale statt. Diese Veränderungen sind sehr mannigfaltiger Natur; sie gleichen in vielen Fällen den entsprechenden Vorgängen bei der Bildung von Mineralien; sie verlaufen sehr langsam und können eine teilweise oder auch vollständige Veränderung in der ursprünglichen Substanz durch Auflösung und späteren Ersatz durch eine Mineralneubildung herbeiführen. Meistens sind die Fossilien als

Kalk ($CaCO_3$) erhalten. Die hauptsächlichsten Versteinerungsmittel sind
im übrigen Kieselsäure (SiO_2) und zwar als Feuerstein, Quarz, Karneol,
Chalcedon usw., Pyrit (FeS_2 regulär), Markasit (FeS_2, rhombisch) und
apatitähnliche Mineralien ($3\ C_3P_2O_8 + CaFl_2$), die man unter der
Bezeichnung Phosphorite häufig genannt findet. (Näheres hierüber
vgl. DEECKE, Fossilisation, s. Fußnote S. 26.)

3. Verschiedene Formen der Erhaltung.

Am günstigsten ist die Erhaltung, wenn die Schale, das Skelett oder
gar die Weichteile in der gleichen organischen Zusammensetzung ohne erhebliche mechanische Veränderung wie beim lebenden
Tier überliefert sind. Solche seltenen Fälle kennen wir z. B. bei der vollständigen Konservierung von Mammut-Kadavern im sibirischen Eis
oder von *Elasmotherium* im Asphalt von Galizien. Meist werden nur die
Hartteile gefunden.

Aber auch diese können nach der Einbettung vollständig aufgelöst
werden, so daß im Gestein nur ein Hohlraum erkennbar ist. Wenn der
Hohlraum sehr dünn ist, wie z. B. bei Blättern, dann ist nur ein Abdruck[1] vorhanden. Wir sprechen auch dann von Abdruck, wenn das
eigentliche Fossil nicht gefunden wurde und nur die Abformung seiner
Oberfläche bzw. seiner Außenseite vorliegt. Der Ausguß oder Steinkern ist die Abformung der Innenseite. Selbstverständlich müssen Steinkern und Abdruck eines Fossils immer gleichzeitig gesammelt werden.

Der sogenannte „Skultursteinkern" ist der Ausguß der Innenseite einer Schale, der aber außerdem noch die Skulptur der Außenseite
erkennen läßt. Seine Entstehung war bisher zweifelhaft und ist erst
durch die sorgfältige Untersuchung W. QUENSTEDTS[2] für Muscheln
aufgeklärt worden.

Unter dem Mikroskop erkennt man, daß die Schale einer Muschel
aus zwei bzw. drei Schichten besteht: Innen die aragonitische Perl-
mutter- oder Porzellanschicht, darüber die kalzitische Prismenschicht,
welche von dem aus Konchiolin bestehenden Periostrakum (der Epidermis) überdeckt wird. Wenn eine Muschelschale in einem schwefel-
eisenhaltigen Schlamm eingebettet wird, werden die Kalkschichten des
Fossils von der sich bildenden Schwefelsäure allmählich aufgelöst. Die
äußerste organische Deckschicht des Periostrakums ist gegen diese Säure
unempfindlich; sie wird auch nicht von Fäulnisbakterien angegriffen, weil
deren Existenz bei Anwesenheit von Schwefelsäure unmöglich ist. Die
Schale wird von innen nach außen aufgelöst und dies um so leichter, als
ja die innerste Perlmutterschicht keinen, die Prismenschicht dagegen
einen Gehalt an organischer Substanz hat. Bei diesem Vorgang rückt der
Steinkern unter dem Belastungsdruck in das Innere der Hohlform;

---

[1] Wegen der Pflanzenabdrücke s. S. 128.

[2] Herr Dr. W. QUENSTEDT hat uns in liebenswürdiger Weise sein unver-
öffentlichtes Manuskript, das inzwischen in der Paläontographica Bd. 70 unter
dem Titel „Über Erhaltungszustände von Muscheln und ihre Entstehung" erscheinen wird, zur Verfügung gestellt. Hierfür danken wir Herrn QUENSTEDT
bestens, auch für wiederholte Literaturnachweise.

schließlich ist nur noch die dünne Haut des Periostrakums vorhanden, das den Abdruck der Schale überzieht; dahinein wird die plastische Masse des Steinkerns gepreßt. Auf diese Weise wird der Steinkern geprägt, und W. QUENSTEDT bezeichnet ihn daher sehr treffend als „Prägekern"[1].

Mit diesen echten Prägekernen darf ein gewöhnlicher Steinkern mit Skulpturen, die von der Innenseite einer Schale herrühren, nicht verwechselt werden. Auch eine andere Erhaltungsform, bei welcher die Gesteinsmasse des Steinkerns mit der Schale aufgelöst und der so entstandene Hohlraum einheitlich durch ein Mineral ausgefüllt wurde, ist hiervon zu unterscheiden. In diesem Falle ist also nur die Außenskulptur überliefert.

III. Arbeiten im Gelände.

a) Das Sammeln.

1. Allgemeines.

Das Sammeln kann verschiedene Ziele verfolgen. Es kann einem wissenschaftlichen Zweck dienen oder nur aus Liebhaberei betrieben werden, d. h. mit der Absicht, eine gewisse Vertrautheit in paläontologischen Dingen zu erwerben, Teil zu haben an den wichtigsten Ergebnissen dieser Wissenschaft, als Ergänzung eines anders gearteten Berufes oder irgendwie als Ablenkung von täglicher Arbeit. Der Laie in diesem Sinne wird seine Sammlung nach ganz anderen Grundsätzen behandeln, als der Sammler, der einem höheren Ziele dienen will.

Das wissenschaftliche Sammeln verfolgt zwei Hauptziele, die selbstverständlich mehr oder weniger miteinander verbunden sein können:

1. Ein morphologisch-biostratigraphisches Ziel,
2. Ein biologisch-paläogeographisches Ziel.

Im ersten Falle — um kurz zu wiederholen — wird auf Grund der Morphologie eine vertikale Gliederung der Schichten und eine Phylogenie angestrebt; das Nacheinander der Formen und die damit verbundenen Abänderungen stehen im Vordergrund. Im zweiten Falle interessiert mehr die Frage nach den Lebensgemeinschaften, nach dem Nebeneinander der Formen bis zur Auswertung für paläogeographische Zwecke. Sorgfältigstes schichtmäßiges Sammeln aus dem anstehenden Gestein unter ständiger Beachtung der Lage der Fossilien, ist die Grundlage für solche Arbeiten. Das Material muß eine Handhabe bieten, welche die Unterscheidung von Variation und Mutation gestattet. Nicht das Suchen nach schönen sogenannten Schaustücken, nicht das Zusammenraffen möglichst großer Mengen ist das wesentliche, viel wichtiger ist zuerst die Beobachtung. Während man früher zuerst sammelte und dann im Arbeitszimmer die Beobachtung an den aus dem Gestein gelösten Fossilien anstellte, ist heute die Losung gerade umgekehrt: Erst beobachten und dann sam-

---

[1] Über Einzelheiten und Literatur gibt die oben erwähnte Arbeit Auskunft.

meln, dem natürlich nicht im Wege steht, daß später die Untersuchung zu Hause fortgesetzt wird.

Aber schichtmäßiges Sammeln ist nicht überall durchführbar und ist nicht immer zur Lösung bestimmter Aufgaben erforderlich. Einzelfunde, wie z. B. Wirbeltierreste, behalten im allgemeinen ihren Wert, auch wenn sie nicht feinstratigraphisch eingeordnet werden können. Ferner werden vielfach gewisse seltene Wirbellose oder bei häufig vorkommenden Versteinerungen außergewöhnlich gute Erhaltungszustände meist nur als Einzel- oder Gelegenheitsfunde, also nicht im biostratigraphischen Profil geborgen. Man kann daher unterscheiden zwischen systematisch gesammeltem Material und Gelegenheitsfunden, zwei Gruppen, die selbstverständlich nicht immer scharf voneinander zu trennen sind.

Wir sehen im folgenden mit Absicht davon ab, bestimmte Hinweise auf die Häufigkeit der Fossilien oder auf den Erfolg des Sammelns in bestimmten Schichten nach ihrer petrographischen Beschaffenheit zu geben. Die Zahl der Möglichkeiten ist zu groß, die Regel zu selten, die Ausnahme zu häufig. Daß man in hochmetamorphen Schiefern oder im Granit nicht nach Versteinerungen suchen wird, ist selbstverständlich. Im übrigen empfiehlt es sich, alle als fossilleer oder fossilarm bezeichneten Schichten immer wieder zu überprüfen; Einzelfunde aus solchen Sedimenten haben einen hohen wissenschaftlichen Wert und werden manche Lücke in unserem Wissen ausfüllen.

An dieser Stelle sei noch besonders auf den Abschnitt „Sammeln und Präparationsarbeiten" S. 132 verwiesen, in welchem das Aufspalten von Sedimentgesteinen, das Formatisieren der Handstücke, die Behandlung besonders leicht zerstörbarer Objekte, das Sammeln in Bergwerken und ähnliches behandelt ist. Was dort von Pflanzen gesagt ist, kann meistens ohne weiteres auf tierische Fossilien übertragen werden.

2. Systematisches Sammeln.

Dem Anfänger sei empfohlen, nach dem Betreten eines Aufschlusses zur vorläufigen Orientierung zunächst die Schutthalden sich genauer anzusehen. Hier hat die Verwitterung am stärksten gearbeitet, und man findet die Fossilien oft schöner heraus modelliert, als durch jede Präparation möglich ist. Einzelne Gesteinsstücke zerschlägt man, um sich mit der petrographischen Beschaffenheit vertraut zu machen, die immer nur an der frischen Bruchfläche und nie nach der verwitterten Oberfläche beurteilt werden darf. Dabei wird man auch Beobachtungen über den Fossilreichtum in den petrographisch verschiedenen Schichten des Aufschlusses machen können. Es gibt Gesteine, die sehr schön parallel der Oberfläche eines Fossils sich spalten lassen, so daß die so gefundene Versteinerung verhältnismäßig leicht zu erkennen ist. Es gibt aber auch Gesteine, bei denen das Fossil so innig mit der Gesteinsmasse verbunden ist, daß beim Zerschlagen nur der Querschnitt der Schale sichtbar wird. Dann muß eine Präparation zu Hause vorgenommen werden. In Tonen findet man häufig Kalk- oder Eisensteingeoden, welche beim Aufspalten gut erhaltene Fossilien beherbergen. Oft ist die ursprüngliche Schale aufgelöst und das Fossil als Steinkern und Abdruck vorhanden. Viele Sammler begehen den Fehler, daß sie den kompakten Steinkern mitnehmen, den zerbrechlichen, weniger schönen Abdruck aber liegen lassen. Die auf dem Abdruck erhaltene Skulptur ist oft von viel größerer systematischer Bedeutung als der Steinkern und darf deshalb auch bei schlechter Erhaltung nicht vernachlässigt werden.

Wenn man durch die Untersuchung der Halde eine Vorstellung von der Fossilführung der Schichten gewonnen hat, wendet man sich der Hauptuntersuchung zu. Hierbei wird man je nach dem Versteinerungsreichtum, je nach der Gestalt des Aufschlusses, nach den Abbaumethoden im Steinbruchbetrieb, nach den Lagerungsverhältnissen, der Gesteinsbeschaffenheit in verschiedener Weise arbeiten. Von diesen zahlreichen Möglichkeiten können nur wenige typische Beispiele besprochen werden, die aber dem Sammler genügend Hinweise vermitteln.

Zunächst muß man sich Klarheit über die Lagerungsverhältnisse verschaffen. Im festen Gestein sind Verwerfungen meist leicht erkennbar; in Tonen dagegen sehr schlecht. Oft deutet nur eine feine Verruschelung darauf hin, daß eine Verschiebung stattgefunden hat. Sind Kalkbänke oder Geodenlagen eingeschaltet, dann ist die Bewegung leichter erkennbar. Beim schichtmäßigen Sammeln wird man solche Stellen aussuchen, die überhaupt nicht oder möglichst wenig gestört sind. Auch bei gefalteten Schichten muß man die Lagerung beachten. Bei Überkippungen liegt das jüngste zu unterst, das älteste zu oberst; solche Lagerung wird bisweilen erst durch die Reihenfolge der Fossilien im Vergleich mit normalen Profilen nachgewiesen.

Auch von dem Grade der Fossilführung ist die Sammelmethode abhängig. In sehr fossilreichen Schichten arbeitet man je nach der Widerstandsfähigkeit des Gesteins mit Schaufel, Hacke, Hammer, Meißel oder Brecheisen. In Tonen kann man verhältnismäßig leicht mit Schaufel und Hacke graben. Am Hange eines tiefen Einschnitts beginnt man unten oder oben und hebt Schicht für Schicht ab und sucht in ihnen durch Auseinanderbrechen, Fossilien. Sind die Schichten geneigt, dann kann man auch auf horizontaler Fläche senkrecht zum Streichen einen Schurfgraben ziehen.

Die gefundenen Fossilien werden sofort etikettiert nicht nur nach dem Fundort, sondern auch nach ihrer Lagerung im Profil, indem man die einzelnen unterscheidbaren Schichten numeriert; jedes innerhalb einer bestimmten Schicht gefundene Fossil erhält dieselbe Nummer (wenn möglich aufgekratzt). Gleichzeitig vermerkt man in einem Notizbuch die Mächtigkeit der erschürften Schichten mit Angaben über die petrographische Beschaffenheit unter Beifügung einer Profilskizze, in welche auch die Schichtnummern einzutragen sind. In sehr fossilreichen Schichten kann man bisweilen auf den Zentimeter genau sammeln[1].

In harten Kalken oder Sandsteinen, in Schiefern usw. wird das Schürfen mühevoller und nur unter Verwendung von Hammer, Meißel, Spitz-

---

[1] Als Beispiel nennen wir: Jüngst: Die Meeresverbindung Nord-Süd-Deutschlands in der Psiloceratenzeit. N. Jahrb. f. Min. *58*, Abt. B, 171. 1927.

hacke und Brecheisen ausführbar. Die Arbeit gleicht dann einem kleinen
Steinbruchbetrieb und ist meist nur mit Hilfe von Arbeitern zu bewerk-
stelligen. Im übrigen muß auch hier die Etikettierung in gleicher Weise
wie oben ausgeführt werden. Das Herauspräparieren der Fossilien aus
dem harten Gestein geschieht nicht am Fundort; hier wird nur soviel
Gestein abgeschlagen, daß der Transport nicht unnötig belastet wird.

Nun gibt es Schichten, die so fossilreich nicht sind, daß sich
ein Schürfen und Graben verlohnt, die aber dennoch im Laufe der Jahre
unseren Museen umfangreiches Material geliefert haben. Diese Fossilien
sind meistens von Arbeitern gesammelt, von Sammlern gekauft worden
und von diesen an unsere Museen gelangt. Für den Arbeiter ist die Be-
schäftigung mit Versteinerungen ein angenehmer Nebenverdienst. Aber
selten wird man bei ihm ein ausreichendes Verständnis für die Sache
selbst finden. Man mißtraue jeder Angabe über die Schicht, in welcher
das Fossil angeblich gefunden wurde. Vielfach hat er es wochenlang
in seiner Tasche herumgeschleppt, kann sich an die genaue Fundlage
nicht mehr genau erinnern oder bildet sich ein, es da oder dort ausge-
graben zu haben. Für fein stratigraphische Arbeiten ist solches Material
wertlos; es ist ganz gleich, ob es auf einer Halde gefunden oder vom
Arbeiter erworben wurde.

Trotzdem müssen in solchen verhältnismäßig fossilarmen Schichten
auch schichtmäßige Aufsammlungen ausgeführt werden. Nur muß sich
dann die Technik des Sammelns mehr oder weniger dem Steinbruchbetrieb anpassen. Die Zeit, die solches Sammeln beansprucht, ist allerdings bedeutend länger. Es werden Monate, gegebenenfalls Jahre dazu
gehören, um ausreichendes Material zu gewinnen.

Der Sammler wird zunächst das Profil nach der Gesteinsbeschaffenheit, Mächtigkeit und Lagerung genau untersuchen.
Vielfach dürfte es sich empfehlen, den Aufschluß in großem Maßstab mit
allen Einzelheiten topographisch und geologisch zu kartieren, um die
räumliche Lage der gefundenen Fossilien und die Lage der petrographisch verschiedenen Schichten aufs sorgfältigste eintragen zu können.
Das Bild des Aufschlusses ändert sich mit dem fortschreitenden technischen Abbau. Bei täglichem Besuch wird es sehr leicht möglich sein,
bestimmte Schichten unter ständiger Kontrolle zu halten, die in ihnen
enthaltenen Fossilien zu bergen und deren Lage zu notieren. Treten aber
größere Pausen zwischen die einzelnen Untersuchungszeiten, dann wird
der Zusammenhang schwer gewahrt bleiben. Wenn wir oben vor den Angaben der Arbeiter im allgemeinen warnten, so steht dem nicht entgegen,
daß durch dauernde Fühlungnahme mit einem intelligenten Steinbrecher
der Sammler sich einen vertrauenswürdigen Mitarbeiter heranziehen
kann, dessen Angaben aber trotz allem ständig zu überprüfen sind.
Durch die in vielen Monaten fortgesetzten Untersuchungen und Beobachtungen wird der Sammler eine bis in die feinsten Einzelheiten
gehende Kenntnis der Schichten und über das Vorkommen der Arten
erwerben. Aber solche Arbeit ist im allgemeinen nur dann ausführbar,
wenn An- und Rückmarsch zum Aufschluß nicht mehr als etwa einen Tag
beanspruchen.

Umfangreiche Grabungen sind beim Bergen größerer Tierreste insbesondere bei Wirbeltieren (s. S. 117) häufig erforderlich.

Beim Sammeln muß auch auf die Lage der Fossilien im Gestein geachtet werden. Wenn eine Art in großen Mengen im anstehenden Gestein beobachtet wird, dann kann man statistisch arbeiten, in der Weise etwa, wie dies HÄNTZSCHEL[1] getan hat, der von *Exogyra columba* in der Sächsischen Kreide die Lage „Wölbung oben" oder „unten" zahlenmäßig feststellte. Wenn möglich, soll man Gesteinsplatten mitnehmen, auf welchen viele Versteinerungen in charakteristischer Lage eingebettet sind; man muß dann die Hangend- oder Liegendseite durch Aufkratzen[2] eines H oder L oder durch einen aufgeklebten Zettel oder eine Notiz kennzeichnen. Geht dies nicht, dann muß man Skizzen oder Photographien herstellen, oder sich überhaupt mit Notizen begnügen. Solche Beobachtungen stelle man immer schichtmäßig an, also man vermenge das, was man in verschiedenen Schichten gesehen hat, nicht miteinander. Meist kann man in den Aufschlüssen nur das Profil, also eine Schicht gewissermaßen nur in einer Linie beobachten. Wichtig wäre es aber vor allem, die Änderung der Fossilführung in der Fläche selbst kennen zu lernen. Das ist nur in den wenigsten Fällen möglich, und man wird des öfteren versuchen müssen, aus den Profilen die Flächen zu rekonstruieren. Weitere Richtlinien ergeben sich aus dem Abschnitt über „Fossilisation" (s. S. 26).

Vielfach werden die Fossilien losgelöst aus dem Gestein gesammelt; die Beobachtung des Sedimentcharakters wird mehr oder weniger vernachlässigt. Handstücke von den in einem Profil auftretenden fossilleeren Bänken und Notizen darüber fehlen meistens gänzlich. Aber auch solche Schichten stellen einen Abschnitt der zu Stein gewordenen Zeit vor, von der wir allerdings weniger aussagen können, als von den versteinerungsreichen Ablagerungen. Deswegen aber dürfen beim Beobachten und Sammeln die fossilleeren Sedimente nicht übersehen und vergessen werden. Handstücke müssen schon aus dem Grunde mitgenommen werden, um im Laboratorium eine Untersuchung auf Mikrofossilien durchführen zu können; wenn man sie im Gelände suchen will, muß man sich auf die Erde legen und das anstehende Gestein mit einer Lupe absuchen.

Sehr wichtig ist, daß auch auf solche Erscheinungen geachtet wird, die auf eine Sedimentationsunterbrechung hindeuten. Z. B. das Auftreten von Geröllagen, das Vorhandensein von dicht nebeneinanderliegenden Bohrmuschellöchern (s. S. 28) auf sogenannten Emersionsflächen[3] und dergleichen.

---

[1] HÄNTZSCHEL: s. Fußnote S. 30.

[2] Dies ist z. B. auch bei Wirbeltierresten für die spätere Präparation von Wichtigkeit (s. S. 59).

[3] Im Lothringer Jura beobachtet man sehr häufig einen regelmäßigen allmählichen Übergang im Profil von Ton zu Mergel dann zu Kalk und dann wieder Ton, Mergel, Kalk usw. (Sedimentationszyklus). Die Kalkoberfläche endet jeweils wie mit einem scharfen Schnitt und ist in der Regel mit Bohrmuschellöchern bedeckt und mit Austernschalen bewachsen. Auch die im Ton dicht über der Emersionsfläche vorkommenden Gerölle, die selbst wieder von Bohr-

3. Gelegenheitsfunde.

Fossilien, die sich durch außergewöhnlich günstige Erhaltung oder durch besondere morphologische Eigentümlichkeiten oder durch unerwartetes oder seltenes Vorkommen an einer bestimmten Stelle oder in einer bestimmten Schicht auszeichnen, oder die seltenen Gattungen angehören, behalten selbstverständlich auch dann einen hohen wissenschaftlichen Wert, wenn sie nicht feinstratigraphisch eingeordnet werden können. Diese Funde werden oft zufällig, d. h. nicht im Verlaufe systematischer Grabungen, gemacht. Die Etikettierung solcher Stücke muß selbstverständlich so ausführlich wie möglich sein, Fundort, die Beschreibung des Aufschlusses und gegebenenfalls auch genaue Angaben über das stratigraphische Niveau enthalten. Sehr gut ist es, wenn auch die gleichzeitig vorkommenden sonstigen Versteinerungen und auch Proben des Gesteins, in welchem das Fossil eingebettet war, geborgen werden, um eine eventuell später durchzuführende feinstratigraphische Eingliederung zu gewährleisten.

In Schichten, die sehr fossilarm sind, wie z. B. der Buntsandstein, können nur Gelegenheitsfunde gemacht werden. Gewiß kann man in solchen Ablagerungen auch systematisch schürfen; aber die aufgewandte Mühe und Zeit wird kaum dem Erfolg entsprechen.

Aufsammlungen in wenig erforschten Ländern sind meist nur Gelegenheitsfunde. Dem Forschungsreisenden steht häufig nicht die Zeit zu systematischem Arbeiten zur Verfügung; die Aufgaben, die er lösen will, gehen nicht so ins einzelne wie bei Arbeiten in dem gut erforschten Mitteleuropa. Die spätere wissenschaftliche Bearbeitung eines derartigen Materials kann nicht nach den strengen Gesichtspunkten, die im Abschnitt über Biostratigraphie dargelegt wurden, bewältigt werden. Man muß sich dann mit einer sorgfältigen Beschreibung meist unter Ausschaltung phylogenetischer Gesichtspunkte begnügen.

Alle Funde, die nicht aus dem Anstehenden entnommen sind, die also aus einer Halde stammen oder als Lesestein auf dem Felde mitgenommen oder die von Arbeitern gekauft werden, müssen wir ebenfalls als Gelegenheitsfunde bezeichnen, deren wissenschaftlicher Wert meist sehr gering ist, wie das bereits genügend gekennzeichnet wurde.

4. Der Geschiebesammler.

Beim Sammeln in diluvialen Ablagerungen muß man unterscheiden zwischen Geschieben und diluvialen Fossilien. Die letzteren sind Überreste von Tieren, die während des Diluviums gelebt haben, also entweder Wirbeltiere oder Wirbellose und Pflanzen meist in interglazialen Ablagerungen. Diese Fossilien, die die Grundlage für die stratigraphische

---

muscheln durchlöchert sind, ferner Wellenfurchen deuten auf Sedimentationsunterbrechung, wahrscheinlich infolge Hebung des Meeresbodens hin.

Vgl. KLÜPFEL: Über die Sedimente der Flachsee im Lothringer Jura. Geol. Rundschau 7. 1916. — Der Lothringer Jura. Jahrb. d. Pr. Geol. L. A. *38* für 1917, *39* für 1918. — Beziehungen zwischen Tektonik, Sedimentation und Paläogeographie in der Weser-Erzformation des Ober-Oxford. Zeitsch. d. Deutsch. Geol. Ges. *78*, 178. 1926.

Gliederung des Diluviums bilden, können systematisch gesammelt werden. Die Wirbeltiere rechnen wegen ihrer Seltenheit allerdings meist zu den Gelegenheitsfunden.

Sedimentärgeschiebe, die aus Ablagerungen vom Tertiär bis zum Präkambrium stammen können, geben keinen Anhalt für stratigraphische Parallelisierungen innerhalb des Diluviums, denn ihre Fossilien gehören den vorquartären und nicht den diluvialen Entwicklungsreihen an. Hierauf sei ausdrücklich hingewiesen, um etwaige Mißverständnisse zu vermeiden, die durch einen Aufsatz TEUMERS[1] in der Zeitschrift für Geschiebeforschung Bd. III, 1927 vielleicht verursacht werden könnten. Dort wird nämlich Seite 23 die Forderung aufgestellt, daß beim „Sammeln und Beschreiben von Geschieben jedesmal der Horizont genau vermerkt" werden müsse. Soweit sich diese Horizontangaben auf diluviale Leitfossilien, d. h. auf die stratigraphische Gliederung des Diluviums nach den verschiedenen Eiszeiten oder interglazialen Bildungen beziehen, ist dies ein selbstverständlich unbedingt durchzuführender Grundsatz. Eine darüber hinaus weiter ins einzelne gehende Gliederung oder Parallelisierung mit anderen Mitteln ist aber unmöglich[2]. Denn rein petrographische Kriterien versagen gänzlich, und zwar bei Gletscherablagerungen noch sehr viel schneller als etwa bei marinen. Der Fazieswechsel ist ungemein groß. Eine Geschiebemergelbank hier kann in 50 m Entfernung schon einer Sandschicht entsprechen. Bei eiszeitlichen Bildungen besteht keine einigermaßen gleichmäßige Sedimentation. Akkumulation und Erosion liegen dicht nebeneinander. Wenn aber TEUMER zum Ausdruck bringen wollte, daß Sammeln und Beschreiben eines Aufschlusses unbedingt zusammengehören, eine Einheit bilden, so ist dem unbedingt zuzustimmen. Man darf aber nicht von „Horizont" sprechen; denn dieser Ausdruck kann nur da zur Anwendung kommen, wo über große Flächen hin das „Stratigraphisch-gleichzeitige" nachgewiesen werden kann. Wenn also beim Sammeln angegeben wird, daß ein Geschiebe über oder in einer Mergelbank oder in einer gewissen Tiefe unter der Erdoberfläche gefunden worden ist, dann dienen solche Notizen zu einer im allgemeinen nützlichen Beschreibung des Aufschlusses. Feinere Parallelisierungen als die oben gekennzeichnete diluviale Stratigraphie sind aber damit nicht ausführbar. Im übrigen muß die Etikettierung selbstverständlich genaue Angaben über den Fundort enthalten.

5. Sammeln aus Liebhaberei.

Der Liebhaber, wie wir ihn S. 41 näher bezeichnet haben, sammelt im allgemeinen nicht wissenschaftlich. Trotzdem bestehen manchmal wichtige Beziehungen der Wissenschaft zu ihm, vor allen Dingen dann, wenn es sich um wertvolle Gelegenheitsfunde handelt. Voraussetzung ist natürlich, daß er wenigstens die Etikettierung nach Fundorten gewissenhaft durchgeführt hat.

---

[1] Die Geschiebeforschung als Mittel zur Erforschung der Bewegungsrichtung des Inlandcises.

[2] Vgl. auch KUMMEROW: Die Geschiebeforschung als Mittel zur Erforschung der Bewegungsrichtung des Inlandeises. Zentralbl. f. Min. 1927, 366.

Der Liebhaber hängt — wie der Name schon sagt — mit großer Liebe an den Funden, die er im Laufe der Zeit zusammengetragen hat. Meistens hat er wohl seine Aufmerksamkeit auf besonders gut erhaltene Versteinerungen, sogenannte Schaustücke, oder auf solche, die er für selten oder besonders wertvoll hält, gerichtet und es ist daher nicht verwunderlich, wenn sich darunter einige Fossilien befinden, die eine besondere Bedeutung haben. Hier setzt nun gewöhnlich das Interesse eines Fachpaläontologen ein. Er will ein Fossil für eine wissenschaftliche Bearbeitung und zur späteren Aufbewahrung in einem größeren Museum. erwerben. Aber nur selten ist in solchen Fällen eine Einigung mit dem Finder zu erzielen. Denn, wenn der Sammler erst einmal von der besonderen Bedeutung eines Stückes überzeugt ist, hält er es meistens um so krampfhafter fest. Meist ist ein Kompromiß nur in der Weise zu erzielen, daß das umstrittene Fossil dem wissenschaftlichen Bearbeiter ausgeliehen wird; nach seiner Veröffentlichung geht es in den Besitz des Sammlers zurück, der es zu Lebzeiten sorgfältig verwahrt. Mit seinem Tode ist meistens auch das Schicksal des Fossils entschieden. Unkundige Erben vernachlässigen die Sammlung, bringen die Etiketten durcheinander; einzelne Stücke werden verschenkt usw. mit dem Ergebnis, daß ein vielleicht unersetzliches Dokument für die Wissenschaft verloren gegangen ist.

In mancher Beziehung sind die kleinen Lokalmuseen dem Liebhaber gleichzusetzen. Ihre finanzielle Basis ist meistens sehr unsicher; die Verwaltung und die Behandlung des anvertrauten Materials wechselt häufig, je nachdem im Laufe der Jahre ein nur zoologisch, nur botanisch oder ein nur geologisch interessierter Leiter an der Spitze steht. Irgendeine naturwissenschaftliche Abteilung wird dann für lange Zeit zu ihrem Schaden stiefmütterlich behandelt. Wissenschaftlich wertvolles, veröffentlichtes Material sollte hier nie aufbewahrt werden. Die Aufgabe der kleinen Lokalmuseen ist erfüllt, wenn sie das Typische, das allgemein Verbreitete, das Wichtigste im Rahmen der Heimatkunde weiteren Kreisen bekannt machen. Wissenschaftliches Material, vor allem beschriebene und abgebildete Fossilien, sogenannte Originale gehören in größere zentral gelegene Museen, in welchen sie dem Fachpaläontologen ohne zeitraubende Reisen und ohne Kosten leicht zu Vergleichszwecken zugänglich sind. Liegen sie dagegen in einer Privatsammlung oder in einem kleinen Heimatmuseum, von denen beide gewöhnlich keine oder nur eine sehr geringe Verbindung zur wissenschaftlichen Welt besitzen, dann ist es ebensogut, als wenn diese Stücke überhaupt nicht existierten.

6. Etikettieren.

Im Vorhergehenden ist schon einiges über Etikettieren bemerkt worden. Hier seien die Richtlinien nochmals zusammengestellt, weil fahrlässiges Arbeiten in diesem Punkte den ganzen Erfolg der Sammeltätigkeit in Frage stellen oder vernichten kann.

Grundsätzlich muß jedes Stück sofort etikettiert werden. Man täusche sich nicht mit dem Gedanken, daß man diese Arbeit noch zu

Hause nachholen könne. Oft ist das nur unter großen Zweifeln möglich, die dann auf der endgültigen Etikette vermerkt werden müssen. Damit ist aber eine erhebliche Wertminderung des Materials eingetreten.

Zur Etikettierung gehören:

a) Der Fundort; er muß so bezeichnet werden, daß er auf der Karte leicht gefunden werden kann. Beispielsweise genügt nicht die Angabe Neudorf bei Ixburg; denn die Umgebung eines Ortes ist immerhin so groß und der geologische Bau so mannigfaltig, daß der Fund bei so roher Ortsbezeichnung eventuell verschiedenen stratigraphischen Niveaus zugewiesen werden kann. Es muß also z. B. heißen: Am Wege von Neudorf nach Altmühle 120 m südlich von Punkt 427,5, so daß man nach diesen Angaben den Fundort auf der Karte mit einer Nadel fixieren kann. Im Gebirge an sehr steilen Hängen ist meist noch die Angabe der Höhenlage nach der Isohypse erforderlich. In fossilarmen Schichten sind solche in der Karte eingetragenen Fossilfundorte oft ein wichtiges Hilfsmittel für die Tektonik.

b) Angaben über das stratigraphische Niveau; bei schichtmäßigem Sammeln, außerdem die Schichtnummer (vgl. o. S. 43). Einzelne Teilstücke eines Fossils (z. B. Steinkern und Abdruck) müssen so bezeichnet werden, daß ihre Zusammengehörigkeit gesichert bleibt.

c) Angaben über die Fundumstände und die Beschreibung des Aufschlusses. Die Fundumstände werden meist nur im Gedächtnis des Sammlers aufbewahrt und gehen deshalb fast immer verloren. Die Etiketten, die sich früher auf Fundorts- und stratigraphische Angaben beschränkten, müssen künftig in vielen Fällen ausführlicher gestaltet werden. Vor allem müssen sie den Hinweis enthalten, ob die Versteinerungen aus dem anstehenden Gestein entnommen —, auf der Halde gefunden oder vom Arbeiter erworben wurden.

Beobachtungen über die Einbettungsweise und Lage von Fossilien im Gestein sind besonders für die wissenschaftliche Bearbeitung (s. S. 21) und gelegentlich auch für die Präparation (s. S. 59) von Bedeutung. Bei mehr oder weniger vollständigen Wirbeltierskeletten wird man auch die gegenseitige Lage der einzelnen Knochen im Gestein auf der Schichtfläche durch eine Skizze festhalten. Ferner dürfen nicht vergessen werden Angaben über die Lagerungsverhältnisse, unterstützt durch Profilzeichnung (mit Schichtnummern), Bemerkungen über die Gesteinsbeschaffenheit, über den Grad der Verwitterung, der Klüftung, kurz Angaben, die aus dem gesammelten Material selbst nicht ohne weiteres ersichtlich sind, die aber doch bei der späteren Untersuchung eine Bedeutung haben können; sie können in vielen Fällen auf einer Generaletikette dem Material beigefügt werden.

7. Verpacken.

Jedes einzelne Stück muß mehrfach in Zeitungspapier eingeschlagen werden und zwar so oft, daß spitze Ecken und Kanten die Umhüllung nicht mehr durchbrechen können. Der Anfänger muß nachdrücklichst darauf aufmerksam gemacht werden, daß unverpackte Fossilien sich bis zur völligen Unbrauchbarkeit auf dem Transport gegenseitig zerreiben können. Auch die jedem Stück beigegebene Etikette muß entweder zusammengefaltet oder so zwischen die Umhüllung gelegt werden, daß ihre Beschädigung durch Scheuern der harten Gesteine oder durch Bergfeuchtigkeit vermieden wird. Zweckmäßig ist es, zusammengehörige einzelne Stücke eines Fossils oder verschiedene Fossilien aus einer Schicht oder sonst irgendwie Zusammengehöriges (z. B. Steinkern und Abdruck) entweder in einem verschnürten kleinem Paket oder in einem Säckchen zu vereinigen bzw. von dem übrigen Material gesondert zu halten.

Zerbrechliche Fossilien müssen besonders sorgfältig behandelt werden. Man verwende Seidenpapier oder Watte und verpacke die Stücke in kleine Papp- oder Blechschachteln oder in Glasröhrchen, die man mit Watte so verschließt, daß sich das Objekt nicht mehr bewegen kann. Auseinanderfallende Stücke müssen eventuell schon am Fundort mit verdünntem Gummiarabikum getränkt oder mit Syndetikon geleimt werden; nach dem Trocknen wird man sie vorsichtig verpacken.

Zum Transport mit der Bahn verwendet man starke, eventuell mit Eisen beschlagene Holzkisten, in welche die einzelnen Stücke oder Säckchen so hineingelegt werden, daß möglichst wenig unausgenützter Raum vorhanden ist. Lücken müssen mit zusammengefaltetem Papier oder mit einem Knäuel Holzwolle oder Heu ausgestopft werden. Nicht zu empfehlen ist es dagegen, einzelne Stücke locker in Heu oder Stroh einzuhüllen; durch die Rüttelbewegungen des Transportes werden die schweren Fossilien in diesem Packmaterial nach unten durchrutschen und sich gegenseitig beschädigen.

Knochen, die in Sanden eingebettet sind, sind bisweilen derartig mürbe und zerbrechlich, daß sie schon bei unachtsamer Berührung zerfallen; sie sind also für einen sofortigen Transport nicht geeignet. Sie müssen daher zunächst auf der einen Seite vom Nebengestein durch vorsichtiges Graben befreit werden, wobei man die letzten Sandreste am zweckmäßigsten mit einem Pinsel entfernt. Hierauf wird das Stück mit Leim getränkt und nach dem Hartwerden mit Musselin, einem dünnen Stoff, überdeckt oder vorsichtig oberflächlich eingefettet oder eingeölt. Nun kann das Fossil mit Gips übergossen werden, ohne daß er sich zu fest mit dem Knochen verbindet. Nachdem man so die eine Seite des Objektes in Gips eingehüllt hat, legt man behutsam auch die andere Seite frei und verfährt in der gleichen Weise. Nun ist der Knochen transportfähig und kann zu Hause der endgültigen Präparation unterzogen werden. Bei sehr langen Objekten wird eine einfache Gipshülle nicht die nötige Widerstandsfähigkeit besitzen. Deswegen muß in den Gips irgendeine Versteifung, etwa ein Drahtgitter oder eine Schiene aus Holz oder Metall hineingebracht werden.

Man kann auch Streifen aus Sackleinwand, die auf einer Seite mit einem aus Mehl und Wasser bestehenden Brei bestrichen sind, um den gefundenen Knochen wickeln und ihn damit verbandagieren. Die nötige Versteifung kann hier ebenfalls durch ein dazwischen gebundenes Drahtnetz oder eine Schiene erreicht werden. Diese Art der Verpackung ist aber nur dann anwendbar, wenn der Knochen noch eine ziemliche Festigkeit besitzt. Die Leinwandbandage selbst muß mit Sublimat getränkt sein, um zu verhindern, daß sie während eines längeren Transportes von Mäusen und Insekten beschädigt wird.

b) Ausrüstung.

Je nach dem Gelände und nach der petrographischen Beschaffenheit der Schicht, die einer Untersuchung unterzogen werden sollen, wird die Ausrüstung des Sammlers verschieden sein.

Die Bekleidung wird sich dem Geländecharakter anpassen müssen, also entweder der Ausrüstung eines Alpinisten oder eines Touristen im Mittelgebirge entsprechen.

Beim Sammeln im festen, harten Gestein braucht man einen schweren Hammer, um große Blöcke auseinander schlagen zu können. Will man ein nicht zu großes Gesteinsstück, das ein Fossil enthält, etwas kleiner schlagen, damit es für den Transport geeigneter wird, dann benutzt man einen kleineren Hammer (Abb. 5). Dabei beachte man aber immer, daß die feinere Präparation am besten zu Hause vorgenommen wird und daß es sich also zunächst nicht empfiehlt, an dem Fundstück allzu viel herumzuklopfen.

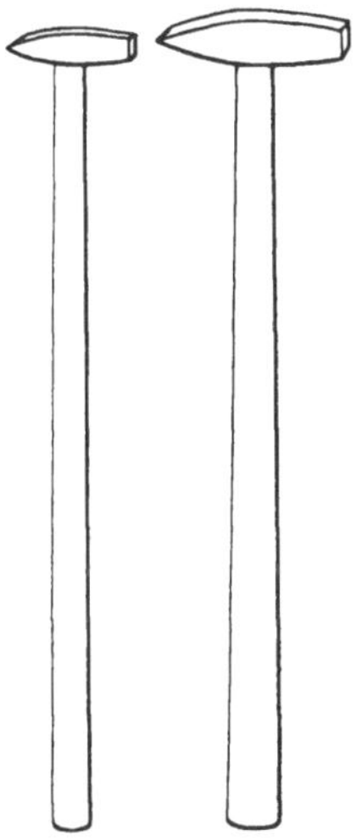

Zum Aufhacken des Gesteins ist eine Spitzhacke sehr geeignet; vor allem auch ein Werkzeug, das an einem Ende spitz, am anderen Ende zu einem kurzen, breiten hammerförmigen Kopf ausläuft. Die Mitnahme eines besonders schweren Hammers bleibt dann erspart.

Einen Meißel benutzt man zum Absprengen eines einzelnen Fossils von einem größeren Block, der infolge seines Gewichtes nicht mitgenommen werden kann.

In lockeren Gesteinen, z. B. Sand, arbeitet man am besten mit einer breiten Hacke. Meist wird man

Abb. 5. Geologenhammer.

aber graben müssen; und es empfiehlt sich dann die Mitnahme eines Spatens mit kurzem Stiel etwa in der Art, wie er vor dem Kriege zur Ausrüstung des Infanteristen gehörte. In lockerem Material können bisweilen die Fossilien gleich an Ort und Stelle ausgesiebt oder ausgeschlämmt werden. Zu diesem Zweck benutze man Siebe, welche beim Tragen ineinander geschoben werden. Praktisch ist auch ein Blech oder Holzrahmen, in welchem die verschiedenen Siebböden ausgewechselt werden können. Die Siebe haben einen Durchmesser von etwa 10 bis 20 cm und eine Maschenweite von $^1/_2$ mm bis 3 mm.

Zu systematischen Grabungen, wie sie oben geschildert wurden, gehören große Spaten, Schaufel, Spitzhacke, Brecheisen usw., die man sich irgendwo zu leihen versucht. Zu solchen Arbeiten sind allerdings meist Arbeiter erforderlich.

Zur ständigen Ausrüstung des Sammlers gehört ferner der Rucksack, Pack- oder Zeitungspapier, Seidenpapier, Watte, sowie kleine Papp- oder Blechschachteln und Säckchen zum Verpacken der Fossilien; ferner eine Lupe (Vergrößerung drei bis zehnfach). Zum Zusammenkleben zerbrochener oder zum Tränken empfindlicher Fossilien muß Gummiarabikum, Syndetikon oder Schellack (in Äther gelöst) mitgenommen werden. Verdünnte Salzsäure (einen Teil Säure auf drei Teile Wasser) in einem dichtschließenden Fläschchen, das in einem Hartgummibehälter steckt, dient zur Unterscheidung von kalkigem und nichtkalkigem Gestein.

Zum Ausmessen der Schichtmächtigkeiten ist ein Metermaß erforderlich; Streichen und Fallen wird mit dem Bergkompaß gemessen. Unentbehrlich sind Notizbuch, Bleistift, Farbstifte, Radiergummi, ein kleiner Papierblock für die Etikettierung der Funde und schließlich auch topographische und geologische Karten zur Orientierung und Eintragung der Fundorte. Auch an die Mitnahme eines photographischen Apparates kann gedacht werden.

IV. Arbeiten im Laboratorium [1].

a) Präparationsmethoden.

Die einzelnen im folgenden geschilderten Präparationsmethoden kommen selbstverständlich fast nie für sich allein an einem Objekt zur Anwendung. Vielmehr handelt es sich immer um eine Kombination verschiedener Arbeitsweisen.

1. Die mechanischen Präparationsmethoden.

Die mechanischen Präparationsmethoden, die man den chemischen gegenüberstellen kann, kommen am häufigsten zur Anwendung. Die Hauptbedingungen für die unbeschädigte Freilegung eines Fossils, das mehr oder weniger tief im Gestein eingebettet liegt, sind gutes Werkzeug, seine richtige Handhabung, sowie Geduld und Übung. Die richtige Handhabung und die erforderliche Übung kann meist nur durch praktische Anleitung bei einem erfahrenen Präparator erworben werden. Die nachfolgende Beschreibung beschränkt sich daher auf die wichtigsten Richtlinien bei der Präparation.

α) **Das Werkzeug** [2]. Als Werkzeug dienen: Schrifteisen, Spitzeisen, Flacheisen, Sprengeisen, Pfrieme, Zange, Messer, Hammer und Bürste. Bei der Präparation von Fossilien werden häufig die nicht zweckmäßigen runden Meißel mit r u n d e r Spitze benutzt, die von Steinmetz und Bildhauer im allgemeinen nicht verwendet werden. Die runde Spitze treibt beim Einschlagen in das Gestein nach allen Richtungen gleichartig und ist daher in ihrer gesteinstrennenden Wirkung ziemlich unberechenbar. Ganz anders arbeitet dagegen der als v i e r s e i t i g e P y r a m i d e ge-

---

[1] Andere zusammenfassende Darstellungen sind enthalten in: KEILHACK: Lehrbuch der prakt. Geologie. Stuttgart: Enke 1922. *2*, 452—577. — STROMER, E.: Paläozoologisches Praktikum. Berlin: Gebr. Borntraeger 1920.

[2] Die nachfolgende Beschreibung des Werkzeugs und seine Anwendung ist von Herrn JOH. SCHOBER, Präparator an dem Geol.-Paläontol. Institut der Universität Berlin, entworfen und von uns überarbeitet worden. Wir sagen Herrn SCHOBER auch an dieser Stelle unseren besten Dank.

spitzte Meißel. Infolge seiner scharfen Kante sprengt und schneidet er bei richtigem, nicht zu steilem Ansatzwinkel hauptsächlich in der Richtung des Schlages oder Druckes und dann nur noch, wenn auch schwächer, seitlich dazu entsprechend den beiden Pyramidenflächen, die bei der Arbeit nahezu senkrecht stehen, d. h. die nicht nach oben und unten, sondern vom Präparator aus nach rechts und links gerichtet sind.

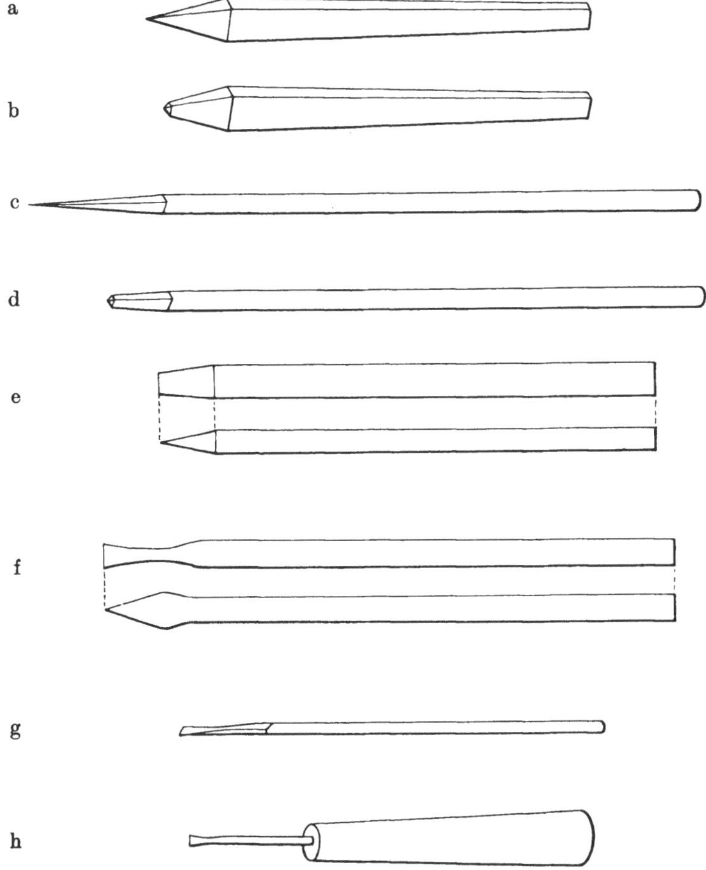

Abb. 6. Verschiedene Meißel. a Schrifteisen, b Schrifteisen mit kurzer Spitze, c Spitzeisen, d Spitzeisen mit kurzer Spitze, e Flacheisen (in 2 Ansichten), f Nuteisen oder Kreuzmeißel (in 2 Ansichten), g kleines Flacheisen, h kleines Flacheisen in Holz gefaßt.

Die einzelnen Gesteinsbröckchen werden durch die Flächen der Meißelspitze mehr oder weniger flächenhaft abgelöst. Eine runde kegelförmige Spitze kann niemals schneiden, sie wirkt nur mit ihrer Spitze und sprengt im allgemeinen unregelmäßige Flächen aus, deren Größe und Ausdehnung sich vorher nicht sicher abschätzen lassen. Vor allen Dingen aber liegt die Pyramidenspitze mit ihren scharfen Kanten, die in das Gestein einschneiden, gleichsam wie in einer Führung, die den Druck oder Schlag in der einmal angesetzten Richtung festhält, wie das bei einer runden Spitze kaum ebensogut möglich ist. Je nach der Härte und Art des Gesteins muß der Meißel beschaffen sein. Hat man hartes Gestein in ziemlicher Stärke wegzuräumen und ist das darunter befindliche Fossil in einem Zustand, der die Erschütterungen des Schlages aushält, so ist am besten, ein sogenanntes Schrifteisen zu benutzen (Abb. 6a). Ist die Gesteinsmenge nicht sehr groß und ist das Gestein mäßig hart, dann genügen kleinere Meißel aus 4—6 mm Quadratstahl, deren Spitze als vierseitige Pyramide lang ausgezogen ist und die wir kurz „Spitzeisen" nennen wollen (Abb. 6c, Gesamtlänge etwa 18 cm).

Neu geschärfte Meißel behandle man vorsichtig, da sie ihrer großen Härte (schmiedetechnisch = gelbhart) wegen leicht abbrechen. Zur gröberen Hammerarbeit benutzt man am besten schon mehrmals geschliffenes älteres Werkzeug. Ein neues Spitzeisen (mit 4 mm Durchmesser) findet zuerst an Stelle der sonst üblichen, aber weniger geeigneten Präparier- oder Graviernadeln Verwendung. Sein Vorzug beruht auf der haarfeinen stabilen Spitze, die gut schneidet und die Fortnahme ganz feiner Gesteinsteile erlaubt. Besonders wertvoll ist, daß die Spitze auch bei starkem Druck nicht seitlich ausbiegt, wie es die biegsamen, in eine Klemmvorrichtung gesteckten Nadeln gern tun, wobei sehr leicht Teile des Fossils beschädigt werden. Außerdem hält der Meißel leichte Hammerschläge aus. Ferner kann man mit der pyramidenförmigen Spitze gut schaben; man hält das Spitzeisen (Abb. 6c) wie einen Federhalter und schabt mit einer der vier scharfen Kanten das Gestein ab, wobei die feine Spitze die Wegnahme kleinster Teilchen gestattet. Dabei wird das Fossil nicht so leicht verletzt wie mit einem Flacheisen (s. u.).

Bei Fossilien, die mit einer ganz dünnen Schicht härteren Gesteins überzogen sind, besteht die Gefahr, daß mit einem langspitzigen Meißel die Schicht durchstochen und das Fossil beschädigt wird. Außerdem ist bei langer Spitze die Arbeitswirkung nach der Seite oft sehr gering. Es empfiehlt sich dann ein Spitzeisen mit ganz kurzer aber trotzdem scharfer Spitze (Abb. 6d) zu benutzen, die schon beim leichten Anschlagen ziemlich stark seitlich treibt, ohne durch die dünne Schicht hindurchzustoßen und das Fossil zu verletzen. Ansatzwinkel etwa 80°. In entsprechender Weise kann auch das Schrifteisen (Abb. 6b) mit einer abgestumpften Spitze versehen werden, das zur Arbeit in besonders hartem Gestein zum Wegsprengen kleinster Bröckchen geeignet ist.

Zum Glätten größerer Flächen kann man ein Flacheisen verwenden. Dieses Werkzeug, dessen Schneide schmäler ist, als der Querschnitt des Stahles (Abb. 6e), treibt seitlich bzw. sprengt beim Arbeiten in die Tiefe. Das Nuteisen dagegen, das sich in der einen Ebene hinter der Schneide verjüngt und in der Ebene senkrecht dazu stärker wird (Abb. 6f), ermöglicht ohne Seitenwirkung, tief zu arbeiten. Infolge dieser Konstruktion ist das Nuteisen sehr stark, unbiegsam und hält harten Schlag aus. Hat man Fossilien mit konkaven Flächen, so empfiehlt es sich, die Ecken des Meißels abzurunden, weil man mit einer runden Schneide das Objekt nicht so leicht verletzt. Zur Arbeit mit dem Schrift- und Nuteisen benutzt man einen kleinen Schlegel (etwa 1 kg). Für leichte Arbeit verwendet man kleine Flacheisen aus 4 mm Stahl und einen kleinen Hammer von etwa 100 g Gewicht. Andere zum Schaben dienende Eisen sind dünn und lang ausgezogen (Abb. 6g), damit eine recht scharfe, feine Schneide entsteht. Außerdem verwendet man noch kleinere etwa stricknadelstarke, mit 1—3 mm Schnittbreite, die hinter der Schneide sich verjüngen. Diese Meißel faßt man am besten in einen Holzschaft (Abb. 6h).

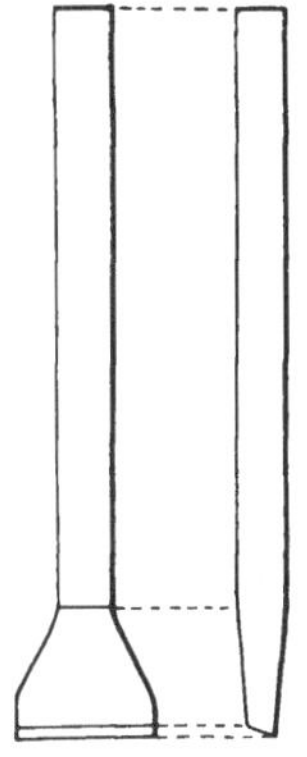

Abb. 7. Sprengeisen (in 2 Ansichten).

Es ist nicht empfehlenswert, das Abschlagen größerer Gesteinsstücke nur mit dem Hammer vorzunehmen. Auch für den Geübten ist die Gefahr sehr groß, daß bei ungeschickter Handhabung die Absicht mißlingt und das Fossil beschädigt wird. In manchen Fällen ist es sogar unmöglich, den Hammer richtig anzusetzen. Gut gerichtete Hammerschläge können mit Hilfe des Sprengeisens (Abb. 7) sicher und leicht auf das Gestein übertragen werden. Will man z. B. aus einem Block (Abb. 8) das Fossil F durch Absprengen des Stückes $ABCD$ freilegen, so setzt man das Sprengeisen bei C an und zwar mit der Schärfe auf die Stelle, welche man als Trennung wünscht und schlägt kurz und kräftig mit einem Hammer auf das Eisen. Die Richtung des Sprengrisses ist von der Größe des Ansatzwinkels α abhängig, da die Sprengwirkung in der Richtung der Längsachse des Eisens liegt. Man achte genau auf den Ansatzwinkel. Selbstverständlich wird man dieses Verfahren nur dann anwenden, wenn das Gestein die geeignete Spalt- und das Fossil die notwendige Widerstandsfähigkeit besitzt[1]. Je nach der Größe der Flächen, die abgesprengt werden sollen, benutzt man ein schmäleres oder breiteres Eisen.

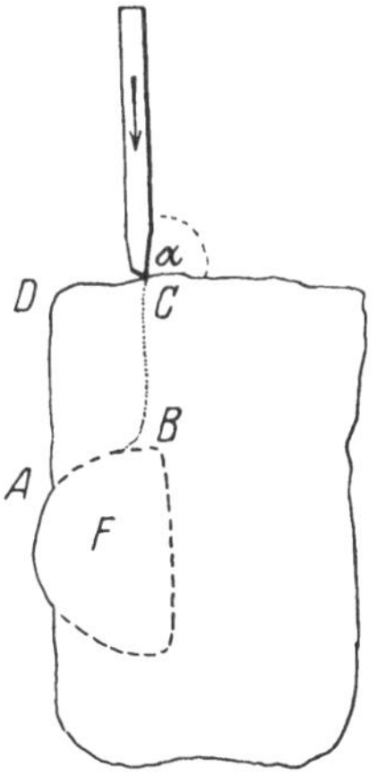

Abb. 8. Die Anwendung des Sprengeisens.

Sehr große Flächen schrotet man, d. h. man setzt an der gewünschten Trennungslinie entlang kleine Bohrungen und arbeitet diese rechtwinklig aus (Abb. 9 oben). Sodann setzt man in jedes Loch einen Keil und schlägt sie schwach an, daß sie leicht festklemmen. Wenn alle festsitzen, geht man mit dem Hammer die Reihe entlang und gibt jedem Keil einen möglichst gleichstarken Schlag. So fährt man fort, mit den Schlägen immer kräftiger werdend, und achtet auf den sich bildenden Riß; man hilft am stärksten, wo der Riß am schwächsten ist, damit die Trennung gleichmäßig erfolgt. Aber immer nur einen kräftigen Schlag auf jeden Keil. Man hört bei größeren Stücken genau, wann der Keil treibt. Die

---

[1] Hauptsächlich kommt dieses Verfahren beim Formatisieren großer Gesteinsstücke, selten beim Freilegen von Fossilien zur Anwendung.

Hauptsache ist, daß kein Keil im Loch auf dem Grunde aufsitzt (Abb. 9a)
Die Keile müssen flach sein und ungehärtet, da gehärtete leicht zurück-
prellen und dann Schaden anrichten können.

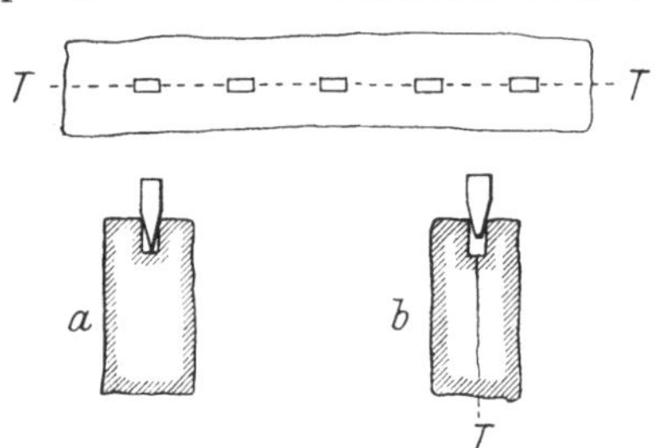

Abb. 9. Aufspalten einer Gesteinsplatte.
T – T Trennungslinie. Der Keil sitzt bei *a* falsch,
bei *b* richtig.

Gute Dienste beim Reinigen von
Höhlungen, kleinen Kanälen usw.
leistet eine sogenannte Schusterpfrieme (Abb. 10). Man verwendet
verschiedene Stärken, welche in
langen oder kurzen bisweilen knopf-
artigen Schäften befestigt werden
können; die mehr oder weniger stark
gebogene Spitze wird von außen,
gewissermaßen die leichte Krüm-
mung tangierend, scharf geschliffen.

Weiche Gesteine (Tone, Kreide)
kann man mit einem Messer bearbeiten; hierzu ist ein einseitig ge-
schärftes **Kerbschnitzmesser** (Abb. 11) besonders gut geeignet.

Um kleine freistehende Gesteinsspitzen abzukneifen, benutzt man
zweckmäßigerweise eine **Beißzange**.

Auch mit **Wurzelbürsten** oder **Bürsten aus Messingdraht**
oder **Eisendraht** von verschiedener Härte kann eine Präparation aus-

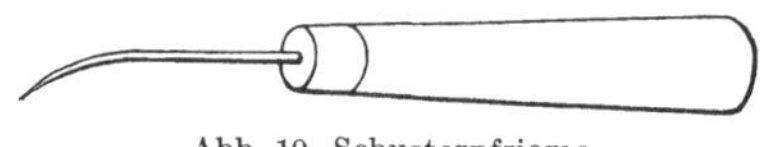

Abb. 10. Schusterpfrieme.

geführt werden. Die Methode beruht darauf, den Härteunterschied
zwischen Fossil und Gestein aus-
zunutzen. Verkalkte oder verkieste
Fossilien lassen sich im allgemeinen sehr leicht aus Tonen und Mergeln
unter Verwendung von Wasser herausbürsten, wobei je nach der Festigkeit des Versteinerungsmaterials eine härtere oder weichere Bürste zur
Anwendung kommen muß. Mit Hilfe von **Messingbürsten** können die
in festen Tonschiefern steckenden verkiesten Fossilien herauspräpariert
werden. Der Schiefer ist weicher, die in Eisenkies erhaltenen Versteine-

Abb. 11. Kerbschnitzmesser.

rungen sind härter, als die
Drahtbürste. Bei der Behandlung bleiben an dem Fossil Teilchen des Metalls haften, und
es nimmt daher messingartigen
Glanz an. Allerdings ist oft nicht das ganze Fossil in Eisenkies erhalten, der bisweilen nur eine feine Oberfläche bildet oder, wie JAEKEL
an paläozooischen Crinoideen festgestellt hat, maschenartig verteilt ist.
Da solche Strukturunterschiede vor der Präparation nicht erkannt werden können, ist große Vorsicht am Platze, und man wird häufig zum
Spitzeisen oder zur **Nadel** an Stelle der Bürste greifen müssen. Bei
der kunstvollen Präparation des *Acanthocrinus rex* (Abb. 12) ist z. B.
so wenig wie möglich mit der Bürste, sondern meistens mit der Nadel gearbeitet worden; nach vier Wochen war die Arbeit vollendet[1].

____

[1] JAEKEL: Beitrag zur Kenntnis paläozoischer Crinoideen. Pal. Abhandl.
6, H. 1. 1895.

β) Das Arbeiten mit den Meißeln. Das zu präparierende Stück ruht auf einem mit Sand gefüllten Sack[1]. Bei der Arbeit mit dem Hammer nimmt man den Meißel in die linke Hand und zwar so, daß die Spitze etwa 2 cm nach unten heraussieht, wenn die Faust geschlossen ist. Dann nimmt man den kleinen Finger unter dem Meißel zurück, so daß

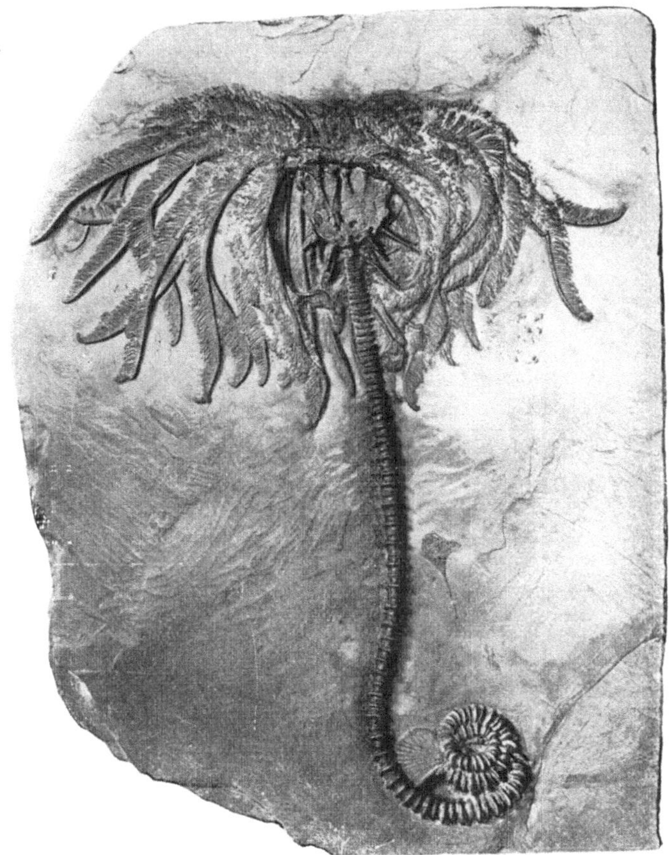

Abb. 12. *Acanthocrinus rex* JAEKEL, ein Beispiel für kunstvolle Präparation mit Nadel und Metallbürste (Präparationsdauer: 4 Wochen). Aus dem Hunsrückschiefer von Caub. Original in der Pr. Geol. Landesanstalt.

die Spitze nun zwischen Ring- und kleinem Finger hervorragt (Abb. 13). Die haltende Faust setzt man mit dem Kleinfingerballen auf das Gestein und schlägt den Meißel mit dem Hammer leicht an. Bei fest-

---

[1] Nach freundlicher Mitteilung von Herrn Dr. MATERN benutzt man im Geologischen Institut in Frankfurt a. M. an Stelle des Sandsackes eine Bleiplatte, in welche sich das Fossil während der Präparation eindrückt. — Ist die Unterseite des Fossils gegen Druck und Stoß empfindlich, dann muß sie in Gips eingebettet werden, und zwar auch dann, wenn ein Sandsack als Unterlage dient.

geschlossener Faust liegt nun der Meißel äußerst fest in der Hand, die Meißelspitze 3 mm über dem zu bearbeitenden Gestein, und bei jedem Schlage federt der Meißel auf das Gestein und kehrt zurück[1]. Dabei hat man immer die Meißelspitze und ihre Arbeitswirkung frei zur Beobachtung vor sich. Man sieht selbstverständlich immer auf die arbeitende Spitze, nicht auf das Meißelende und den Hammer. Man vermeide es, durch grobe, allzu harte Schläge, um schnell vorwärts zu kommen, große Stücke auf einmal abzuschlagen. Man arbeite vorsichtig und mit großer Geduld.

Beim Stechen und Schneiden mit dem Spitzeisen wird das Werkzeug wie ein Federhalter, nur fester zwischen die Finger genommen, und man arbeitet, indem man die Hand fest liegen läßt und nur mit den Fingern die Bewegungen ähnlich wie beim Schreiben eines Haarstriches macht; nur darf diese Bewegung nicht schräg nach rechts oben wie bei der Schrift ausgeführt werden, sondern entgegengesetzt nach links oben, indem man zuerst die Finger leicht wie bei einer halben Faustbildung ankrümmt und dann wieder unter Druck ausstreckt. Dabei drückt man die Spitze in das Gestein aber nicht auf einmal zu tief. Die erforderliche Tiefe erreicht man besser nach und nach, also durch mehrere Stiche. Diese Stiche werden also meist in der Richtung auf das Objekt zu ausgeführt, das hierbei unter ständiger Beobachtung bleibt.

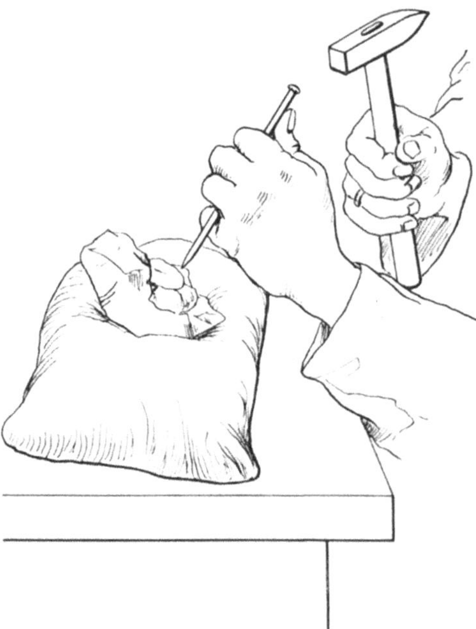

Abb. 13. Haltung des Meißels bei der Hammerarbeit. (Der Daumen der linken Hand kann auch auf dem Zeigefinger ruhen.)

Sitzt ein Fossil tief im Gestein und ist seine Form schon bekannt, so ist es ratsam, nicht gleich darauf loszuarbeiten, sondern in einiger

---

[1] Gerade diese gewissermaßen starre Haltung des Meißels bürgt für seine sichere und exakte Führung bei der Präparation. Es steht dies im Gegensatz zu der anderen, vielfach üblichen Haltung: Der Meißel wird nur von Daumen, Zeige- und Mittelfinger gehalten; Ring- und kleiner Finger wahren den Abstand vom Objekt bzw. halten es fest. Auch der leichte Hammer wird zwischen die Finger, nicht in die geschlossene Faust genommen und fällt federnd auf den Meißel. Wir halten es für zwecklos, über den Vorzug der einen Methode vor der anderen zu diskutieren. Maßgebend ist allein die Geschicklichkeit. Mit jeder Methode kann man schließlich erfolgreich arbeiten. — Der vier- oder achtkantige Meißel liegt sicherer in der Hand als ein runder Stahl.

Entfernung erst einen Schnitt oder ein Loch in das Gestein herzustellen und dann von der Seite aus gegen das Fossil vorzudringen. Oft kann man dann ein größeres Stückchen absprengen und, wenn das nicht möglich ist, so hat man doch bessere Angriffsmöglichkeiten und vor allem, der abzusprengende Splitter hat nach einer Seite hin bereits Luft. Die Abb. 14a—c zeigen schematisch den Querschnitt eines Gesteinsblockes, der vor und hinter der Bildfläche so groß zu denken ist, daß die Präparation des Fossils F nur von oben her in Angriff genommen werden kann. An der Seite des Objektes ist bei G eine Vertiefung geschaffen. Man kann die Splitter x, y, der Reihe nach, wie die Abb. 14a I zeigt, ablösen, und die eventuell noch stehen gebliebene dünne Lage z mit dem Meißel mit kurzer Spitze (Abb. 14b) abdrücken. Man kann auch versuchen, x, y und z auf einmal abzusprengen, indem man den Meißel in der Stellung II der Abb. 14a ansetzt; vielleicht glückt es mit einem einzigen Schlag, ein Versuch, der aber im allgemeinen nicht zu empfehlen ist.

Ist die Form des Fossils nicht bekannt, so hilft nur ein vorsichtiges Tasten mit dem Spitzeisen, wobei der Handballen festaufliegt und der Meißel nur unter dem Druck der Finger arbeitet (Abb. 14c).

Beim Freilegen der in einem Knochen befindlichen Nervenkanäle ist das Arbeiten mit dem Spitzmeißel nicht empfehlenswert, weil durch seine scharfen Kanten die Kanalwandungen leicht beschädigt werden können. In solchen Fällen benutzt man einen Pfriem, der nur an der Spitze schneidet und welcher die meist leicht gekrümmten Kanäle wegen seiner Rundung nicht angreift.

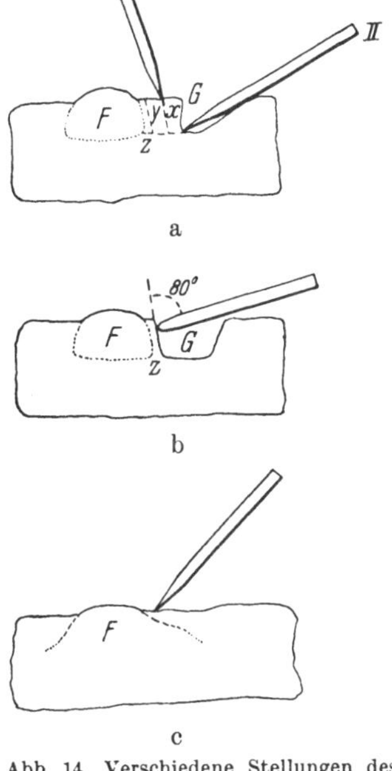

Abb. 14. Verschiedene Stellungen des Meißels bei der Präparation.

Die Präparation sehr kleiner Objekte muß unter der Standlupe oder besser noch unter einer stereoskopischen Binokularlupe oder einem stereoskopischen Präpariermikroskop (Abb. 30, auf S. 108) vorgenommen werden. Vgl. auch den Abschnitt über Präparation von fossilen Pflanzen S. 136 ff.

γ) **Die Präparation der Unterseite.** Über die bei der Präparation von Wirbeltieren gemachten Erfahrungen gibt STRUNZ in der Zeitschrift „Natur u. Museum"[1] wertvolle Mitteilungen. Wenn möglich und ausführbar, sollen Wirbeltiere von der Unterseite, d. h. vom Liegenden

---

[1] STRUNZ: Aus der Werkstatt des Präparators. 1. Bemerkungen über die Präparation fossiler Wirbeltiere. 57. Bericht Senckenberg. Naturf. Ges. 1927. 534. — 2. Die Präparation eines *Pleurosaurus*-Skeletts. Ebenda. 58. Ber. 1928. 116. — DREVERMANN: Bemerkungen zu den Präparationsbeobachtungen. Ebenda 1928. 121.

her, präpariert werden, weil diese meist viel besser erhalten ist als die Oberseite. Die Seite, mit der ein Kadaver auf dem Boden liegt, ist viel besser vor zerstörenden Einflüssen (Aasfresser, Wasserbewegung usw.) geschützt als der entgegengesetzte Körperteil. In weichem Schlamm und Sand werden die untenliegenden Knochen bis zu einem gewissen Grade wie in einer Form zusammengehalten, während diejenigen der Oberseite durch die auflastenden Sedimentmassen häufig zusammengedrückt werden und zerbrechen. So ist bei Fischen manchmal die Oberseite eingedrückt, während die Unterseite ihre dem lebenden Tier ungefähr entsprechende Wölbung nach dem Liegenden richtet; auch am Schädel ist dieser Unterschied zwischen oben und unten oft erkennbar. Daraus und aus der Lage der Knochen kann man bisweilen noch nachträglich die Orientierung des Fossils nach dem Hangenden und Liegenden ermitteln und dementsprechend mit der Präparation von der Unterseite her beginnen. Allerdings wird die Arbeit dadurch an sich nicht vereinfacht, denn meistens muß an der Unterseite mehr Gestein weggenommen werden als oben, wo einzelne Knochen oft schon sichtbar sind. Um diese Fläche vor Druck und Stoß bei der Präparation zu schützen, muß sie auf einer festen Unterlage (Marmorplatte oder Zementplatte mit Eiseneinlage) aufgegipst werden. Dem Gips setzt man etwas Dextrin zu, um zu rasches Abbinden zu verhindern. Das ganze liegt auf einer Filzunterlage oder in einem Sandkasten auf einem drehbaren Tisch, der ruhiges und sicheres Arbeiten ermöglicht. Ist die Präparation beendet, dann wird das Objekt von seiner Unterlage abgelöst oder mit einer Handsäge abgesägt. Bei besonders guter Erhaltung kann das Fossil eventuell vollständig aus dem Gestein herausgenommen werden. Dazu wird die zuerst freigelegte Fossilunterseite in Gips eingebettet; die Präparation nimmt dann von der Oberseite her ihren Fortgang, bis schließlich die Knochen nur noch im Gips liegen, aus dem sie herausgeschnitten werden können.

Auch bei Wirbellosen kann gelegentlich die Präparation von der Unterseite her erfolgreicher sein als von oben.

δ) **Das Schleifen des Werkzeugs.** Das Schleifen muß mit Vorsicht betrieben werden. Nicht nur wegen der Verluste an Stahl, sondern auch zur Verhütung des Warmlaufens[1] und der damit zusammenhängenden oft recht erheblichen Härteminderung. Man benutzt am besten einen mittelfeinen Sandstein, auf dem man bei mäßig schneller Umdrehung unter ständigem Wasserzuleiten ohne Gefahr für Härte und Stahl vorzüglich schleifen kann. Der Steinmetz benutzt ein ebenes Sandsteinstück („Rutscher") genannt, auf welchem er seinen Meißel durch Streichen gegen die Schneidekante anschleift; d. h. er bewegt das Eisen bei stillliegendem Stein.

ε) **Maschinelle Einrichtungen.** An Stelle der mit der Hand ausgeführten Hammerschläge kann man auch einen mit Druckluft oder Elektrizität angetriebenen Meißel verwenden. Wie bei dem in der Technik üblichen Niethammer macht der Meißel kurze Stoßbewegungen,

---

[1] Der Stahl darf keine Funken bringen.

die leicht nach ihrer Stärke reguliert werden können. Der zu präparierende Gegenstand wird auf einem drehbaren Tisch aufgegipst, und man hat beide Hände frei, um den Meißel zu führen. Diese Methode wird aber im allgemeinen nur bei größeren Objekten zur Anwendung kommen. Die Frankfurter Maschinenbau-A.-G. liefert geeignete Druckluftapparate.

Eine elektrisch oder mit dem Fuß angetriebene Bohrmaschine, ähnlich wie in der Zahntechnik, wird dann zur Anwendung kommen, wenn das zu präparierende Stück möglichst lange vor Erschütterungen bewahrt bleiben soll. Wenn z. B. ein langgestreckter, mürber Knochen in festem, hartem Gestein eingebettet ist, würden die ausgeübten Meißelschläge auf die Dauer das Fossil beschädigen. Man kann nun längs dem Knochen eine Anzahl Löcher dicht nebeneinander bohren, und auf diese Weise einen Hauptteil der Gesteinsmassen ab-

brechen. Wenn nun über dem Objekt nur noch eine dünne Gesteinslage vorhanden ist, dann kann das Fossil nach der auf S. 67 beschriebenen Methode viel leichter und sorgfältiger als vorher getränkt und gehärtet werden. Zum Schluß wird man aber doch zur Meißelpräparation übergehen. Rotierende Drahtbürsten und Pinsel hat KLINGHARDT[1] bei der Innenpräparation von Seeigel mit Erfolg angewandt.

Abb. 15. Steinspaltmaschine
der Firma HENRICH & SÖHNE, Hanau a. M.

Wenn ein maschinell betriebener Stahlbohrer in einem harten Sandstein sich zu schnell abnutzen sollte, muß ein Diamantbohrer eingesetzt werden, was aber wohl sehr selten zur Anwendung kommen dürfte.

Mißlich ist es vielfach im Laboratorium, größere Stücke mit einem schweren Hammer zu zerschlagen; herumspritzende Gesteinssplitter, die Fossilien enthalten können, gehen in Ecken und Winkeln verloren; oder es entsteht eine lästige Staubentwicklung. Außerdem zerbricht das Stück meist nicht in der gewünschten Weise. Die Tücke des Objektes bringt es oft mit sich, daß dabei gerade das Fossil beschädigt wird. Aus diesem Grunde ist es besser, eine Steinspaltmaschine zu benutzen. Diese Maschine entspricht im Prinzip einer Beißzange. Von zwei keilförmigen Schneidebacken steht die eine fest, während die andere auf einer Schraube beweglich angebracht ist. Der Antrieb erfolgt durch ein starkes Rad oder bei sehr harten Gesteinen durch einen langen Hebel, wodurch der bewegliche Keil gegen den anderen gepreßt wird. Ein zwischen die Schneidebacken gestecktes Gesteinsstück zerspringt fast immer längs der Quetschlinie (Abb. 15).

---

[1] KLINGHARDT: Über die innere Organisation und Stammesgeschichte einiger irregulärer Seeigel der Oberen Kreide. Jena 1911. (Diss.)

2. Erhitzen und Abschrecken.

Die Präparation mit Meißel und Hammer beruht darauf, daß die Fossiloberfläche die Fläche geringster Festigkeit im Gestein darstellt. Aber nicht immer ist dies der Fall. Bisweilen zerspringt das Gestein nach Flächen, die irgendwie quer durch die Versteinerung hindurchgehen. Die Fossiloberfläche ist dann so innig mit dem Gestein verbunden, daß jeder Hammerschlag nur zu einer Beschädigung des Fossils führt. Man muß also das Gefüge zwischen Fossil und Gestein lockern. Dies erreicht man in vielen Fällen durch **Erhitzen über dem Bunsenbrenner.** Schon durch die Zufuhr starker Wärme tritt eine ungleiche Ausdehnung des Gesteins und damit vielfach eine Lockerung parallel der Fossiloberfläche ein. Nach dem Erhitzen wird das Gestein in kaltes Wasser geworfen und auf diese Weise plötzlich abgeschreckt. Durch wiederholtes Erhitzen und Abschrecken wird das Gefüge so gelockert, daß man nun zu einer Präparation mit Meißel und Nadel schreiten kann. Versteinerungen die in Kalk erhalten sind, dürfen nicht zu stark erhitzt werden, da sie sonst zu Ätzkalk (CaO) zerfallen.

Um örtlich auf sehr kleiner Fläche zu erhitzen, benutzte CORRENS[1] die feine Stichflamme des Lötrohrs; durch Abkühlen konnten kleine Stücke abgesprengt werden.

Ein neues Verfahren zur Präparation verkiester Fossilien aus Tonschiefer haben UDLUFT und MATERN[2] ausgearbeitet. Das Objekt wird **in einem Eisentiegel unter einem Stickstoffstrom bis zur Rotglut erhitzt und in kalter Flußsäure abgeschreckt;** der Stickstoff verhindert, daß der Pyrit zu Fe_2O_3 zerfällt. Die Flußsäure, die möglichst gleichmäßig kühl gehalten werden muß, führt eine plötzliche Volumenverminderung herbei, die das Gefüge des Gesteins lockert, und wirkt auch gleichzeitig auflösend auf den Tonschiefer ein (s. S. 83). Man wäscht das Stück sorgfältig ab und präpariert gegebenenfalls mit Bürste und Spitzeisen weiter. Goniatiten, die von UDLUFT und MATERN diesem Verfahren unterworfen wurden, zerfielen entsprechend den Septalflächen in die einzelnen Kammern, so daß auch die Embryonalblase freigelegt werden konnte. Allerdings ist es sehr leicht möglich, daß die so behandelten Pyritfossilien im Laufe der Jahre der Zersetzung anheim fallen; Erfahrungen hierüber bestehen noch nicht; Konservierungsmaßnahmen (s. S. 66) dürften sich auf alle Fälle empfehlen. Dieses Verfahren arbeitet viel schneller, als die bisher übliche Anwendung der Flußsäure (s. S. 83).

Zur Apparatur ist noch folgendes zu bemerken: „Der Stickstoff wird am zweckmäßigsten einer Bombe mit Regulierventil entnommen. Vor die Bombe wird ein Blasenzähler geschaltet und zwar am besten eine Waschflasche mit konzentrierter Schwefelsäure. Durch ein Rohr aus feuerfestem Ton tritt der Stickstoff in den Erhitzungsraum; das Rohr muß unbedingt über dem Boden enden, da bekanntlich Stickstoff leichter

---

[1] CORRENS: Der Odershäuser-Kalk im Oberen Mitteldevon. N. Jahrb. f. Min. Beil. *48*, 231. 1923.

[2] UDLUFT und MATERN: Ein Beitrag zur Präparation von verkiesten Fossilien. Senckenbergiana *8*, 17. 1926.

als Luft ist. Der Eisentiegel hat einen leicht beweglichen, durchbohrten Deckel. Beim Unterbrechen des Erhitzens muß man sehr rasch Deckel und Zuleitungsrohr herausnehmen und mit einem Griff den Tiegel in eine bereit stehende Platin- oder auch Bleischale mit Flußsäure umkippen. Das Stück wird mit einer Platinzange oder Pinzette aus der Säure herausgenommen."

Ein Nachteil des Verfahrens besteht darin, daß die bereits von ihrer Schieferhülle befreiten Pyritfossilien auf dem Wege vom Erhitzungstiegel zur Flußsäure unter Einwirkung des Luftsauerstoffs sich etwas zersetzen können.

3. Gefrierverfahren nach A. Schwarz und H. Matern[1].

Während beim Erhitzen und Abschrecken die Wirkung der Volumenzunahme und Abnahme bei größeren Stücken sich im wesentlichen nur auf die Außenzone beschränkt, kommt bei dem Gefrierverfahren eine tiefer gehende Sprengwirkung zur Geltung.

Folgender Arbeitsgang wurde für geeignet befunden:

„a) Die Entfernung der Luft aus dem zu präparierenden Gestein und ihr Ersatz durch Wasser gelingt am vollkommensten, wenn man das Gestein unter Wasserbedeckung im Exsikkator oder in einer Vakuumpfanne (die druckfester ist) solange evakuiert, bis keine Luftblasen mehr entweichen. Nachdem das Gestein durch leichtes Hin- und Herschwenken des Gefäßes von den anhaftenden Luftblasen befreit ist, stellt man den normalen Atmosphärendruck wieder her, wodurch das Wasser augenblicklich in das Gestein gedrückt wird. Bei kleineren Fossilien, z. B. verkiesten Goniatiten, wird schon durch 20—25 minutiges Kochen genügend Wasser gegen Luft ausgetauscht.

b) Darauf folgt das Gefrieren des wassergetränkten Gesteins, was mit Hilfe irgendeiner Kältemischung herbeigeführt werden kann. Am zweckmäßigsten allerdings ist Kohlensäureschnee oder sein haltbares Gemisch mit Äther. Nicht etwa wegen der sehr tiefen Temperaturen an sich, sondern weil das Arbeiten damit am schnellsten zum Ziele führt — das Gefrieren erfolgt fast augenblicklich — und am saubersten ist, da keinerlei Rückstand hinterbleibt. Außerdem bietet Kohlensäureschnee den Vorteil, daß man die Präparate ohne weiteres mit ihm in direkte Berührung bringen kann, ohne daß, wie dies bei den Salz-Eis-Kältemischungen eintreten würde, durch Vermischung von Gesteins- und Kältemischungswasser ein Gefrieren des Gesteinswassers hintangehalten würde.

Kleine Fossilien, z. B. kleine Goniatiten, die man bis zur Embryonalkammer aufrollen will, wird man natürlich in Reagenzgläsern zum Gefrieren bringen, damit keine Teile vermengt werden oder verloren gehen.

Wenn nach dem Auftauen in heißem Wasser noch keine merkliche Zermürbung eingetreten sein sollte, z. B. bei kristallinen Riffkalken, dann kann man innerhalb ganz kurzer Zeit das Gefrieren so oft wiederholen, bis man sein Ziel erreicht hat.

---

[1] Schwarz, A. und Matern, H.: Das Herauspräparieren von Fossilien aus festem Gestein mit Hilfe gefrierenden Wassers. Senckenbergiana *9*, 243. 1927.

c) Die weitere Präparation gestaltet sich sehr einfach. Kristalline Kalke sind so zermürbt, daß sie sich mit Leichtigkeit durch Drücken mit dem Meißel in ihren Fossilinhalt auflösen lassen; bei verkiesten Steinkernen von Goniatiten hat das in den Septalfugen gefrierende Wasser den Verband so gelockert, daß oft schon beim Anfassen mit den Fingern die einzelnen Kammern sich voneinander lösen.

Die Anwendungsmöglichkeiten des Gefrierverfahrens sind allerdings nicht unbeschränkt. Ganz frischer Wissenbacher Schiefer z. B. erwies sich als so kompakt, daß nur sehr wenig Luft abgesaugt und durch Wasser ersetzt werden konnte; dementsprechend blieb auch öfteres Gefrieren wirkungslos.

Für die in ihm eingeschlossenen verkiesten Fossilien ist nach wie vor das UDLUFT-MATERNsche Thermo-Flußsäure-Verfahren (S. 62) sehr geeignet. Die weitere Zerlegung der auf diese Weise herausgeschälten Schwefelkiesfossilien erfolgt natürlich zur Vermeidung der Oxydation des Schwefelkieses mit Hilfe des Gefrierverfahrens, wobei man in allen Fällen zu ausgezeichneten Ergebnissen kommt. Eine andere Möglichkeit, die verkiesten Fossilien von ihrer Schieferhülle zu befreien, bietet das von A. SCHWARZ (S. 86) für die Freilegung von Radiolarien aus Lyditen angegebene Verfahren, das aber ein vielstündiges Erhitzen mit Alkalilaugen auf dem Wasserbad erfordert (bei Anwendung höherer Temperaturen würde zwar der Schiefer sehr bald erweichen, doch würde auch dann der Schwefelkies angegriffen).

Grobkristalline Kalke sind dankbare Objekte für das Gefrierverfahren. Oberdevonischer (Iberger) Riffkalk, Greifensteiner Kalk und silurischer Plattenkalk wurden mit gutem Erfolg „zerfroren".

Ganz feinkörniger, dichter mitteldevonischer Massenkalk, der erst auf polierten Flächen Fossilien erkennen ließ, zersprang nach allen möglichen Klüften, nur nicht längs der Trennungsflächen der Fossilien gegen das Nebengestein; wahrscheinlich sind in derart dichten Packungen die Fossilgrenzen als „Zonen geringeren Zusammenhalts" gar nicht mehr vorhanden.

Die Kosten des Verfahrens sind kaum nennenswert, zumal man viele Stücke gleichzeitig verarbeiten kann."

4. Durchleuchten mit Röntgenstrahlen.

In Konkretionen und sonstigen Gesteinsbrocken sind oft organische Einschlüsse so eingebettet, daß sie nach außen hin nicht bemerkbar sind. Zerschlägt man eine Konkretion oder Geode, dann ist Gefahr vorhanden, daß die eingeschlossene Versteinerung stark beschädigt oder sogar zerstört wird. Bei einer Durchleuchtung mit Röntgenstrahlen besteht manchmal die Möglichkeit, die Lage und den Umriß der Einschlüsse festzustellen. Nach der Röntgenphotographie kann dann die mechanische Präparation eingerichtet werden. Die Versuche von HARTMANN-WEINBERG und REINBERG[1] (*Bull. Acad. sci. Russie* 1925, S. 279 bis

---

[1] Die fossilhaltigen Gesteinsformationen im Röntgenbilde. Vgl. ferner BRANCA: Die Anwendung der Röntgenstrahlen in der Paläontologie. Abh. pr. Akad. Wiss. Berlin 1906. S. 55.

292, Text deutsch) mit X-Strahlen stützen sich auf folgende Tatsachen: Fossile Knochen bewahren in der Regel ihre ursprüngliche Struktur und bestehen zum größten Teil aus einem amorphen Mineral[1]. Ferner haben die Hohlräume der Knochen, die Spongiosa und HAVERSchen Kanäle im Verlaufe des Fossilisationsvorganges Mineralien aufgenommen, wie z. B. Quarz, Chalcedon, Opal, Dolomit, Baryt und Wavellit, von denen ein Teil für X-Strahlen durchlässig sind. Dadurch entstehen Kontraste, welche zu einer röntgenographischen Diagnose erforderlich sind. Je größer die Differenz im Atom- und spezifischen Gewicht zwischen Einschluß und dem umgebenden Gestein ist, desto mehr gewinnt die Röntgenphotographie an Kontrastwirkung und Schärfe. Daraus ergibt sich der aber auch andererseits große Mangel, daß die häufig vorkommenden **kalkigen Fossilien in Kalkgesteinen** mit Hilfe dieser Methode nicht immer erkannt werden können. Auch sind Blöcke über 30 cm Dicke von X-Strahlen im allgemeinen nicht mehr durchdringbar.

Die äußere unregelmäßige Form der zu untersuchenden Gesteinsstücke und ihre rauhe Oberfläche bereitet gewisse Schwierigkeiten, die jedoch dadurch überwunden werden, daß man das Stück in ein durch Zerstoßen gewonnenes Pulver des gleichen Gesteins versenkt. Hierdurch verschwinden die Unregelmäßigkeiten, so daß gewissermaßen eine gleichmäßig dicke Gesteinsplatte für die Durchleuchtung hergestellt ist.

Man wird also die Röntgenstrahlen im allgemeinen nur zur Vorbereitung einer schwierigen Präparation eines seltenen oder sehr wertvollen Objektes anwenden, wie dies z. B. durch E. FISCHER bei der Untersuchung von *Trachelosaurus Fischeri*[2] geschehen ist. Das gleiche Verfahren kann selbstverständlich auch bei Wirbellosen angewandt werden. So berichtet JAEKEL[3] bei der Beschreibung „Eines neuen Phyllocariden aus dem Unterdevon der Bundenbacher Dachschiefer“, daß im Röntgenbilde die Antennen sich etwas weiter verfolgen ließen, als sie vorher bei der Präparation mit Messing- und Stahlbürste freigelegt waren und daß sie nach der Durchleuchtung noch ein Stück weiter präpariert werden konnten.

5. Kitten und Ergänzen.

Zur Anwendung kommen in **Wasser lösliche oder unlösliche Mittel**. In **Wasser löslich** sind Gummiarabikum, Tischlerleim und Syndetikon. Man kann die Mittel entweder in demselben Zustand verwenden, wie sie im Handel zu haben sind, oder unter Zusatz von bestimmten Substanzen. Empfehlenswert ist, auf zwei Teile Syndetikon etwa ein Teil Schlemmkreide oder noch besser, ein Teil Quarzmehl[4] zu setzen und zu einer zähflüssigen Masse zu verrühren. Dieses Mittel trock-

---

[1] Collophane genannt mit der Formel 3 Ca (PO) nCa(CO) (HO), wobei Ca teilweise ersetzt sein kann durch Fe, Al und Mg und CO durch Fl.n hat den Wert von 1 oder 2 und x ist unbestimmt.

[2] BROILI und FISCHER: *Trachelosaurus Fischeri* nov. gen. nov. sp. Jahrb. d. G. L. A. f. 1916, *37*, 359.

[3] Zeitschrift d. Deutschen Geol. Ges. *72*, 290. 1920.

[4] Das Quarzmehl wird in der Porzellanindustrie benutzt und in 12 verschiedenen Mahlfeinheiten von dem Dörentruper Sand- und Tonwerk in Dörentrup (Lippe) geliefert.

net schneller, füllt gleichzeitig etwa vorhandene breite Bruchspalten als Ergänzungsmittel besser aus und wird außerdem etwas härter als reines Syndetikon. Gips für sich allein kann ebenfalls zum Kitten verwendet werden, hat aber eine viel geringere Festigkeit; er ist als Bindemittel zwischen zwei schweren Teilstücken überhaupt ungeeignet, da diese schon infolge ihres Gewichtes den Gips zerreißen können. Dagegen kann mit Leimwasser angerührter Gips als Ergänzung fehlender Teile sehr gut verwandt werden. Ein anderer in Wasser löslicher Kitt ist eine Mischung aus Wasserglas und Schlemmkreide.

In Wasser unlöslich ist eine Mischung aus einem Teil Wachs, einem Teil Kolophonium und zwei Teilen Gips. Dieses Mittel wird in einem Gefäß über der Flamme geschmolzen, verrührt und in halbflüssigem Zustand mit einem Spachtel auf die Bruchflächen aufgetragen. Die Teilstücke werden dann aneinandergepreßt und mit Klammern oder Schrauben zusammengehalten, bis die Masse erkaltet und verfestigt ist. Man kann auch die Stücke durch Sand, der sich in einem Kasten befindet, oder durch weichen Ton so stützen, daß sie nicht mehr auseinanderfallen. Man verwendet dieses Bindemittel hauptsächlich bei Knochen, wo es gleichzeitig zur Ausfüllung und Ergänzung fehlender Teile dienen und durch Zusatz eines Farbstoffes beliebig gefärbt werden kann.

6. Konservieren.

Fossilien sind gewissermaßen von der Natur hergestellte, meist sehr dauerhafte „Präparate", so daß eine besondere Konservierung selten notwendig ist. Trotzdem müssen in einigen Fällen besondere Methoden angewandt werden, um das Fossil vor der Zerstörung zu bewahren. Meist handelt es sich darum, das Objekt zu trocknen bzw. vor dem Einfluß der Feuchtigkeit zu schützen.

Das Elfenbein der Mammutstoßzähne wird in manchen Kieslagern in einem so feuchten Zustand gefunden, daß es sich nach KEILHACK[1] „wie Butter kneten läßt". Durch Trocknen erhalten die Zähne ihre ursprüngliche Härte wieder, aber sie dürfen ebensowenig wie andere durchfeuchtete und mürbe Knochen den Sonnenstrahlen ausgesetzt werden, da sie sonst in zahlreiche Stücke zerspringen. KEILHACK empfiehlt, die Stoßzahnstücke „in feuchtem Sand in Körbe zu packen und so in einem Kellerraum monatelang ganz langsam austrocknen zu lassen." Bei anderen Knochenresten, die weniger empfindlich sind, genügt es, wenn man sie, in Papier verpackt, längere Zeit in einem Zimmer liegen läßt.

Um aus einem Objekt den letzten Rest von Feuchtigkeit zu vertreiben, empfiehlt W. REID eine Methode, die wir nach E. STROMER[2] zitieren: Das mit Wasser „durchtränkte Stück wird in Petroleum so eingelegt, daß es oberhalb des Gefäßbodens sich befindet, und so lange darin gelassen, bis sein Gewicht keine Änderung mehr erfährt, als Zeichen, daß das Petroleum in ihm ganz allmählich das Wasser verdrängte, welches sich am Boden des Gefäßes sammelt. Das Petroleum wird hierauf

---

[1] KEILHACK: Lehrbuch der Praktischen Geologie. Stuttgart 1917. 2, 491.
[2] STROMER: Paläozoologisches Praktikum. Berlin 1920. S. 25.

mit Benzin oder Äther usw. aus dem Stück wieder entfernt, welches dann völlig trocken ist.'' Kleinere Fossilien können auch in einem Exsikkator getrocknet werden, oder indem man ihnen das Wasser durch Einlegen in absoluten Alkohol entzieht.

Aber Trocknen allein genügt nicht, wenn das Objekt sehr mürbe ist, wie das z. B. bei Knochen der Fall zu sein pflegt, deren Kalkgehalt oft teilweise ausgelaugt ist; durch Tränken in einer Leimlösung muß das Objekt gehärtet werden. Die zur Anwendung kommende Lösung aus Tischlerleim darf nicht dickflüssig sein, weil sie sonst nicht ins Innere eindringt. Auch empfiehlt es sich, das Stück vorher anzuwärmen, um das Aufsaugen des Leimes zu erleichtern. Wenn mit einer Luftpumpe gleichzeitig die Luft aus dem unter luftdichtem Verschluß befindlichen Objekt gezogen werden kann, wird der Vorgang des Tränkens wesentlich beschleunigt. Um zu verhindern, daß der Leim in feuchten Räumen zu schimmeln beginnt, empfiehlt STROMER[1] den Zusatz von 10 g Formalin auf 100 g Leim. An Stelle von Tischlerleim kann auch Gummiarabikum oder eine Lösung von Schellack in Alkohol oder Äther oder Zaponlack (eine Lösung von Zelluloid in Amylazetat und Azeton) Verwendung finden. Zum Tränken und Härten kann man auch eine Mischung einer Schellack- mit einer Zelloidin-Lösung herstellen: a) 50 g weißer Schellack werden in 400 ccm 96—97 proz. Alkohol gelöst; b) 10 g Zelloidin, der im Handel in durchsichtigen Täfelchen zu haben ist, wird in 100 ccm Amylazetat gelöst. Beide Lösungen werden vereinigt; man setzt zwei etwa erbsengroße Tropfen venetianisches Terpentin zu. Die Lösung kann nach Bedarf mit absolutem Alkohol verdünnt werden. Vor und während der mechanischen Präparation müssen zerbrechliche Objekte durch Aufpinseln einer derartigen Leim- oder Schellacklösung immer in dem Maße getränkt werden, wie das Fortschreiten der Arbeit es gestattet, um eine Zerstörung durch unvermeidliche Erschütterungen zu verhüten. Über Härten poröser Gesteine nach WÜLFING s. S. 73.

Auf Schwierigkeiten stößt die Konservierung der in Markasit (FeS_2, rhombisch) erhaltenen Fossilien. Die aus regulärem Pyrit (FeS_2) bestehenden Versteinerungen sind zwar haltbarer als die ersteren; doch sagt DEECKE[2], daß ,,beide im feuchten Boden unter Einfluß des Luftsauerstoffs zerfallen und in lösliche Eisenvitriole übergehen und darauf mit dem Kalk der Umgebung Gips erzeugen''. Eine begonnene Zersetzung ist meist nicht mehr aufzuhalten, und das Fossil fällt der Zerstörung anheim. Unbedingt bewährt hat sich noch keines der in der Literatur vorgeschlagenen Konservierungsmittel. Die Fossilien müssen zunächst in absolutem Alkohol und dann in Äther getrocknet werden und werden dann dauernd unter völligem Luftabschluß in Petroleum oder am besten in Paraffinöl[3] aufbewahrt. Ein anderes Verfahren beruht darin, daß man die Fossilien nach dem Trocknen mit einer Schel-

---

[1] STROMER: Paläozoologisches Praktikum. S. 25.
[2] DEECKE: Die Fossilisation. Berlin 1923. S. 146.
[3] ERNST: Über den Gault von Helgoland. N. Jahrb. f. Min. Beil. *58*, Abt. B, 114. 1927.

lacklösung oder durch Einbringen in flüssiges, heißes Wachs oder in Paraffin mit diesen Stoffen tränkt.

STROMER[1] empfiehlt zur Konservierung verkiester Fossilien die Mischung zweier Lösungen: „Zu 15 g Dammarharz, in 130 g reinem Benzin gelöst, wird die Mischung von 20 g gebleichtem Mohnöl mit 150 g bestem Terpentinspiritus (nicht die einzelnen Substanzen) zugesetzt. Bei längerem Stehen wird die Lösung zu dickflüssig; sie muß dann zum Gebrauch mit Benzin, dem etwas Terpentinspiritus beigefügt ist, verdünnt werden. Einfacher ist eine Lösung von einem Gewichtsteil Dammarharz in drei Gewichtsteilen von Xylol, die man behufs Reinigung durch ein Leinwandfilter gehen läßt. Das Tränken ist dreimal in Abständen von 2—3 Monaten zu wiederholen." Diese Tränkungsmethoden haben aber verschiedene Nachteile. Der glänzende Bezug stört bei der Untersuchung; man kann ihn zwar dadurch verhindern, daß man das getränkte Stück mit einem Tuch kurz nach der Tränkung abreibt. Dann ist aber die Gefahr vorhanden, daß doch die zersetzenden Einflüsse hier angreifen können. Auch hat man während des Tränkens nie die Garantie, daß alle, auch die inneren Teile des Fossils gleichmäßig von der Lösung umhüllt werden. Empfehlenswerter bleibt auf alle Fälle das Aufbewahren in einer luftabschließenden Flüssigkeit, wenn auch diese Methode in geologischen Sammlungen weniger gebräuchlich ist als in zoologischen.

Von wertvollen Objekten wird man der Sicherheit wegen vor der Konservierung einen Abguß herstellen, um sich auf jede Weise vor Enttäuschungen zu schützen.

ERNST[2] berichtet von dünnschaligen Fossilien aus dem Gault in der Oberen Kreide Helgolands, die aus dem Meerwasser geborgen wurden, daß beim Trocknen Salz ausblühte, wodurch die zarten Schalen zersprengt wurden. Solche Stücke müssen durch Einlegen in Wasser entsalzt werden. Dazu benutzt man eine Wanne mit fließendem Wasser, in welche die Objekte, auf einem Drahtnetz in einem Abstand über dem Boden liegend, entlaugt werden. Um zu verhindern, daß sich hierbei kleine Brocken ablösen, wird das Stück mit Musselin umwickelt. Durch Titrieren kann festgestellt werden, ob das Wasser salzfrei ist.

7. Schneiden und Schleifen[3].

Zur Untersuchung im Querschnitt, im Anschliff oder im Dünnschliff müssen die Fossilien zerschnitten werden. Man kann hierzu besondere Gesteinssägen, — bei kleineren nicht zu harten Gesteinen — auch die Laubsäge benutzen; besser ist es aber, sich einer Apparatur zu bedienen, wie sie bei petrographischen Untersuchungen allgemein angewandt werden: einer Gesteinsschneidemaschine (Abb. 16), bei welcher eine rotierende, mit Diamanten besetzte Blechscheibe durch einen Elektromotor in Bewegung gesetzt wird. Das Gesteinsstück wird durch eine

---

[1] STROMER: Paläozoologisches Praktikum. S. 27.

[2] ERNST: Über den Gault von Helgoland. N. Jahrb. f. Min. Beil. *58*, Abt. B, 114. 1927.

[3] WÜLFING in ROSENBUSCH und WÜLFING: Mikroskopische Physiographie *1*, erste Hälfte, S. 4. 1921/24.

Abb. 16. Kleine Schneidemaschine der Firma Dr. STEEG & REUTER, Bad-Homburg v. d. H.

Abb. 17. Kleine Schleif- und Poliermaschine der Firma Dr. STEEG & REUTER, Bad-Homburg v.d.H.

Klemmvorrichtung gehalten und allmählich an die sich drehende, senkrecht stehende Scheibe heranbewegt, wodurch das gewünschte Gesteinsstück abgeschnitten wird. Um einen Anschliff herzustellen, wird die Schnittfläche poliert. Dies kann maschinell mit Hilfe eines Schleifapparates (Abb. 17) geschehen, bei welchem eine horizontalliegende Scheibe durch Hand- oder Motorbetrieb in Bewegung gesetzt wird, oder indem man das Objekt auf eine Eisenplatte und danach auf einer dicken, ebenen Glasplatte unter Verwendung von Schmirgel oder Karborundum und Wasser glatt schleift. Zur Beseitigung der groben Sägefurchen benutzt man anfangs beim Schleifen auf der Eisenplatte gröberen Schmirgel und geht dann zu feinerem über, wobei aber jedesmal der vorher angewandte sorgfältig von der Schleifplatte und dem Objekt abgewaschen werden muß. Anschliffe können je nach der Art des Gegenstandes mit der Lupe oder mit dem Mikroskop untersucht werden; es können vielleicht auch die in der Lagerstättenkunde gemachten Erfahrungen mit der chalkographischen Methode[1], bei welcher man hochpolierte Anschliffe im senkrecht auffallenden Licht betrachtet, herangezogen werden. Dieses Verfahren hat A. SCHWARZ[2] nach freundlicher Mitteilung mit Erfolg bei Foraminiferen im harten Gestein anwenden können.

Wenn ein Dünnschliff hergestellt werden soll, wird ein möglichst dünner Gesteinssplitter von einem Handstück abgeschlagen oder mit der Schneidemaschine eine dünne Gesteinsscheibe abgeschnitten, die dann mit Kanadabalsam auf einen Objektträger aufgekittet wird. Man bringt zu diesem Zweck auf den Objektträger einen Tropfen Kanadabalsam und erwärmt ihn vorsichtig über der Flamme und zwar um so länger, je dünnflüssiger er anfangs war. Dann legt man das Gesteinsscheibchen auf und achtet darauf, daß keine Luftbläschen unter dem Objekt vorhanden sind; diese müssen durch sanftes Drücken und Hin- und Herschieben der Gesteinsscheibe beseitigt werden. Nach dem Erkalten muß der Balsam so hart sein, daß er sich mit dem Fingernagel gerade noch ritzen läßt; er darf nicht härter sein, da er sonst zu spröde ist und absplittert, und er darf nicht weich sein, weil er sich dann beim Schleifen verschmiert, wobei das Objekt abgelöst wird. Wenn das Gesteinsscheibchen richtig befestigt ist, wird die eine Seite auf der Eisen-, dann auf der Glasplatte glatt geschliffen. Danach muß von der anderen Seite her das Objekt dünn geschliffen werden. Man löst den Schliff zu diesem Zweck von dem Objektträger ab, indem man seitlich mit einem Tropfen Xylol und durch vorsichtiges Erwärmen den Kanadabalsam aufweicht. Das Objekt wird nun umgedreht, mit der bereits geschliffenen Seite neu angekittet und nun langsam dünn geschliffen. Je dünner das Objekt wird, um so vorsichtiger muß man arbeiten und ständig kontrollieren. Bei paläontologischen Untersuchungen sind im allgemeinen keine so dünnen

---

[1] SCHNEIDERHÖHN, H.: Die mikroskopische Untersuchung undurchsichtiger Mineralien und Erze im auffallenden Licht und ihre Bedeutung für Mineralogie und Lagerstättenkunde. N. Jahrb. f. Min. Beil. *43*, 400. 1920. — Ders.: Chalkographische Untersuchung des Mansfelder Kupferschiefers. N. Jahrb f. Min. Beil. *47*, 14. 1923.

[2] Einzelheiten hierüber wird Herr SCHWARZ demnächst in der Senckenbergiana veröffentlichen.

Schliffe notwendig wie bei petrographischen Fragen. Zur endgültigen Aufbewahrung muß der zerbrechliche Dünnschliff manchmal auf einen neuen Objektträger gebracht werden, weil der beim Schleifen benutzte an den Rändern matt geschliffen oder sonst irgendwie beschädigt ist. Man löst den Schliff mit Xylol und durch vorsichtiges Erwärmen und läßt ihn auf den neuen Objektträger auf flüssigem Kanadabalsam durch Schräghalten herabschwimmen. Er wird nun endgültig angekittet und gleichzeitig mit einem Deckgläschen überdeckt. Auf der Schmalseite des Objektträgers werden die Etiketten aufgeklebt. Man wird Fundort und Horizont genau vermerken und vielleicht auch durch eine Nummer die Zusammengehörigkeit mit dem Handstück sicher stellen. Da die aufgeklebten Papieretiketten vom Glas bisweilen sich ablösen, ist zu empfehlen, die Nummer auf das Glas aufzuritzen.

In ganz hervorragender Weise hat vor kurzem STENSIÖ[1] eine von SOLLAS[2] ausgearbeitete Methode bei der Untersuchung von *Cephalaspiden* angewandt. Die Fossilien werden in bestimmten Richtungen systematisch angeschliffen. Hierzu benutzt man eine Schleifmaschine, bei welcher das Objekt während des Schleifens so eingespannt ist, daß der Betrag, um den es abgeschliffen werden soll, an einer Mikrometerschraube abgelesen werden kann (diese Vorrichtung fehlt bei Abb. 17). Das Bild des Anschliffes wird abgezeichnet oder photographiert. Von einem Fossil kann man auf diese Weise beliebig viele Anschliffbilder seiner inneren Organisation herstellen. Das Objekt wird zwar dabei meistens völlig zerstört; nach den erhaltenen Skizzen kann man es aber entweder zeichnerisch oder als Modell in vergrößertem Maßstabe rekonstruieren.

Es gibt also zwei Methoden zur Herstellung von „Serienschliffen". 1. Man zerschneidet das Fossil mit einer Gesteinsschneidemaschine (Abb. 16); dann bleibt es zwar in den einzelnen Dünnschliffen erhalten; aber viele Feinheiten seines Aufbaues, die kleiner sind als die Dicke der Gesteinsscheibe, die beim Schneiden notwendigerweise verloren geht, können nicht beobachtet werden. 2. Man schleift das Objekt nach der oben beschriebenen Methode von SOLLAS systematisch ab.

Anstatt dünn zu schleifen, gelang ALTPETER[3] bei Alveolinen die Anwendung einer anderen Methode, die außer bei Graptolithen (siehe unten) bisher nur in der Zoologie gebraucht wurde, nämlich die Herstellung von Serienschnitten bis zu $1/_{200}$ mm Stärke mit dem Mikrotom. Allerdings war das Material (Alveolinen aus dem Eocän von Grignon) von sehr seltener und „hervorragender Erhaltung und Zartheit". Da die Anwendung dieses Verfahrens sehr selten ist, begnügen wir uns mit dem Hinweis auf die erwähnte Arbeit.

Einfacher und häufiger ist der Gebrauch des Mikrotoms bei der

---

[1] STENSIÖ: The Downtonian and Devonian Vertebrates of Spitsbergen. Skrifter om Svalbard og Nordishavet, Nr. 12. Oslo 1927.

[2] SOLLAS: A method for investigation of fossils by serial sections. Phil. Transactions R. Soc. London. Ser. B. Vol. 196, p. 259. 1903.

[3] ALTPETER: Beiträge zur Anatomie und Physiologie von Alveolina. N. Jahrb. f. Min. Beil. *36*, 87. 1913.

Untersuchung von Graptolithen. C. WIMAN[1] beschreibt das Verfahren folgendermaßen: „Der Graptolith wird, nachdem er ausgelöst (s. S. 111) und von Gips und Silikaten befreit worden, in absoluten Alkohol gelegt, bis alles Wasser ausgezogen ist, wonach er in irgendeine Klärflüssigkeit (s. S. 90) überführt wird. Nachdem er klar geworden, braucht er nicht wie zoologische Gegenstände in weichem Paraffin zu liegen, sondern kann direkt in hartes gebracht werden (Schmelzpunkt 59⁰). Wenn der Graptolith eine Stunde in geschmolzenem Paraffin gelegen hat, so wird ein Teil des Paraffines in eine kleine Papierschachtel gegossen, der Graptolith wird mit einem gewärmten Spatel auch in die Schachtel gebracht, und diese wird in ein Gefäß mit kaltem Wasser gehalten, wobei das Wasser nicht in die Schachtel kommen darf, ehe das Paraffin an-

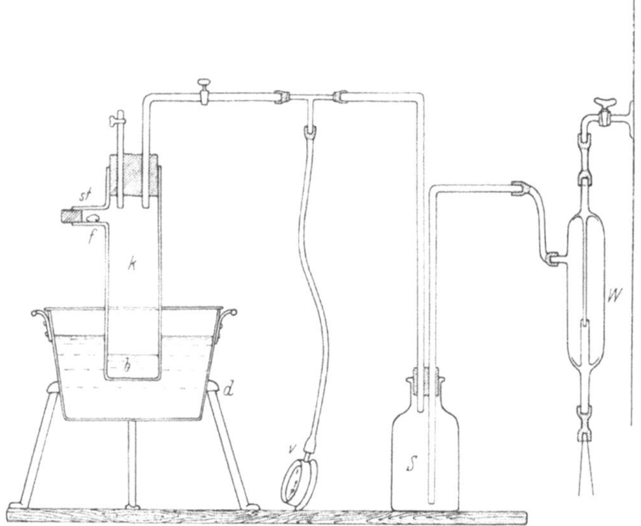

Abb. 18. Vorrichtung (schematisch) zum Härten lockerer und poröser Gesteine. (Nach STROMER.) *d* Gestell für das Wasserbad; *k* Glaskolben; *b* Kanadabalsam; *st* seitlicher Stutzen; *f* Schleifsplitter; *v* Vakuummetor; *S* WULFFsche Flasche; *W* Wasserluftpumpe.

gefangen, feste Form anzunehmen. Nach der Erstarrung des Paraffins wird der Graptolith mittels Mikrotoms geschnitten, wobei eine Stärke der Schnitte von 25—30 μ (1 μ = $^1/_{1000}$ mm) am vorteilhaftesten ist. Die Schnitte werden der Reihenfolge nach auf einen mit einer Lösung von Kollodium in Nelkenöl (2 : 1), dünn bestrichenen Objektträger aufgeklebt, dieser wird erwärmt, bis das Paraffin geschmolzen ist, und dann in Terpentin gebracht, um das Paraffin zu entfernen, wonach die Schnitte fertig sind, und unter einem Deckgläschen in Kanadabalsam aufbewahrt werden können."

Lockere und poröse Gesteine sind nicht ohne weiteres zum Dünnschleifen geeignet, sie müssen zuvor nach einem Verfahren ge-

---

[1] WIMAN, C.: Über die Graptolithen. Bull. of the geol. inst. of the Univ. of Upsala. *2*, 260. 1896.

härtet werden, das auch bei Fossilien zur Anwendung kommen kann. Man verwendet dazu Kanadabalsam, der beim Erwärmen keine Blasen mehr bilden darf und der alle Hohlräume in dem Objekt erfüllen muß. Dies erreicht man am besten mit dem von Wülfing[1] konstruierten Apparat, über den Schlossmacher[2] berichtet: „Der Kanadabalsam wird in einer solchen Menge, daß auch größere Schleifsplitter bequem eingelegt werden können, in den Glaskolben k (Abb. 18) gefüllt und unter gleichzeitigem Absaugen mit der Luftpumpe auf dem Wasserbade erhitzt. Dabei darf weder das Erhitzen noch das Absaugen zu stark getrieben werden, da sonst ein Überschäumen der Masse und damit ein Verschmieren der ganzen Einrichtung eintritt. Gibt der Balsam auch bei stärkerem Erhitzen keine wesentlichen Blasen mehr, so ist er genügend vorbereitet. Beim Abstellen der Saugpumpe ist darauf zu achten, daß vorher durch den Hahn (oberhalb von st) Luft eingelassen wird, damit kein Wasser aus der Saugpumpe in den Kolben k getrieben werden kann. Um solchen Unglücksfall ganz auszuschließen, ist eine Wulffsche Flasche in den Weg zur Saugpumpe eingeschaltet.

Soll nun ein Gesteinssplitter f mit Balsam getränkt werden, so bringt man ihn nach Reinigung und Trocknung durch die mit einem Gummikorken verschließbare seitliche Öffnung in den Stutzen st des Kolbens k und nach luftdichtem Abschluß werden Wasserbad und Saugpumpe in Betrieb gesetzt. Auf diese Weise wird die die Zwischenräume im Splitter erfüllende Luft, die dem Eindringen des Balsams sonst so hinderlich ist, einigermaßen ausgetrieben und der Balsam gleichzeitig erwärmt. Ist die nötige Dünnflüssigkeit des Balsams erreicht, so stürzt man durch leichtes Kippen des Kolbens k den Splitter aus dem Stutzen st in den Balsam. Dort wird zunächst ein gelindes Aufschäumen stattfinden; hat dieses aufgehört, so ist der Splitter genügend durchtränkt und kann mit einer Pinzette aus dem Balsam herausgefischt werden.“

8. Die Herstellung von Feuersteinsplitter zur Untersuchung auf Mikroorganismen nach Wetzel[3].

Bei der Untersuchung von kleinen Objekten im Dünnschliff entstehen gewisse Schwierigkeiten, wenn die Gestalt unregelmäßig oder unbekannt ist. Denn der Dünnschliff zeigt nur das Bild eines Querschnittes, aus welchem die übrige Form und Gestalt nicht ohne weiteres abgeleitet werden kann. Auch Serienschnitte nutzen in solchem Falle nichts, wenn der Fossilrest kleiner oder nur unwesentlich größer ist als die Dicke der Gesteinsscheibe, die durch Schleifen und Schneiden notwendigerweise verbraucht werden muß. Wetzel wandte daher bei der Untersuchung

---

[1] Wülfing: Über einen Apparat zur Tränkung lockerer Gesteine mit Kanadabalsam. Zentralbl. f. Min. 1920, S. 314. Wülfing empfiehlt dem im Wasserbad befindlichen Gefäß eine Höhe von 20 cm und dem Hauptrohr k sowie dem seitlichen Stutzen st eine lichte Weite von 3 cm zu geben. Vgl. auch Wülfing in Rosenbusch und Wülfing: Mikroskopische Physiographie 1, 20. 1921/24.

[2] Schlossmacher: Ein Verfahren zur Herrichtung von schiefrigen und lockeren Gesteinen zum Dünnschleifen. Centralbl. f. Min. 1919, 120.

[3] Sedimentpetrographische Studien. N. Jahrb. f. Min. Beil. *47*, 48. 1923.

von Feuersteinen eine neue Methode an, welche die Beobachtung der Einschlüsse bei geeigneter Kleinheit in voller Körperlichkeit gestattet, indem er „Feuersteinscherben von ausreichend, ja oft unnötig geringer Dicke durch eine gleichsam steinzeitliche Schlagtechnik" herstellte.

In Abb. 19 ist ein Feuersteinstück im Querschnitt skizziert, bei welchem zwei Flächen, von denen eine eine frische Bruchfläche sein muß, im Winkel von etwa 70^0 sich schneiden. Die gestrichelte Linie ist die Schlagrichtung und damit gleichzeitig die Achse des Schlagkegels, der selbst durch die gebogene Linie dargestellt wird. Diesem Schlagkegel gehört als Mantelstück eine dünne Feuersteinlamelle an, die man durch den Schlag des Hammers „mehr abreißt, als daß man sie abdrückt. Die Planparallelität der Dünnschlifflamellen kann entbehrt werden. Für unsere Zwecke

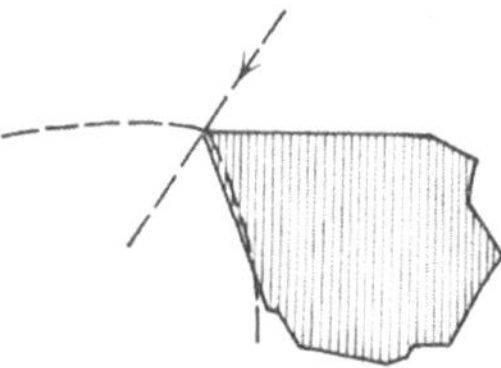

Abb. 19. Herstellung von Feuersteinsplitter. (Nach Wetzel.)

ist es geradezu erwünscht, verschieden dicke Stellen ein und desselben Präparates nebeneinander zu haben." Hierbei zeigt es sich, „daß die Absonderungsfläche unserer Schlagkegellamellen um gewisse, insbesondere organische Einschlüsse herum oft gewölbt ausfüllt, so daß eben diese Einschlüsse nicht zerschnitten, sondern (bei geeigneter Kleinheit) in voller Körperlichkeit zur Beobachtung kommen." Die mikroskopische Betrachtung geschieht am besten in Alkohol oder bei stärkerer Vergrößerung in einem ätherischen Öl, z. B. Pfefferminzöl, in das man das Objektiv einsenkt.

9. Sieben und Schlämmen[1].

Das Schlämmverfahren dient zur Präparation von Mikrofossilien, also nicht nur von Protozoen, sondern von allen mikroskopisch kleinen Versteinerungen aus lockerem Gestein.

α) **Siebe und Filter.** Zum Ausschlämmen empfiehlt Debes den Gebrauch zweier verschiedener Siebringe aus Zinkblech. Der eine (Abb. 20a) dient zum Umspannen von Seidengaze und hat daher an seinem unteren Rand einen außen aufgelöteten Draht, der das Abrutschen der durch einen Gummiring gehaltenen Seidengaze verhindern soll. Der andere Siebring (Abb. 20b) hat einen nach Innen vorspringenden schmalen, ringförmigen Rand, der das

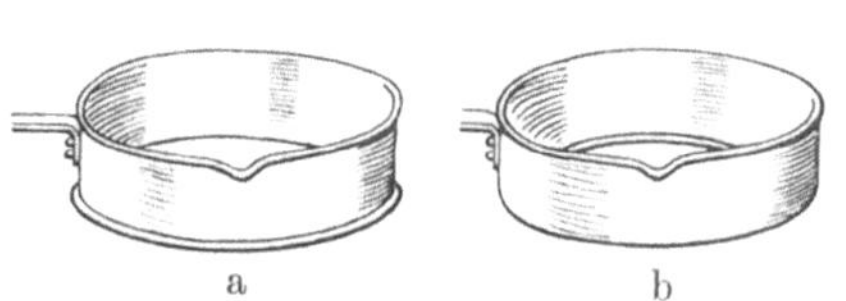

Abb. 20. Siebringe. (Nach Debes.)
a für Seidengaze oder Batist, b für Drahtsiebe.

Aufliegen eines Messingdrahtsiebes von entsprechender Größe gestattet. Die Seidengaze kann von der Firma Kählitz & Lübcke (Leipzig-Eutritzsch, Tauchaer Weg 32) bezogen werden und ist in einer Skala

---

[1] Das Verfahren schildern wir in engem Anschluß an die ausführliche Beschreibung von Debes, Zur Technik der Foraminiferenpräparation. Sitz.-Ber. d. naturf. Ges. zu Leipzig. 37. Jahrg, 3. 1911.

von 20 Nummern vorhanden, von denen jedoch die über Nummer 18 liegenden hier nicht mehr in Betracht kommen; die Nummern 15—18 haben die Fadenzahlen 59, 62, 66 und 70 auf den Zentimeter. Die Seidengaze darf allerdings nicht mit Alkalien in Berührung kommen, weil sie davon unbrauchbar wird. Man kann an ihrer Stelle auch Leinen- oder Baumwollstoff (Mehlsäckchen doppelt nehmen) verwenden. Zum Spülen benutzt man eine feine Brause, die durch einen Gummischlauch mit der Wasserleitung verbunden ist. Als Drahtsiebe verwendet DEBES einen Satz von drei Nummern. Nr. 1 hat 15 Maschen auf den Zentimeter und wird zum Absieben der gröbsten Bestandteile des Materials, wie Muschelfragmente usw., benutzt. Auf Nr. 2 mit 23 Maschen auf den Zentimeter kann man bereits die größeren Foraminiferen mit der Lupe auslesen. Nr. 3 hat 38—39 Maschen auf den Zentimeter. Feinere Grade sind nicht erforderlich, da sie bereits durch die Seidengaze Nr. 9 und aufwärts ersetzt werden.

Beim Filtrieren mit der THOULETschen Lösung, über deren Anwendung wir unten berichten, ist es nicht ratsam, einen trichterförmigen Filter zu benutzen. DEBES empfiehlt einen Glaszylinder von 9 cm Höhe und 3,5 cm lichter Weite, über dessen nach unten ausgebuchteten Rand (Abb. 21) ein Batistüberzug gebunden wird. Er läßt sich bequem handhaben, ohne daß man die Finger mit der Flüssigkeit in Berührung bringen muß, und auch mühelos und rasch auswaschen, was am besten geschieht, indem man ihn mit Inhalt nach und nach in Gefäße mit immer schwächeren Jodinlösungen, wie sie sich durch das Auswaschen der Filter und Geräte ganz von selbst ergeben, bringt und dann zum Schluß in ein solches mit destilliertem Wasser, das wiederholt erneuert wird, stellt.

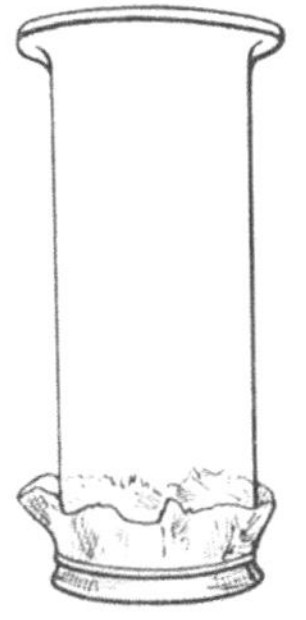

Abb. 21. Glaszylinder als Filter. (Nach DEBES.)

β) **Das Schlämmverfahren.** Das Schlämmen beruht auf dem Prinzip der unterbrochenen Sedimentation[1]. Nachdem man in einem Becherglas die auszuschlämmende Probe umgerührt und vollständig zum Schweben gebracht hat, werden zuerst die schwersten, nach einer Weile die leichteren Bestandteile zu Boden sinken. Da man diesen Sedimentationsvorgang jeder Zeit unterbrechen kann, kann man nach Belieben die schwereren von den leichteren und, wenn man sehr lange sedimentieren läßt, auch die allerfeinsten Teilchen abtrennen. Je nach dem Interesse, das man an dem einen oder anderen Bestandteil hat, wird man sein Verhalten einrichten.

Getrockneter rezenter Meeressand wird durch das Drahtsieb Nr. 1 gegeben, um gröbere Schalenfragmente, Muscheln und dergleichen vom übrigen abzutrennen. Die durchgesiebte Masse gibt man in ein Glasgefäß, gießt Wasser darüber, rührt um, damit der Inhalt vollkommen durchfeuchtet wird und die leichteren Teile zum Schweben kommen.

---

[1] SCHRAMMEN: Die Kieselspongien, III. u. IV. Teil. Monographien d. Geol. u. Pal. Ser. I. H. 2. 1924.

Die schweren Sandkörner sinken bald zu Boden; nach einer Pause gießt man die leichten, mit Luft gefüllten, noch schwebenden Foraminiferengehäuse auf das Seidegazefilter Nr. 18 ab. Man wiederholt das Auf- und Abgießen des Wassers, wobei man dazwischen die Zeitintervalle immer kleiner werden läßt. Auf dem Filter wird man mit der Lupe zu Anfang große, im Verlaufe des Ausschlämmens dann auch kleine Foraminiferen entdecken. Wenn nach einigen Wiederholungen auf dem Filter keine Foraminiferen mehr gefunden werden, ist der Sand ausgeschlämmt. Außer den Foraminiferen befinden sich auf dem Gazefilter feinste Sandpartikelchen, pflanzliche und sonstige organische Beimengungen. Um diese letzteren abzutrennen, wendet man das umgekehrte Verfahren an. Der Filterrückstand wird in kochendes Wasser gebracht, unter dessen Einfluß die Luft aus den Foraminiferengehäusen getrieben wird. Nun sind die Schälchen schwerer als Wasser, sinken beim Schlämmen zu Boden, während die leichten pflanzlichen Beimengungen oben schwimmen und abgegossen werden. Der Rückstand im Glasgefäß wird zur Trennung von eventuell noch vorhandenen sandigen Beimengungen mit der THOULETschen Lösung behandelt (S. 79).

Da die Herstellung dieser Lösung immerhin kostspielig ist, empfiehlt A. FRANKE[1] eine einfache Methode. Eine kleine Probe wird auf einer Urschale von 10 cm Durchmesser mit etwas Wasser in rotierende Bewegung gebracht. Die Foraminiferen sammeln sich auf der Oberfläche, die Sandkörner bleiben unten. Mit einer Pipette wird das Wasser abgezogen. Nun lassen sich die Foraminiferen in etwas feuchtem Zustand oder auch, nachdem man sie hat trocknen lassen, leicht unter dem Präpariermikroskop ablesen.

Rezenter Meeresschlamm wird mit starker heißer Sodalösung übergossen (nicht kochen!) und solange darunter einige Tage stehen gelassen, bis durch Lösung der zusammenkittenden Wirkung organischer Stoffe ein vollständig breiiger Zerfall eingetreten ist. Mittels Drahtsieb scheidet man wie oben die groben Bestandteile und Schalen aus, in diesem Falle aber unter Verwendung einer Wasserbrause. Das durchgesiebte Material wird in Wasser aufgeschlämmt. Man läßt aber anfangs in einer Ruhepause von 10 Minuten die gröbere Masse sich absetzen und gießt die feinste Trübe ab. Dann nimmt man die Pausen immer kleiner, bis etwa 5 oder 3 Minuten. Das Niedersinken der leichten Foraminiferen wird nämlich von der dicken Flüssigkeit anfangs etwas verzögert. Schließlich bleiben nur noch die Foraminiferen und feinen Sandpartikelchen übrig, die mit der THOULETschen Lösung oder mit der FRANKEschen Methode voneinander getrennt werden.

Aus fossilem Material aus Sanden, Tonen und Mergel können Foraminiferen, Radiolarien, Kokkolithen, Dictyochiden, Spongiennadeln, Ostrakoden und sonstige Mikrofossilien ausgeschlämmt werden. Wenn es sich nur um Isolierung kieseliger Organismen, wie z. B. Radio-

---

[1] FRANKE, A.: Die Foraminiferen des norddeutschen Unteroligocäns mit besonderer Berücksichtigung der Funde an der Fritz Ebert-Brücke in Magdeburg. Abh. u. Ber. a. d. Museum f. Natur- u. Heimatkunde u. d. naturw. Ver. Magdeburg. *4*, 152. 1925.

larien, handelt, dann wendet man besser die S. 64 beschriebene Methode der Diatomeen-Präparation in entsprechender Weise an.

Um das Material aufzulockern, wird es in kochendem Wasser, das schneller als kaltes eindringt, aufgeweicht, nachdem es vorher vollständig ausgetrocknet war. Manche Tone zerfallen sehr leicht zu einem Brei, so daß sofort mit dem Ausschlämmen begonnen werden kann. Andere, vor allem Mergel zerfallen nur teilweise; es bleiben größere oder kleinere Bröckchen zurück, die dann einem besonderen Verfahren unterworfen werden müssen. Zunächst kann man sie längere Zeit in Wasser liegen lassen. Man kann sie auch mit einem sehr weichen Borstenpinsel unter Wasser bearbeiten und zerkleinern; hierbei werden aber die Fossilien sehr oft beschädigt. Man kann auch das Material aufkochen und zwar am besten mit einem Zusatz von Soda. Besonders widerstandsfähige Bröckchen bringt man in eine konzentrierte Salpeter- oder Glaubersalzlösung, kocht auf und läßt schnell erkalten. Die im Gestein sich bildenden Kristalle wirken zersprengend. Man wiederholt das Verfahren so oft, bis das Material zerfallen ist. Die gleiche Wirkung kann auch dadurch erzielt werden, daß man das Gestein wiederholt ausfrieren und auftauen läßt bzw. das oben beschriebene Gefrierverfahren anwendet (S. 63).

Kreide ist meist so widerstandsfähig, daß die oben beschriebenen Methoden zur Auflockerung des Gesteins versagen. Man muß dann das Material mit einem harten Pinsel unter Wasser bearbeiten, wobei sich eine milchig weiße Trübe bildet.

Wasiliewski[1] hat zur Auflockerung von Kreide und Mergel Fettsäure (z. B. Alisarinöl) angewandt, das Material damit durchtränkt und vorsichtig bei allmählichem Zusatz von Soda und nachher Spiritus gekocht.

Sehr harte Gesteine lassen sich nicht mehr schlämmen; man kann sie nur im Dünnschliff oder Querschliff (S. 68) untersuchen.

Bevor man mit dem Ausschlämmen[2] selbst beginnt, muß das Material mit kochendem Wasser übergossen oder gekocht werden, um die Luft aus den Foraminiferenschalen auszutreiben, damit die leichteren und feineren Schälchen nicht nach oben steigen, auf dem Wasser schwimmen und mit der feinsten Tontrübe abgegossen werden. Man übergießt den Brei mit einer großen Menge Wasser, rührt auf und gießt das Wasser mit den schwebenden Tonteilchen in ein anderes Gefäß ab. Je größer man die Pause zwischen dem Aufrühren und dem Abgießen nimmt, um so feiner ist das Material, das mit dem Wasser abgegossen wird. Man wiederholt dieses Verfahren so lange, bis die feinsten Bestandteile, die wir mit A bezeichnen wollen, ausgewaschen sind und nur die groben, wie Sandkörner, Schalenbruchstücke usw., und eventuell nicht zerfallene Tonklümpchen zurückbleiben. Diese Bestandteile, die wir mit B bezeichnen,

---

[1] Nach einem Referat im Geol. Zentralbl. *28*, Nr. 1636. Wasiliewski: Über einige Methoden die Mikrofaunen aus Gesteinen zu befreien. (Sap. d. Geol. Abt. d. Ges. d. Fr. d. Nat., Antr. u. Etnogr. III. Moskau 1915. Text russisch.)

[2] Vgl. auch v. Troll, O.: Über einige Präparationsmethoden für Tertiärfossilien. Verhandl. d. Geol. Reichsanstalt 1918. 209.

werden nochmals in kochende 6—8proz. Sodalösung gebracht, in der man
sie etwa 20—30 Minuten beläßt. Die eintretende starke tonige Trübung
zeigt an, daß der Zerfall der Tonreste noch nicht beendet war. Man
schlämmt die feinste Trübung ab, wäscht die Lauge mit Wasser aus und
bringt den Rückstand auf das Drahtsieb Nr. 3, um — wenn notwendig —
die immer noch vorhandenen groben Beimengungen, darunter auch noch
nicht zerfallene Tonklümpchen von dem übrigen zu trennen. Aus dem
Rückstand auf dem Sieb kann man eventuell nach dem Trocknen die
großen Mikrofossilien mit der Pinzette oder mit einem angefeuchteten
Haarpinsel leicht unter der Lupe herausnehmen. Der feinere, durch das
Sieb gefallene Teil der Masse *B* wird ebenfalls getrocknet und für die
Behandlung mit der THOULETschen Lösung zurückgestellt, worauf wir
unten noch näher eingehen.

Der Bestandteil *A*, die zuerst abgeschlämmte Masse, kann nur ihrer-
seits durch Übergießen mit Wasser und Abgießen der feinsten schwebenden Trübe stark reduziert werden, so daß im wesentlichen nur noch
Quarz, Glimmersand, feiner Pflanzendetritus und die kleinen und leichten Foraminiferen vorhanden sind. Dieser Rückstand wird nochmals
mit Soda aufgekocht, um alle tonigen Beimengungen zum Schweben zu
bringen, so daß sie durch Abschlämmen beseitigt werden können.

Der Rückstand besteht dann nur noch aus Mikrofossilien und Sand,
der mit Hilfe der THOULETschen Lösung (S. 79) oder mit der FRANKE-
schen Methode (S. 76) abgetrennt werden kann.

Will man Kokkolithen und Rhabdolithen[1] untersuchen, dann
muß der durch das Gazefilter gegangene feinste Schlamm von der eventuell enthaltenen Lauge durch Auswaschen mit destilliertem Wasser befreit werden. Eine Probe des Rückstandes behandelt man nach der
FRANKEschen Methode auf dem Uhrglas, wie oben S. 76) geschildert.
Aus dem in der Mitte sich ansammelnden Schlamm bringt man mit der
Pipette etwas auf einen Objektträger und sucht unter dem Mikroskop
nach den genannten Mikrofossilien bei durchfallendem Licht mit 500
bis 700facher Vergrößerung.

Um die Kieselgerüste von Dictyochiden oder Spongienadeln
in einer Probe zu isolieren, behandelt man sie mit verdünnten Säuren,
um die kalkigen Bestandteile aufzulösen. Man wäscht dann aus und untersucht unter dem Mikroskop (vgl. auch S. 108 u. 111).

Pflanzliche Beimengungen, die sich nicht immer ohne weiteres
abschlämmen lassen, werden durch Kochen mit Soda oder durch ein
von GEORG MARPMANN[2] beschriebenes Verfahren zerstört oder so stark
mazeriert (s. auch S. 165), daß sie im Wasser flottieren und infolgedessen abgegossen werden können. Das zu behandelnde Material wird
in einem Becherglas mit der vier bis fünffachen Menge Wasser übergossen; man setzt einige Messerspitzen Natriumsuperoxyd (Na_2O_2) zu,
rührt mit einem Glasstab von Zeit zu Zeit um und läßt einige Tage

---

[1] In aufgeschlämmter Kreide bleiben diese sehr leichten Fossilien oft mehrere Stunden in der Schwebe. Nach dem Umrühren muß man also $^1/_2$—$^3/_4$ Stunde
warten, um sie mit der feinsten Trübe von den gröberen Bestandteilen zu trennen.

[2] Zeitschr. f. angew. Mikrosk. u. klin. Chemie *13*, 183.

stehen. Das Natriumsuperoxyd löst sich in Wasser unter Entwicklung von Sauerstoff bei starkem Aufbrausen auf, wobei Natriumhydroxyd (Natronlauge) in Lösung geht. Pflanzliche Reste werden hierbei so zerstört, daß man sie abschwemmen kann. Hat die Entwicklung der Gasblasen allmählich aufgehört, so erneuert man den Zusatz von Na_2O_2, bis die Zerstörung der Pflanzenreste soweit vorgeschritten ist, daß sie lange genug in der Flüssigkeit treiben, um abgeschwemmt werden zu können. Da aber auch kleinere, zarte Foraminiferen mit Gasblasen angefüllt werden, ebenfalls in der Flüssigkeit treiben und leicht verloren werden könnten, muß man das ganze vor dem Abschlämmen in ein Gefäß mit kochendem Wasser spülen, das die Luftblasen aus den Gehäusen austreibt, so daß diese sich schnell zu Boden setzen.

γ) **Die THOULETsche Lösung und ihre Anwendung.** Das Trennen der kleinen Fossilreste von den mineralischen Beimengungen geschieht am besten unter Ausnutzung des spezifischen Gewichtes mit Hilfe der THOULETschen Lösung[1]. Zuvor muß aber das Material getrocknet werden. Dies geschieht nicht etwa durch einfaches Verdampfen des Wassers, bei dem die Teilchen zusammenbacken würden, sondern man muß das Wasser mit absolutem Alkohol entziehen und diesen dann durch Benzin oder Äther verdrängen, welche, sich selbst überlassen, verdampfen.

Die THOULETsche Lösung ist eine Lösung von rotem Quecksilberjodid und Jodkalium im Verhältnis 5 : 4 in Wasser. In eine gesättigte Lösung von Jodkalium setzt man langsam unter Schütteln oder Umrühren Quecksilberjodid zu, solange sich dieses löst. Die Lösung läßt man einen Tag ruhig stehen, während welcher Zeit sich ein grauer Niederschlag bildet, von dem man sie vorsichtig abgießt und — da auch starkes Fitrierpapier unter dem Druck der schweren Flüssigkeit leicht reißt — durch gereinigte Watte oder Glaswolle filtriert, wodurch sie vollkommen klar (dunkel-weingelb) wird. Die konzentrierte Lösung hat das spezifische Gewicht von 3,19, ist also weit schwerer als viele Mineralien; sie ist sehr giftig und greift auch die Haut an, weshalb beim Arbeiten große Vorsicht zu beobachten ist. Aus einer Lösung mit dem spezifischen Gewicht von 3,045—2,938 sinken alle in Schwefelkies erhaltenen Fossilien und schwere Mineralien zu Boden; bei einem spezifischen Gewicht von 2,938—2,6 sinken die teilweise verkiesten Fossilien und die leichten Mineralien, wie Quarz, Feldspat, Glimmer, Kalkspat, unter; ist das spezifische Gewicht unter 2, so schwimmen nur die hohlen vollständigen Gehäuse auf der Lösung.

In einem Glastrichter, dessen Abflußrohr durch einen eingeschliffenen Hahn abgeschlossen ist, bringt man eine kleine Menge verdünnte Lösung mit einem spezifischen Gewicht von 2,0—2,3, schüttet das abgeschlämmte Material hinein, gießt die übrige Lösung nach und rührt mit einem Glasstab vorsichtig um. Nach einer Weile, wenn die Bewegung zum Stillstand gekommen ist, werden die zerbrochenen und luftgefüllten

---

[1] STELZNER: Über die Isolierung von Foraminiferen aus dem Badener Tegel mit Hilfe von Jodidlösung. Ann. d. k. k. naturhist. Hof-Museums. Wien 1890. 5, S. 15.

Foraminiferenschalen an der Oberfläche schwimmen, während die aus Sand bestehende Hauptmasse am Boden des Trichters sich befindet. Durch abermaliges Umrühren erreicht man, daß die zerbrochenen Schälchen, die sich mit Lösung gefüllt haben, aber bisher von den übrigen mit Luft gefüllten in der Schwebe gehalten wurden, sowie sonstige schwerere Bestandteile zu Boden sinken. Man öffnet nun den Hahn, läßt den Bodensatz auf ein Filter und die schwebenden Teile auf ein anderes Filter ablaufen. Die Rückstände werden mit destilliertem Wasser gereinigt, dann getrocknet und unter einem einfachen oder besser unter einem stereoskopischen Mikroskop sortiert.

Sollten die Foraminiferen noch nicht völlig von fremden Beimengungen befreit sein, dann bringt man die mit Wasser gefüllten Schälchen in eine schwerere Lösung mit einem spezifischen Gewicht über 2,9. Die Foraminiferen füllen sich dann mit Kaliumquecksilberjodidlösung und sinken schließlich zu Boden, während die leichteren Verunreinigungen oben schwimmen.

Das Verfahren mit der THOULETschen Lösung läßt sich aber nur dann erfolgreich anwenden, wenn Unterschiede im spezifischen Gewicht zwischen den Beimengungen und den Organismenresten vorhanden sind. Beim Ausschlämmen älterer Gesteine und zwar schon bei jurassischem Material hat (nach DEBES) die Methode versagt, weil die Mikrofossilien bereits zu stark verwittert sind.

d) **Das Auslesen.** Das Auslesen der ausgeschlämmten Mikrofossilien geschieht zunächst in der Weise, daß man sie mit verschiedenen Sieben nach ihrer Größe trennt, wodurch das Weitere Aussortieren wesentlich erleichtert wird. Dann bringt man sie auf eine schwarze Unterlage (aus Pappe oder Glas), die in Quadrate von etwa 20 mm Seitenlänge eingeteilt ist. Diese Einteilung erleichtert das systematische Absuchen der Fläche, wobei man die einzelnen Objekte mit einem angefeuchteten Pinsel herausfischt. Auf Uhrgläsern sortiert man nach den unterscheidbaren Arten. Die Fossilien verwahrt man zunächst in Glasröhrchen, um sie später nach der genaueren Untersuchung unter dem stereoskopischen Miskroskop in der „FRANKEschen Zelle" (s. unten) unterzubringen.

10. Präparate von Mikrofossilien nach A. FRANKE[1].

Das Aufbewahren von herausgeschlämmten Mikrofossilien in Glasröhrchen oder unter Kanadabalsam ist mit Nachteilen verbunden. Im Glasröhrchen kann man die Objekte nicht unverzerrt betrachten, im Kanadabalsam ist eine Beobachtung nur im durchfallenden Licht möglich. Die von A. FRANKE ausgearbeitete Methode ist daher vorzuziehen. Er verfertigte aus Pappkarton und schwarzem Papier kleine Zellen, die von einem Deckglas geschlossen werden und leicht herzustellen sind. Auf einen Streifen aus schwarzem Papier, wie es zum Einwickeln photographischer Platten dient, wird in der Mitte ein schmälerer Karton-

---

[1] Beschreibung und Abbildungen nach A. FRANKE in KEILHACK: Lehrbuch der prakt. Geologie, 4. Aufl. *2*, 523. Stuttgart 1922 und im Mikrokosmos, Jahrg. 1922/23.

streifen gelegt (Abb. 22a). Die etwa 5 mm breiten Ränder des überstehenden Papiers werden auf den Kartonstreifen umgeknickt, und dann mit Tragantgummilösung aufgeklebt (Abb. 22b). Da nur die Ränder aufgeklebt sind, befindet sich auf der gegenüberliegenden Seite zwischen Karton und Papier ein Zwischenraum, in den später das Deckglas eingeschoben wird. In den mit Papier umzogenen Kartonstreifen werden in regelmäßigen Abständen kreisrunde Löcher (Abb. 22c) gestanzt, wozu man einen Brieflocher, bei

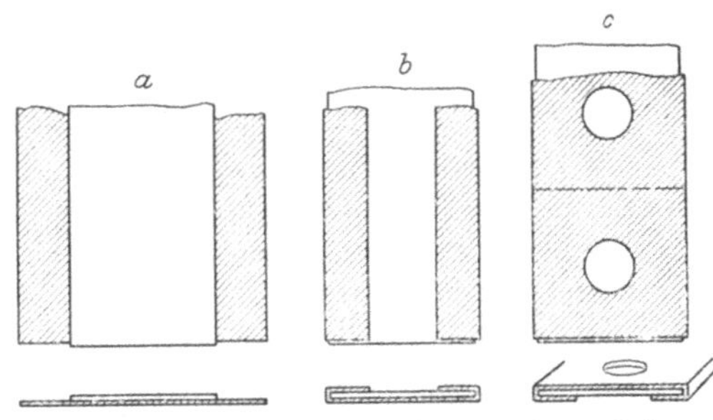

Abb. 22. Herstellung einer „FRANKEschen Zelle" für Mikrofossilien. (Nach A. FRANKE in Keilhack.)

größeren Zellen ein besonderes Eisen verwenden kann. Gut ist es, wenn das Papier vor dem Aufkleben mit etwas größeren Löchern versehen ist, als später in den Karton gestanzt werden, weil sonst beim Betrachten unter dem Mikroskop das Papier lästigen Schatten in die Zelle wirft. Die einzelnen noch zusammenhängenden Zellen werden voneinander getrennt und auf dickeren Karton von der Größe eines normalen Objektträgers geklebt (Abb. 23). Bei größeren Objekten verwendet

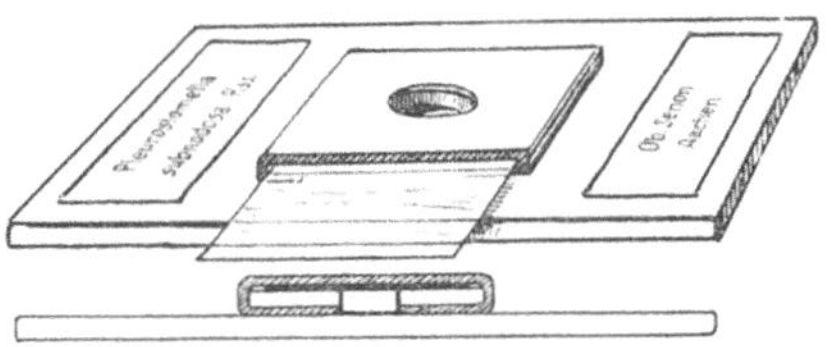

Abb. 23. Die fertige „FRANKEsche Zelle" für kleinere Mikrofossilien.

man einen dickeren Karton, der durchstanzt wird und dann mit der aufgeklebten Zelle einen größeren Hohlraum ergibt (Abb. 24). Die Unterseite dieses Objektträgers muß selbstverständlich mit einem dünnen Karton verschlossen werden. Der Zellenhohlraum wird zweckmäßigerweise mit schwarzer Farbe angemalt. Der Verschluß der Zelle, in welche man die Mikrofossilien lose hineinlegt, wird durch ein Deckglas hergestellt, das seitlich eingeschoben wird.

Man kann nun den Objektträger mit der Zelle unter das

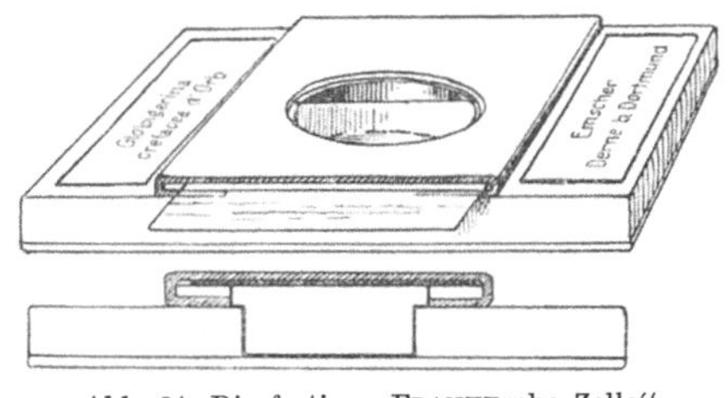

Abb. 24. Die fertige „FRANKEsche Zelle" für größere Mikrofossilien.

Mikroskop legen und die Foraminiferen im auffallenden Licht betrachten. Man kann sie aber auch sehr leicht herausnehmen und einzeln untersuchen, also z. B. in einem Tropfen Xylol unter einem Deckglas im durchfallenden Licht. Da Xylol schnell verdunstet, kann das Exemplar nach der Untersuchung trocken in die Zelle zurückgelegt werden[1].

---

[1] Die Firma Zinndorf in Offenbach a. M., Ludwigstr. 20, stellt ähnliche Zellen aus Zelluloid durch eine Einfräsung und mit verschiebbarem Deckglas her.

Bei Schau- oder Liebhabersammlungen bringt man auf den schwarzen Objektträger einen Tropfen Tragantgummilösung und ordnet auf ihm Objekte stern- oder kreisförmig an. Wenn man dann noch ein Deckglas aufkitten will, muß das Präparat trocken sein, damit später das Glas nicht von innen mit Feuchtigkeit beschlägt.

11. Chemische Präparation.

α) **Mit Säuren.** Aus kalkhaltigen Gesteinen können mit verdünnten Säuren Fossilien herausgeätzt werden, wenn sie chemisch anders zusammengesetzt sind als das umgebende Gestein. Am leichtesten läßt sich dieses Verfahren anwenden, wenn die Versteinerungen verkieselt sind. Auch Graptolithen können aus Kalk mit verdünnter Säure herausgeätzt werden (Näheres hierüber S. 111).

Bei großen und schweren Objekten benutzt man einen von GROSCH[1] erfundenen Apparat, der auf folgende Weise hergestellt wird: In einen Pappkasten mit der Grundfläche 23×37 cm und einer Höhe von 8 cm wird auf der Unterseite des Bodens Millimeterpapier aufgeklebt, durch welches dann von unten her 8 cm lange Nägel schachbrettartig im Abstand von 2 und 1 cm getrieben werden. Nachdem man die Schachtel mit Öl ausgestrichen hat, gießt man eine 2 cm starke, 55gradige Paraffinschicht hinein, läßt diese halb erstarren und steckt auf die herausragenden Nägel 5 cm lange Glasröhren von mindestens 4 mm

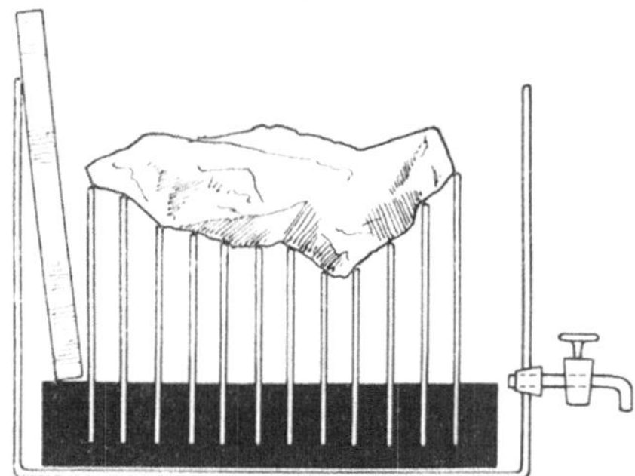

Abb. 25. Ätztrog mit Paraffinplatte (schwarz), Glasstäbe, Gesteinsblock und Ablaßhahn. (Nach GROSCH.)

innerer (lichter) Weite. „An der Seite und möglichst auch zwischen den Glasröhren wird das Paraffin mit einem Messer aufgerissen, um eine innige Verschmelzung mit der folgenden 5 cm dicken Paraffinschicht zu erzielen. Hat man dann den Pappkasten bis zum oberen Rande der Glasröhren mit Paraffin angefüllt, so läßt man langsam erkalten und löst die Pappe durch Einweichen in kaltem Wasser langsam ab." In die Glasröhren steckt man verschiedene lange Glasstäbe ein, deren Länge zwischen 8 und 20 cm schwankt, und zwar so, daß ihre nach oben gerichteten Spitzen der Unterseite des zu ätzenden Gegenstandes angepaßt sind (Abb. 25). Die Paraffinplatte wird von einem Glastrog aufgenommen, der 27×41 cm Grundfläche hat und 28 cm hoch ist. An der Seite befindet sich ein Hahn, um Wasser oder verdünnte Säure abzulassen.

„Hat man eine sichere Unterlage für den in Betracht kommenden Gesteinsblock geschaffen, so füllt man den Glastrog mit Wasser, legt die Paraffinplatte mit den Glasstäben, aber ohne den Gesteinsblock auf die Wasseroberfläche und läßt durch Öffnen des Hahns das Wasser lang-

---

[1] GROSCH: Ein Apparat zur Präparation verkieselter Fossilien. Zeitschr. f. prakt. Geologie. 18. Jg., 30. 1910.

sam abfließen. Die Paraffinplatte senkt sich hierbei auf den Boden des Glasgefäßes. Darauf legt man den Gesteinsblock auf die Glasstäbe. Dann schließt man den Hahn, beschwert die Paraffinplatte an allen vier Seiten mit je einer Glasplatte und füllt die verdünnte Salzsäure (5 Teile Wasser auf 1 Teil Säure) ein. Die verkieselten Fossilien fallen zwischen den Glasstäben hindurch auf die Paraffinplatte oder klemmen sich zwischen ihnen fest. Das Herabstürzen von Gesteinstrümmern ist bei der dichten Stellung der Glasstäbe so gut wie ausgeschlossen; sie verhindern auf diese Weise, daß die ausgeäzten Fossilien von den Gesteinsbrocken zertrümmert werden. Sind nach eventueller Erneuerung der Säure alle Fossilien herausgeätzt, so läßt man die Flüssigkeit durch Öffnen des Hahnes abfließen, entfernt die vier Glasplatten, und füllt den Glastrog mit Wasser an. Die Paraffinplatte hebt sich sodann mit den herausgeäzten Versteinerungen an die Oberfläche und gestattet die weitere Behandlung der Fossilreste, die in alkalisiertem Wasser von der Säure befreit werden müssen."

Nicht immer ist es erwünscht, das Fossil vollständig aus dem Gestein herauszulösen. Vor allem auch dann, wenn andere danebenliegende Versteinerungen vor der Säureeinwirkung geschützt werden sollen. Dann muß das Objekt von einem Schellacküberzug oder von einer dünnen Wachsschicht (s. S. 67f.) überdeckt werden. An der Stelle, die geätzt werden soll, wird die Schutzschicht durch Alkohol oder Benzin wieder entfernt. Die verdünnte Säure wird tropfenweise mit einem Glasstab aufgebracht. Wenn sie auf feinen Klüftchen ins Innere eindringen und dort zerstörend wirken kann, muß das Fossil vor dem Auflegen der Schutzschicht mit Wasser vollständig durchtränkt werden. Zwar wird dadurch nicht verhindert, daß die Säure schließlich doch ins Innere diffundiert; sie ist aber dann so stark verdünnt, daß sie keinen wesentlichen Schaden anrichtet.

Eine andere Methode, ein Objekt auf engbegrenzter Fläche vorsichtig anzuätzen, hat Joh. Walther[1] angegeben. Auf eine lange, fein ausgezogene Pipette, die mit 50vH Salzsäure angefüllt ist, ist ein oben geschlossener Gummischlauch geschoben, mit dem man die Säure in Form kleinster Tröpfchen ausblasen kann. Die Spitze der Pipette bringt man an die zu ätzende Stelle des Fossils, das völlig unter Wasser liegt. Der hochprozentige Säuretropfen wird vorsichtig ausgeblasen; er wirkt nur kurze Zeit ein, weil sogleich eine starke Verdünnung durch das Wasser eintritt. Auf diese Weise ist es möglich, Punkt für Punkt anzuätzen. Mit einem Pinsel entfernt man das schlierenartig sich bildende, stärker angesäuerte Wasser vom Objekt, das auf diese Weise selbst nicht angegriffen wird, wenn man das Wasser im Becken des öfteren erneuert.

Phosphoritische Fossilien werden mit verdünnter Essigsäure behandelt.

Verkieste oder verkalkte Fossilien werden aus kalkfreien Schiefern, Quarziten oder Kieselschiefer, mit Flußsäure

---

[1] Walther, Joh.: Untersuchungen über den Bau der Crinoideen mit besonderer Berücksichtigung der Formen aus dem Solnhofener Schiefer und dem Kelheimer Diceraskalk. Paläontographica *32*, 155. 1886.

herausgeätzt. Es muß unter einem Abzug gearbeitet werden, da die Dämpfe dieser Säure sehr schädlich sind. Man umgibt die zu ätzende Stelle mit einem niedrigen Wall aus Paraffin, gießt die Säure hinein und läßt sie längere Zeit einwirken; dann wäscht man das Objekt mit einer weichen Bürste ab und wiederholt das Verfahren solange, bis der gewünschte Zustand erreicht ist. Verkalkte Fossilien werden von der Säure nur oberflächlich angegriffen; es bildet sich nämlich eine schützende Fluorkalziumschicht, die das weitere Eindringen der Säure hemmt. Die mit Flußsäure herausgeätzten Fossilien besitzen allerdings meist keine große Haltbarkeit; daher kann man das Verfahren bei wertvollen Objekten nicht anwenden.

WETZEL[1] hat einen ziemlich lockeren Kieselkalk aus der Kreide mit verdünnter, etwa 3vH Flußsäure behandelt und danach beobachtet, daß die darin enthaltenen kalkigen Hartgebilde von Organismen, insbesondere Foraminferen in k ü n s t l i c h e K a l z i u m f l u o r i d v e r s t e i n e r u n g e n umgewandelt waren. ,,Dabei zeigte sich, daß die Pseudomorphosen der Kalkskelette bis in alle mikroskopischen Feinheiten so getreu und gleichzeitig so durchsichtig waren, daß sich hiermit geradezu dem Paläontologen eine Präparationsmethode für kalkige Mikrofossilien empfiehlt. Denn solche Objekte bieten wegen der bekannten Lichtbrechungseigenschaften von feinem Kalzitaggregat meist recht ungünstige mikroskopische Bilder dar, während die Pseudomorphosierung unter Anwendung nicht allzu verdünnter Säuren nichts zerstört, sondern nur die einzelnen Gebilde isoliert und durchsichtig macht. Das Verfahren dürfte ziemlich allgemein anwendbar sein, wenn feine Kalkskelette aus einem im übrigen nicht kalkhaltigen Sediment isoliert und zu brauchbaren mikroskopischen Präparaten verarbeitet werden sollen.''

WETZEL benutzte ein verschließbares Hartgummigefäß und ließ die Säure während einiger Tage einwirken.

Bei der Präparation mit Säuren kann auch der umgekehrte Weg eingeschlagen werden, indem man nicht das umgebende Gestein, sondern das F o s s i l a u f l ö s t und dadurch einen Hohlraum schafft; allerdings ist die paläontologische Untersuchung dann nur noch auf den freigelegten Abdruck beschränkt.

,,Wenn es sich darum handelt, s c h w a r z e , i n d u n k l e n b i t u m i n ö s e n K a l k e n oder ebensolchen k a l k i g e n S c h i e f e r n liegende K n o c h e n[2] sichtbar zu machen, so eignet sich hierzu verdünnte Phosphorsäure in hervorragender Weise, indem sie das bituminöse Gestein zersetzt und es hellgrau bis hellbraun färbt, die zum großen Teile aus Kalziumphosphat bestehenden Knochen jedoch nicht verändert, so daß sie schwarz auf hellem Grunde erscheinen. Natürlich ist jede solche Platte nach der Behandlung gut abzuwaschen, auch darf die Phosphorsäure je nach der Konzentration nur kurze Zeit, etwa $1/_2$ Minute lang, auf der Platte belassen werden.''

---

[1] WETZEL: Darstellung von Flußspat bei Zimmertemperatur. Zentralbl. f. Min. 1921. 447.

[2] NOPCSA: Praktische Erfahrungen. Paläontol. Zeitschr. *5*, 382. 1923.

Soll während der Beobachtung unter dem Mikroskop ein Dünnschliff geätzt werden, dann benutzt man nicht Salzsäure, deren Dämpfe dem Auge und dem Instrument schaden, sondern Phosphorsäure.

Selbstverständlich muß nach jedesmaligem Arbeiten mit Säure das Objekt gut und wiederholt abgewaschen werden.

β) Mit Alkalien. Mit Ätzkali (KOH) präpariert man kalkige, verkieste oder verkieselte Versteinerungen, die in harten Ton oder Mergel eingehüllt sind, auch wenn der Mergel stark kalk- oder kieselsäurehaltig ist. Ganz besonders zweckmäßig ist die Anwendung zum Reinigen von Fossilien mit feinen und komplizierten Verzierungen, welche durch Meißel und Nadel leicht verletzt würden. Man legt das Fossil zuerst in eine möglichst konzentrierte Lösung von Ätzkali, die meistens den größten Teil des Tones oder Mergels entfernt. Wenn man die Lösung heiß anwendet, so wirkt sie noch schneller und vollkommener, doch muß man beim Kochen der Fossilien in Ätzkalilösung große Vorsicht anwenden, da sonst leicht die kalkige Schale der Versteinerungen angegriffen wird. In der kalten konzentrierten Lösung läßt man die Objekte 24—48 Stunden, dann werden sie herausgenommen und in Wasser gewaschen, dem man einige Tropfen Salzsäure zusetzt. Beim Waschen der Fossilien muß man Gummihandschuhe oder Gummifinger benutzen, da Ätzkali die Haut angreift. Nach dieser ersten Behandlung wird die Versteinerung daraufhin untersucht, ob an einzelnen Stellen größere Mengen von Mergel zurückgeblieben sind. Ist dies der Fall, dann legt man das Objekt in eine Schale, mit der zu ätzenden Seite nach oben und bedeckt den Mergel mit kleinen Stücken von Ätzkali. Man läßt nun 12—24 Stunden einwirken, wäscht dann die Fossilien von neuem in angesäuertem Wasser und bürstet den Mergel mit einer steifen Bürste vollständig herunter. Das Verfahren wird solange wiederholt, bis das Objekt vollkommen rein ist. Da man bei einem erstmaligen Versuch nicht weiß, ob das Ätzkali schneller oder langsamer einwirkt, so empfiehlt es sich anfangs den Prozeß nach kurzer Zeit zu unterbrechen, um den Fortschritt in der Reinigung zu kontrollieren[1].

Ätzkali löst nicht nur Ton und Kieselsäure, es führt auch ein Quellen des Mergels herbei, wobei empfindliche Stücke leicht zerrissen werden können. Man kann diese Eigenschaft ausnützen, wenn man z. B. die Schalen einer doppelklappigen Muschel öffnen will. Man reinigt zuerst den Rand rings herum durch Auflegen von Stückchen Ätzkali; dann sucht man diejenigen Stellen, wo die Schalen etwas klaffen und läßt dort Ätzkali einige Tage lang einwirken; gewöhnlich gelingt es bei einiger Ausdauer, die Bivalven vollständig zu öffnen. Nach den Erfahrungen von Böse und von Vigier ist Ätznatron (NaOH) für Präparationszwecke ungeeignet.

In hervorragender Weise gelang A. Schwarz[2] durch die Anwendung

---

[1] Nach E. Böse und v. Vigier: Über die Anwendung von Ätzkali beim Präparieren von Versteinerungen. Zentralbl. f. Min. 1907. 305.

[2] Schwarz, A.: Ein Verfahren zur Freilegung von Radiolarien aus Kieselschiefern. Senckenbergiana *6*, 239—244. 1924. Eine ausführlichere Beschreibung wird von Herrn Schwarz später veröffentlicht.

von Alkalihydroxyden und -karbonaten die Präparation von Radiolarien aus Kieselschiefer (Abb. 26). Dieser Erfolg ist um so
höher einzuschätzen, als hier der chemische Unterschied zwischen Mikrofossilien und umgebenden Gestein außerordentlich gering ist.

Abb. 26. Aus Kieselschiefer herausgeätzte Radiolarien aus dem Unterkarbon von Werdorf/Dill.
Vergr. 100 fach. (Phot. A. Schwarz. Aus „Natur u. Museum.")

A. Schwarz wandte Lösungen von Kalium-, Natrium hydro-
oxyd und -karbonat in verschiedener Mischung und Konzentration bei verschiedener Temperatur und verschie-

denem Druck und bei verschieden langer Einwirkungsdauer
an. Er betont, daß „ein Universalrezept zur Präparation von Kieselschiefern nicht gegeben werden kann; denn die für die Größe der Lösungsgeschwindigkeit maßgebenden Faktoren ändern sich von Schicht
zu Schicht. Kleine Verschiedenheiten in der Zusammensetzung
genügen schon, den Ätzvorgang in unerwünschte Bahnen zu lenken.
Deshalb ist auch die gleichmäßige Ätzung einer größeren Fläche,
wie man sie an senkrecht zur Schichtung gewonnenen Schnitten hat,
selten zu erreichen. Dennoch empfiehlt es sich, mit derartig orientierten
Schnitten zu arbeiten, weil die ebenen Flächen die mikroskopische Beobachtung außerordentlich erleichtern. Geradezu unerläßlich sind sie
aber bei Mikroaufnahmen, die anders gar nicht zu machen sind. Die als
besonders reichhaltig erkannten Schichten untersucht man nachher in
Horizontalschnitten.

Die Ätzungen nimmt man am besten in eisernen Gefäßen vor. Glas-
rohre werden bei Anwendung von hohem Druck im Bombenofen gebraucht, während Karbonatschmelzen im Platintiegel gemacht werden.
Wasserbad, Luftbad, Bunsenbrenner und Gebläse gestatten die Wahl beliebig hoher Temperaturen. Beim Ätzen auf dem Wasserbad, das sich
bei schwachen Konzentrationen oft tagelang hinzieht, sorgt man durch
geeignete Apparatur dafür, daß die Konzentration der Ätze konstant
bleibt.

Durch eine Probeätzung von wenigen Minuten Dauer in stark er-
hitzter kaltgesättigter Natronlauge, verschafft man sich Klarheit, über
das ungefähre Löslichkeitsverhältnis von Grundmasse, Steinkern und
Skelett. Die Natronlauge bleicht manche Gesteine derart, daß die Radiolarien sich nicht mehr von der Grundmasse abheben. Bei Anwendung
von Kalilauge bleibt die Grundmasse dagegen dunkel, doch werden die
Radiolarien sehr leicht angeätzt.

Wenn man durch eine Reihe von Versuchen das günstigste Mischungs-
verhältnis festgestellt hat (es müssen natürlich immer orientierte, zusammengehörige Stücke genommen werden), beginnt man mit der eigentlichen Ätzung auf dem Wasserbad. Die verhältnismäßig niedrige
Temperatur der schwachen Ätze bewirkt bei entsprechender Ätzdauer
eine Lockerung des Gefüges. Hierbei werden die Steinkerne meist zuerst
angegriffen. Bei vorsichtigem, stufenweisen Steigern von Temperatur
und Konzentration (Übergang zum Luftbad oder Gebläse, Überführung
in Schmelze, wird die Lösungsgeschwindigkeit der Grundmasse größer.
Eine wirksame Kontrolle ist bei der Schnelligkeit der Ätzung in heißen
konzentrierten Laugen unmöglich. In diesem Falle nimmt man die
Stücke in der Nähe des Ätzungsoptimums in Zeitabständen von wenigen
Sekunden heraus und stellt nachträglich die günstigste Ätzzeit fest.
Die weiteren Ätzungen, die man unter genauer Einhaltung derselben
Bedingungen vornimmt, werden dann im gegebenen Augenblick durch
rasches Abgießen der Ätze in ein bereitstehendes trockenes Gefäß unter-
brochen.

Alle diese Umständlichkeiten sind nicht zu vermeiden. Man kann sich
nicht darauf verlassen, daß nach dem Verschwinden der obersten Schicht

einfach die tieferliegenden Radiolarien zum Vorschein kommen: Bei
schwächeren Ätzen verdecken die Trümmer der oberen Schichten alles,
was darunter liegt, und bei zu langer Einwirkung starker Ätzen ändert
sich das Verhältnis der Lösungsgeschwindigkeiten. Eine narbige Oberfläche läßt dann noch erkennen, wo einst Radiolarien gesessen haben.

Von einer völligen Isolierung der einzelnen Radiolarien — durch
Übertragen in ein anderes Medium — muß abgeraten werden; sie vertragen eine derartige Behandlung meist sehr schlecht. Falls die Präparate haltbar sein sollten, muß unbedingt in öfters zu erneuerndem Wasser
aufs gründlichste ausgekocht werden, sonst machen die auftretenden
Ausblühungen in kurzer Zeit die Stücke unbrauchbar."

γ) **Glühen.** Durch allmählich gesteigertes Glühen hat GÜM-
BEL[1] dichten Kalkstein langsam in weichen Ätzkalk verwandelt und
dann durch längeres Liegenlassen an der Luft oder unter Kohlensäure
wieder in kohlensauren Kalk umgesetzt. Im letzten Falle bringt man
den Ätzkalk unter eine Glasglocke mit Ölabschluß und leitet durch ein
Chlorkalziumrohr entwässerte Kohlensäure solange ein, bis der Kalk
keine Kohlensäure mehr aufnimmt, d. h. bis das Niveau des Öls sich
gleich hält. Nun kann die mechanische Präparation in dem kreideweichen
Gestein vorgenommen werden, wobei bisweilen der Nachteil besteht, daß
die Grenzen zwischen Fossil und Nebengestein oft sehr undeutlich oder
unsichtbar sind. Durch Tränken mit einer sehr verdünnten, schwach
gefärbten Kanadabalsam- oder Lacklösung werden sie aber wieder
sichtbar. Ein weiterer Nachteil besteht darin, daß beim Glühen große
Stücke leicht zerspringen, was nur durch ganz allmähliches Erwärmen
verhindert werden kann.

δ) **Herstellung künstlicher Steinkerne nach** BEISSEL[2]. Durch
die Herstellung künstlicher Steinkerne können die Wachstumsverhält-
nisse der Foraminiferengehäuse viel besser klar gestellt werden als
durch Untersuchung aufgebrochener oder angeschliffener Exemplare.
Die Schalen müssen natürlich hohl sein und möglichst reine Kammern
haben. Sie werden äußerlich gereinigt und dann in eine mit Kieselsäure
gesättigte Wasserglaslösung gelegt, welche man in der Weise herstellt,
daß man zu einer Lösung käuflichen Wasserglases soviel Kieselgallerte
hinzufügt, daß ein Überschuß von ihr bleibt. Nach langsamem An-
wärmen zum Austreiben der Luft aus den Schalen dampft man die
Lösung bis zur Syrupdicke möglichst langsam ein; am besten durch Ver-
dunstung bei Zimmertemperatur, was etwa 12 Stunden dauert. Die
Flüssigkeit ist dabei öfters umzurühren, damit sich keine Haut auf der
Oberfläche bildet. Hierauf werden die Schalen mittels eines Pinsels

---

[1] GÜMBEL: III. Untersuchungsart dichter Kalksteine. N. Jahrb. f. Min.
1873. 302. — Erwähnt sei auch WULFF, R.: Ein Beitrag zur Präparation fossiler
Korallen. Zentralbl. f. Min. 1916. 445. Durch Erhitzen wurde die Korallen-
struktur in bituminösen Gesteinen sichtbar gemacht. Durch diese Methode
wird aber das Gesteinsgefüge so stark beansprucht, daß sie wohl keine größere
Anwendung finden dürfte, zumal man ja im Dünnschliff auch bei sehr dunklem
Material viel bessere Beobachtungen anstellen kann.
[2] BEISSEL: Die Foraminiferen der Aachener Kreide. Abhandl. d. Pr. Geol.
Landesanstalt. N. F. 1891. 3, 5.

aus der Flüssigkeit genommen und in eine flache Schale mit einer Lösung von Ammoniak übergossen, welche mit etwas Kupfervitriollösung blau gefärbt ist. Sind die Schalen von der Flüssigkeit durchdrungen, so gießt man diese bis auf einen kleinen Rest ab, welcher dann möglichst vorsichtig mittels Salzsäure neutralisiert wird, wobei darauf zu achten ist, daß die Schalen nicht angegriffen werden. Dann wird die Flüssigkeit langsam eingedampft, die Schalen werden herausgenommen und, nachdem sie vollständig ausgewaschen sind, wieder in Wasserglas gelegt, und das Verfahren von vorher wiederholt. Am besten ist es, wenn man die Operation dreimal vornimmt, oft genügt aber auch ein zweimaliges Fällen von Kieselsäure in den Kammern. Nun bringt man die Schalen in Wasser in einem Uhrglase und setzt vorsichtig tropfenweise Salzsäure zu, damit die kalkige Gehäusesubstanz aufgelöst wird. Erst jetzt kann man die Foraminiferen zur Entfernung der letzten Schalenreste in konzentrierte Säure bringen und erwärmen. Die leicht zerstörbaren Steinkerne werden nun, ohne sie zu berühren, ausgewaschen und dann durch Alkohol getrocknet. Die fertigen Steinkerne werden in Kanadabalsam auf einen Objektträger eingebettet und eignen sich nun zur mikroskopischen Untersuchung.

ε) **Nachweis von Chitin.** Unter den verschiedenen organischen Skelettsubstanzen — wie z. B. Keratin als Schutzgebilde bei Wirbeltieren (Haare, Hufe, Horn), Spongin bei Hornschwämmen, Cornein bei der rezenten Korallengattung *Gorgonia*, Conchin in Schalen von Lamellibranchiaten und Gastropoden — spielt bei den Fossilien das Chitin durch seine erstaunliche Widerstandsfähigkeit gegen geologische Zerstörungskräfte[1] eine besondere Rolle. Auch von Säuren (Salz- oder Flußsäure) wird Chitin nicht aufgelöst, was z. B. für die Präparation von Graptolithen von Bedeutung ist (s. S. 111). Das Chitin besteht aus einer kohlenhydratischen Grundlage, die P. SCHULZE mit Zellulose vergleicht. Dieser Grundlage sind weitere organische Substanzen eingelagert, die man als Inkrusten bezeichnet. Außerdem kann kohlensaurer Kalk eingelagert sein. Es bestehen hier ähnliche Verhältnisse wie beim Holz, das sich aus Zellulose und dem in Diaphanol löslichen Lignin zusammensetzt. Zellulose kann erst dann mikrochemisch nachgewiesen werden, wenn das Holz vom Holzstoff, dem Lignin, zum größten Teil befreit ist. Ebenso gelingt der Chitinnachweis meist erst dann, wenn die organischen Inkrusten[2] zum mindesten teilweise beseitigt sind. Dies geschieht, durch Behandlung mit Diaphanol[3], einer gesättig-

---

[1] RAUFF hat schon in seiner Arbeit „Über Paläospongia prisca Bornem. usw." (N. Jahrb. f. Min. 1891. II, 98) darauf hingewiesen, daß „Reste chitiniger Leibeshüllen in ausgezeichneter Erhaltung und in Mengen von den ältesten Formationen an" gefunden werden.

[2] Der botanischen Nomenklatur: Verholzte Zellwand = Zellulose + Inkruste (Lignin) entspricht in der Zoologie: Chitin = „Zellulose" + Inkruste. Die zoologische Nomenklatur ist insofern nicht so klar, wie die botanische, weil die Autoren mit Chitin bald das gesamte unzerlegte Material, bald nur den der Zellulose entsprechenden Bestandteil als Chitin bezeichnen. Ersteres erscheint uns als das Richtigere.

[3] Diaphanol kann durch die Franckh'sche Verlagsbuchhandlung in Stuttgart bezogen werden.

ten Lösung von Chlordioxyd in Essigsäure. Das zu untersuchende Objekt wird mit Diaphanol übergossen, das unter Lichtabschluß 1—8 Tage bei Zimmertemperatur einwirken muß. Das Chlordioxyd ist dann verschwunden; die Essigsäure gießt man ab, und das aufgehellte Objekt wird abgewaschen, um entweder histologisch[1] unter dem Mikroskop oder mikrochemisch auf Chitin untersucht zu werden.

H. v. LENGERKEN[2] hat einen aus interglazialen Torfablagerungen stammenden Hirschkäfer mit Diaphanol behandelt. Schon nach kurzer Einwirkungsdauer „hatten die vorher gänzlich bröckeligen Chitinteile die Elastizität des rezenten Chitins angenommen. Sie ließen sich biegen, rollen, mit der Schere schneiden und zeigten denselben Zerreißungswiderstand wie das in gleicher Weise behandelte rezente Chitin". Die mikroskopische Untersuchung ergab ferner, daß das fossile Chitin strukturell bis in die feinsten Einzelheiten wie rezentes Material erhalten war.

Den gleichen Erfolg hatte H. v. LENGERKEN bei der Untersuchung von tertiären Bernsteineinschlüssen. Während man bisher annahm, daß von den in Bernstein erhaltenen Tieren nichts anderes als ihr Abdruck, ein leerer Hohlraum, vorhanden sei, präparierte der genannte Forscher[3] mit der Nadel eine Reihe kleiner Käfer heraus. „Hierzu eignen sich am besten Stücke, die vorher längere Zeit in Alkohol gelegen haben und dann an der Luft getrocknet worden sind. Der Bernstein wird durch diese Methode so brüchig, daß er in Brocken leicht abzutragen ist." Die herauspräparierten Fossilreste haben eine braunschwarze Färbung, welche von einer Anreicherung mit Kohlenwasserstoffen herrührt; diese werden durch Behandlung mit Diaphanol zerstört. Die Objekte sind dann ebenso elastisch und aufgehellt, wie die oben besprochenen. Unter dem Mikroskop konnte die histologische Beschaffenheit des fossilen Chitins oft besser erkannt werden als bei rezenten Arten. Auch bei dem obersilurischen Gigantostraken *Eurypterus Fischeri* EICHW. hat H. v. LENGERKEN das Chitin auf gleiche Weise nachgewiesen. Schließlich sei noch erwähnt, daß KRAFT[4] bei silurischen Graptolithen das Chitin ebenfalls zu ermitteln vermochte.

Von den mikrochemischen Chitinreaktionen, die in der Zoologie vielfach erprobt und die zum Teil mit gutem, zum Teil auch mit negativem Erfolg auf fossiles Chitin angewandt wurden, können wir hier nur zwei Reaktionen besprechen, nämlich die α-Naphtholreaktion nach P. SCHULZE und KUNIKE, die von H. v. LENGERKEN[3] angewandt wurde, und die Thymolreaktion nach MOLISCH[5] in der von KRAFT abgeänderten

---

[1] Histologie ist die Lehre von dem feineren, meist nur mit Hilfe des Mikroskops zu ermittelnden Bau des Tierkörpers (Gewebelehre).

[2] v. LENGERKEN, H.: Über Widerstandsfähigkeit organischer Substanzen gegen natürliche Zersetzung. Biol. Zentralbl. *43*, 546. 1923.

[3] v. LENGERKEN, H.: Über den Erhaltungszustand von Bernsteininklusen. Sitzungsber. d. Ges. naturforsch. Naturfreunde, Berlin, Jg. 1921, 84. — Ders.: Über fossile Chitinstrukturen. Verhandl. d. Dtsch. Zool. Ges. *27*, 73. 1922.

[4] KRAFT: Ontogenetische Entwicklung und Biologie von *Diplograptus* und *Monograptus*. Paläontol. Zeitschr. *7*, 207. 1926.

[5] MOLISCH: Zwei neue Zuckerreaktionen. Monatsh. f. Chemie *7*, 198 u. 202. 1886. — Außerdem KOHNHEIM, O.: Chemie für Eiweißkörper. Braunschweig 1900.

Form. Die Schilderung der übrigen würde zu weit führen; sie können in der unten zitierten Literatur[1] nachgelesen werden. Das in Diaphanol deinkrustierte Objekt wird in konzentrierter Schwefelsäure gelöst. Setzt man einige Tropfen einer Lösung von α-Naphthol in 50proz. Alkohol zu, so tritt die Chitinreaktion durch Violettfärbung ein.

KRAFT hat die Thymolreaktion etwas umgestaltet und dabei eine außerordentliche Empfindlichkeit erzielt. „Das Objekt wird in die kleinen, etwa 5 cm langen, planparallelen, etwas platt gedrückten Röhrchen (solche, die man zur Aufbewahrung der Foraminiferen gebraucht) gebracht. Daraufhin wird dieses kleine Reagenzröhrchen bis $^1/_3$ seines Inhaltes mit Hilfe einer Pipette mit konzentrierter (aber nicht rauchender) Schwefelsäure gefüllt. Nun wird das Röhrchen mit konzentrierter Schwefelsäure und dem darin enthaltenen Objekt etwas über dem Bunsenbrenner erwärmt. Das Objekt löst sich meistens bald in der Schwefelsäure ziemlich auf. Die warme Schwefelsäure verwandelt die Chitinsubstanz, Zellulose usw., in denen die Kohlehydrate vorhanden sind, in Furfurol. Beim fossilen Chitin ist es zweckmäßig, das Röhrchen etwa 2 Minuten lang über der Gasflamme zu halten, um durch Kochen in Schwefelsäure die Überführung des schwerer löslichen fossilen Chitins und dessen Kohlehydrate in Furfurol zu erleichtern und zu beschleunigen. Bei Graptolithen habe ich einfach abgesprengte Stückchen des im Gestein verkohlten Chitins benutzt, ohne es vorher in Chlordioxyd-Essigsäure (Diaphanol) zu entfärben. Es kann das aber auch sonst geschehen, die Empfindlichkeit der Reaktion leidet darunter nicht. Sobald die Röhrchen mit der in Schwefelsäure gelösten Substanz abgekühlt sind, werden zu derselben 2—4 Tropfen der alkoholischen Thymollösung hinzugefügt. Die Thymollösung besteht aus 1 g Thymol und 6 g 95proz. Alkohol. Sobald die paar Tropfen der Thymollösung in Berührung mit der Schwefelsäure kommen, entsteht eine weiße bis zartrosa Trübung, die sich oft nach einigen Stunden aufhellt. Im positiven Falle wird beim Chitin eine zartrosa (mit einem Strich ins Violette) Färbung der Flüssigkeit eintreten. Diese Reaktion ist bei *Monograptus* sowie auch bei *Diplograptus* in allen Fällen positiv ausgefallen und zwar genau so schön und deutlich wie auch bei einem Kontrollstück von rezentem Chitin."

12. Färben.

Strukturen bei fossilen Korallen, die weder an der Oberfläche noch im Schliff erkennbar waren, konnten von O. KÜHN[2] mit Hilfe verschiedener Färbungsmethoden sichtbar gemacht werden. Je nach der Ge-

---

[1] KUNIKE: Nachweis von Verbreitung organischer Skelettsubstanzen bei Tieren. Zeitschr. f. vergl. Physiol. *2*, 233. 1925. — SCHULZE, P.: Über Beziehungen zwischen pflanzlichen und tierischen Skelettsubstanzen und über Chitinreaktionen. Biol. Zentralbl. *42*, 388. 1922. — SCHULZE, P. u. KUNIKE, G.: Zur Mikrochemie tierischer Skelettsubstanzen. Ebenda *43*, 556. 1923. — SCHULZE, P.: Der Nachweis und die Verbreitung des Chitins. Zeitschr. f. Morphol. u. Ökol. d. Tiere *2*, 643. 1924. — Ders.: Chitin in Enzyklopädie der mikroskopischen Technik. S. 308.
[2] KÜHN, O.: Sichtbarmachung fossiler Strukturen durch Färbung. Zentralbl. f. Min. usw. 1925. Abt. B, 335.

steinsbeschaffenheit (Fossilien in Mergel und feinem Sandstein, verkalkte oder verkieselte Objekte) empfiehlt er verschiedene Verfahren, die wir nachfolgend beschreiben. Handelt es sich dagegen um Wirbeltierknochen, dann dürfte die in der Anatomie und Histologie rezenter Organismen angewandte Färbetechnik, wie sie von E. Stromer[1] empfohlen wird, zur Anwendung kommen, sofern das fossile Material durch mineralogische Umsetzungen nicht allzu stark verändert ist. Eine Färbung ist nur dann erfolgreich, wenn das Fossil eine andere Durchlässigkeit für die färbende Flüssigkeit besitzt, wie das umgebende Gestein. Ist die Porosität in beiden Fällen gleich, dann ist das Stück gleichmäßig gefärbt und bietet gegenüber dem ungefärbten Dünnschliff oder Anschliff keinen Vorzug.

α) **Fossilien in Mergel und feinen Sandsteinen.** Kühn empfiehlt die Anwendung von „Patentblau V, der Farbenfabriken vorm. Meister, Lucius und Brüning in Höchst a. M., einem Farbstoff, der chemisch indifferent ist, außerordentlich rasch bis in die feinsten Kapillaren diffundiert und dort aufgespeichert wird. Diese Eigenschaften zeigte er auch bei der Verwendung an Fossilien. Feine Sandsteine und Mergel färbte er in wenigen Sekunden tiefblau; an Gosaukorallen brachte er den Gegensatz von Kalkskelett und Mergelausfüllung, die vorher gleichgefärbt und nur mit Mühe wahrnehmbar waren, wirksam zur Geltung. Bei vollständiger Verkalkung oder Verkieselung erwiesen sich solche Anilinfarben als ungeeignet“.

β) **Verkalkte Fossilien.** „Falls das Objekt geschliffen oder geschnitten wird, reinige man es zunächst von etwa anhaftendem Petroleum mittels Sodalösung. Schönere Bilder erhält man jedoch, wenn man das geschnittene oder grob angeschliffene Objekt erst nach dem Färben fein schleift. Übrigens werden die Strukturen bei diesem Verfahren so deutlich, daß man sehr oft gar keine Schliffe mehr braucht.

Die Fossilien werden zunächst in einer kalt gesättigten Lösung von rotem Blutlaugensalz einige Stunden oder Tage liegen gelassen; Erwärmen der Lösung beschleunigt ihr Eindringen, doch soll sie nicht kochen. Wenn die Rotfärbung deutlich sichtbar ist, wäscht man die Fossilien mit Wasser mehrmals ab und bringt sie in eine ebenfalls kalt konzentrierte Eisenvitriollösung; auch hier wirkt Erwärmen beschleunigend. Man erhält so eine schöne dunkelblaue Grundfärbung, von der sich die ungefärbten dichteren Kalkpartien scharf abheben. Man sieht dann z. B. bei den Korallen nicht nur Mauerblatt, Septen und Zentralteile, sondern kann ohne Dünnschliffe auch die einzelnen Trabekel wahrnehmen und photographieren.

Weder durch Anätzen mit Säure, noch mittels warmen Kaliumhydroxyds habe ich jemals so deutliche Strukturen erhalten, als mit dieser Methode. Vor allem aber war die Präparation nicht so bequem und das Präparat nicht gleich ohne Dünnschliff zur Photographie geeignet.

Eine gleiche Färbung erhält man bei der Verwendung von gelbem Blutlaugensalz (billiger als das rote) und Ferrichlorid; die Färbung be-

---

[1] Stromer, E.: Paläozoologisches Praktikum 50.

steht in beiden Fällen darin, daß in den feinsten Hohlräumen durch Kapillarwirkung trotz des Abwaschens die Lösung zurückbehalten wird und beim Aufsteigen der zweiten Lösung mit dieser der blaue Farbstoff (Berliner- bzw. Turnbulls Blau) erzeugt wird. Versagt hat diese Methode nur dort, wo der Kalk stärker kristallinisch war, wie es leider bei Heterocönien der Gosau, sowie bei Asträiden Kleinasiens nicht selten ist. Hier ist eben die Struktur nicht unsichtbar oder schwer sichtbar, sondern vollständig zerstört."

γ) **Verkieselte Fossilien.** O. Kühn hat bei verkieselten Fossilien die von O. Dreher[1] beschriebenen Methoden der Achatfärbung mit Erfolg angewandt. Das oben beschriebene Verfahren zum Blaufärben verkalkter Versteinerungen kann auch auf verkieselte Objekte angewandt werden. Ferner stehen noch folgende Methoden zur Verfügung, über die wir nach der Arbeit von Dreher berichten.

Rotfärben. Das zu färbende Objekt wird in eine Lösung salpetersauren Eisens gelegt, und zwar wird es bis zu 3 mm Dicke etwa 6 bis 10 Tage, bis zu 6 mm 2—3 Wochen, bis zu 10 mm 3—4 Wochen darin getränkt. Dickere Steine werden selten durchgefärbt. Achat wird gewöhnlich in fertig geschliffenem Zustand getränkt und nachher „gebrannt". Es empfiehlt sich, zweimal zu tränken, d. h. nach dem erstenmal trocknet man das Objekt bei etwa 100⁰ und legt es dann wieder in die Lösung. Nach dem Herausnehmen müssen die Steine in der Wärme sorgfältig getrocknet werden, wozu kleinere Objekte 2—3 Tage, größere 8—10 Tage brauchen. Man läßt sie nicht erkalten, sondern beginnt sofort anschließend das „Brennen", d. h. man erhitzt sie in einem geschlossenen Tiegel und steigert die Wärme allmählich bis zu der Temperatur, bei welcher Eisen rotglühend wird. Dann hört man auf und sorgt dafür, daß keine plötzliche Abkühlung stattfindet. Man unterlasse vor allem das Aufdecken des Tiegels vor der vollständigen Erkaltung. Das Erhitzen und Abkühlen darf nur ganz allmählich geschehen, damit das Objekt nicht zerspringt. Durch das Brennen wird das salpetersaure Eisen in rotes Eisenoxyd umgewandelt.

Grünfärben. Die Objekte werden in eine Chromsäurelösung, die man aus 1 Liter Wasser und ebensoviel Chromsäure herstellt, gebracht und bleiben darin 8—14 Tage. Bei einer Dicke von 3—10 mm sind 2—8 Wochen notwendig. Dann bringt man sie in einen erwärmten und verschlossenen flachen Tiegel und läßt kohlensaures Ammoniak in kleinen Stücken wenigstens 14 Tage lang einwirken. Dann werden die Steine getrocknet und allmählich stark erhitzt. Hierbei entsteht Chromoxyd, welches den Stein grün färbt.

Schwarzfärben. Die Steine bringt man in eine lauwarme Zuckerlösung, welche aus 375 g Zucker auf 1 Liter Wasser hergestellt wird. Sie bleiben darin 2—3 Wochen; von Zeit zu Zeit muß das eventuell verdunstete Wasser wieder ergänzt werden. Dann bringt man die Steine in konzentrierte Schwefelsäure, welche das Wasser vollständig entzieht, so

---

[1] Dreher: Das Färben des Achates. Idar: E. Keßler 1913. — Bauer: Edelsteinkunde, Leipzig 1909, behandelt S. 642 ebenfalls das Färben des Achates.

daß der Zucker zu Kohlenstoff reduziert wird. Es empfiehlt sich, die Schwefelsäure langsam zu erwärmen und dann 15—20 Minuten zu kochen. Das Stück ist dann schwarz gefärbt und muß zur Entfernung der Schwefelsäure längere Zeit in kaltem Wasser ausgewaschen werden.

d) **Knochen.** Nach E. STROMER ist selbst bei mesozoischen Wirbeltierresten noch genügend organische Substanz vorhanden, um eine künstliche Färbung wie bei rezenten Skeletten anwenden zu können.

„Man färbt den auf der einen Seite fertigen Schliff mit einem in Wasser unlöslichen Farbstoff, z. B. durch wiederholtes Kochen in alkoholischer und gesättigter **Fuchsinlösung**, die man dann langsam trocknen läßt und deren Überschuß nach dem Trocknen abgeschabt wird. Man kann dann noch nachfärben, bevor der fertige Schliff überdeckt wird. Das Schleifen darf nicht mit Wasser geschehen, sondern mit Xylol. Man kann nach WHITE[1] auch die mäßig dünnen Schliffe mit Kollodiumlösung tränken, die mit Fuchsin gefärbt ist. Es wird dazu Fuchsin in Äther-Alkohol gelöst und dann Schießbaumwolle zugesetzt. Der Schliff wird zuerst mindestens 24 Stunden in Äther gelegt, dann in diese Lösung und schließlich in 70—80 proz. Alkohol, bevor er ganz dünn geschliffen wird. Bei dem Einbetten soll er nur wenig oder nicht erwärmt werden. Oder man legt den fertigen Dünnschliff vor der Überdeckung in 1—3 proz. wässerige Eosinlösung, bis der nötige Grad der Rotfärbung erreicht ist. Man stellt dies fest, indem man das überflüssige Eosin vom Präparat mittels Filtrierpapier absaugt und es in nassem Zustande untersucht.

Am besten ist wohl eine bisher nur bei rezenten Zähnen angewandte Methode[2]. Man stellt durch Feilen möglichst dünne Blättchen her, da durch Schleifen das Schleifpulver die feinen Hohlräume verstopfen würde, spült das Präparat gut aus und läßt es dann völlig trocknen. Hierauf erhitzt man es etwas auf einer Glasplatte und bringt es für etwa 5 Minuten in Äther, der dabei etwas aufzischen muß. Dadurch wird eine möglichst vollkommene Erfüllung der feinen Hohlräume mit Äther erreicht. Nun erhitzt man etwa 20 ccm filtrierte konzentrierte Lösung von **Diamantfuchsin** in absolutem Alkohol in einem offenen Schälchen, läßt das Objekt rasch in die kochende Lösung gleiten, kocht noch fünf Minuten weiter, kühlt bis unter + 34⁰ C ab und dampft dann nach erneutem Erwärmen bei etwa 70⁰ C zur Trockene ein. Von dem getrockneten Objekt wird dann das daran haftende **Fuchsin** abgekratzt. Da man mit diesem Farbstoff Wasser oder wasserhaltige Stoffe nicht in Berührung bringen darf, muß das Schleifen in Vaselineöl oder in Benzin geschehen und der Schliff mit letzterem von dem Öl gereinigt werden. Schließlich wird er statt in Kanadabalsam besser in pulverisiertem Kolophonium, das in wasserfreiem Benzin gelöst ist, eingebettet.“

---

[1] WHITE: A new method of infiltrating osseous and dental tissues. Journ. R. Microsc. Soc. London *1*, 307—308. 1891.

[2] WALKHOFF: Die normale Histologie menschlicher Zähne einschließlich der mikroskopischen Technik. Leipzig 1901. S. 157—161.

b) Das Abbilden von Fossilien.

Die Herstellung guter Abbildungen ist eine wesentliche Voraussetzung für jeden Fortschritt in der wissenschaftlichen Systematik. Die Bestimmung von Fossilien beruht meistens auf dem Vergleich mit einer Abbildung. Nicht immer ist es einem Bearbeiter möglich, das zu untersuchende Stück mit einem Original (d. h. mit dem bereits beschriebenen und abgebildetem Exemplar) oder mit einem davon hergestellten Gipsabguß zu vergleichen. Manche Abbildungen in der Literatur sind unzureichend, bisweilen sogar irreführend. Niemals würden so viel Meinungsverschiedenheiten über die Abgrenzung vieler Arten vorliegen, wenn nicht eben die Ausdeutung einer mangelhaften Abbildung und Beschreibung so viele Irrtümer ermöglichte.

Abbildungen können zwei verschiedenen Zwecken dienen: Entweder sollen sie objektiv die Fossilien darstellen, so daß auch der kritische Leser ein eigenes Urteil sich daran zu bilden vermag, oder sie geben eine Deutung, eine Rekonstruktion, die durch Kombination vieler Einzelbeobachtungen die Auffassung des Autors vermittelt. Eine Rekonstruktion muß aber in dem erläuternden Text ausdrücklich als solche bezeichnet werden. Niemals darf zur Erläuterung einer Artdefinition eine Zeichnung hergestellt werden, die aus vielen Stücken das Gemeinsame kombiniert. Die große Variationsbreite einer Art muß durch mehrere Abbildungen illustriert werden, wenn die Beschreibung allein nicht ausreichen sollte. Ein Fossil kann mit gleicher Größe, unter Vergrößerung oder Verkleinerung gezeichnet werden; es muß immer der Maßstab angegeben werden, entweder in der Form eines Bruches z. B. $^3/_1$, $^2/_1$, $^1/_1$, $^1/_2$, $^1/_3$ usw., oder indem man die absolute Größe zeichnerisch vermerkt.

Über die Technik, mit welcher ein Fossil am besten abgebildet wird, kann nur von Fall zu Fall entschieden werden. Maßgebend ist zunächst die Gestalt des Objektes; Abdrücke, die flächenhaft in einer Ebene liegen, wie dies z. B. häufig bei Pflanzen vorkommt, sind leicht zu photographieren und bedürfen meist keiner Retusche. Hochplastische Gegenstände dagegen bereiten vielfach Schwierigkeiten.

Ein besonderes Verfahren ist das Photographieren im ultravioletten Licht, daß durch MIETHE erfolgreich ausgebildet, aber noch nicht veröffentlicht war, als er durch den Tod abberufen wurde. Es ist zur Zeit noch nicht möglich, die von ihm erfundene Technik nachzuahmen, weil er ausführlichere Notizen nicht hinterlassen hat. (Weiteres hierüber siehe unten S. 107.) Die Photographie ohne Retusche gibt oft alle unwesentlichen, zufälligen Einzelheiten mit derselben Aufdringlichkeit, als wenn diese von der gleichen Bedeutung wären wie die morphologischen Merkmale des Objektes. Auch liegen bei der Photographie oft wesentliche Skulpturen vollkommen im Schatten, so daß sie schwer oder kaum erkennbar sind. Man muß daher alle störenden Nebensächlichkeiten auf der auf Mattpapier hergestellten Kopie wegretuschieren bzw. unklare Teile zeichnerisch herausarbeiten, wobei jedoch das Bild über den objektiven Befund hinaus nicht verschönert oder sonstwie verändert werden darf; fehlende, nicht erhaltene Teile dürfen nicht ergänzt werden, es sei denn, daß sie durch besondere zeichnerische Technik als Ergänzung gekennzeichnet werden. Die Photographie ist eigentlich nur ein Hilfsmittel, um die Größe, Umriß und die wichtigsten Einzelheiten der Form auf das Papier zu bannen. Man kopiert daher am besten in ziemlich hellen Tönen, um die Schattierungen und Lichter leichter aufsetzen zu können. Solche Arbeit erfordert zeichnerisches Talent und ein Interesse an exakter Darstellung, stets ist auch eine Zusammenarbeit mit dem wissenschaftlichen Bearbeiter notwendig, weil der Zeichner oft die morphologisch wesentlichen Dinge nicht von den nebensächlich zufälligen zu unterscheiden vermag.

Wie schwierig sich die photographische Wiedergabe kleiner, stark plastisch gewölbter und skulpturierter Objekte in gleicher Größe und noch mehr unter einer Vergrößerung gestaltet, zeigt eine Bemerkung R. RICHTERS über die Herstellung der Abbildungen in seiner Arbeit über „Die Trilobiten des Oberdevons"[1]. Photographische Bilder, „die alle Maße unverzerrt und zugleich die Einzelheiten der Oberflächen gegeben hätten, waren auch unter günstigen Umständen (geeignete Brennweite, Mikrosummar, Aufhellung durch mehrere Lampen, nächtelange Belichtung, Zuziehung erfahrener Mikrophotographen) nicht einwandfrei zu erhalten. Die Mängel der Linse blieben größer als die des geschulten Auges. . . . Retusche verbessert nicht alle Mängel der Photographie und vernichtet außerdem deren einzigen Vorzug, die Objektivität". In solchen Fällen bleibt die reine Handzeichnung das einzige Mittel, wobei selbstverständlich die genaue bildliche Wiedergabe durch den Autor dauernd überwacht werden muß. Mit Recht weist RICHTER darauf hin, daß bei stark gewölbten skulpturierten Gegenständen die Darstellung in einer Ansicht nicht genügt, vielmehr ist die Wiedergabe in drei auf einanderstehenden Ebenen (Grundriß und zwei Seitenrisse) notwendig[2].

Wenn ein Fossil in zwei, drei oder mehreren verschiedenen Ansichten photographiert werden soll, ist es fast immer erforderlich, jede Aufnahme in genau der gleichen Größe auszuführen. Beim Drehen des Objektes ist es aber sehr leicht möglich, daß sich sein Abstand zum Objektiv verändert und daß infolgedessen die nachfolgende Aufnahme nicht mehr in genau dem gleichen Maßstab ausfällt, wie die vorhergehende. Um dies zu verhindern, bedient man sich einer sogenannten optischen Bank, auf welcher das Fossil und der photographische Apparat auf beweglichen Schlitten so montiert sind, daß nach jeder Drehung des Objektes der gleiche Abstand wieder hergestellt werden kann. E. BÖSE[3] hat für diesen Zweck einen einfachen sehr leicht herzustellenden Apparat aus Holz konstruiert, der selbstverständlich nicht mit den Instrumenten der modernen Technik verglichen werden darf, dafür aber wesentlich billiger ist und vielen Ansprüchen genügen dürfte.

---

[1] Abhandl. d. G. L. A. N. F. H. 99, S. 4. 1926.

[2] Vgl. auch JAEKEL: Über paläontologische Abbildungen. Paläont. Zeitschr. 2, 226. 1918.

[3] BÖSE: Ein verbesserter Apparat zur photographischen Reproduktion von Ammonitensuturen und Ambulakren von Seeigeln. Zentralbl. f. Min. 1907. 422.

Beim Photographieren von Hohlformen (Abdrucke, das Innere von Wirbeltierschädeln usw.), zu denen der zugehörige Ausguß fehlt oder aus bestimmten Gründen nicht hergestellt werden kann, ist folgender Trick empfehlenswert. Von dem Negativ stellt man zwei Kopien her und zwar erstens in der sonst üblichen Weise und zweitens, indem man die Platte umdreht und mit der Glasseite auf das Belichtungspapier (also mit der Gelatineschicht nach oben) auflegt. Bildet man nun beide spiegelbildlichen Kopien nebeneinander ab, wie dies z. B. POMPECKJ[1] getan hat, dann erhält man bei der Betrachtung den Eindruck, als läge von der Hohlform auch der reliefartige Ausguß vor. Etwas Ähnliches empfiehlt TILLY EDINGER[2], wenn sie (nach E. LANDAU[3]) vorschlägt, vom Negativ ein Diapositiv und davon wieder eine Kopie herzustellen.

Andere Schwierigkeiten, die sich bei der Reproduktion dunkler oder verschieden gefärbter Fossilien ergeben, können bisweilen nach einem von GRABAU und SHIMER[4] veröffentlichten Verfahren überwunden werden. „Das Prinzip[5] beruht darauf, die Versteinerungen mit einer gleichmäßigen, feinen, möglichst lichtstarken Schicht zu überziehen, die infolge der schärferen Lichtkontraste die Einzelheiten in größerer Klarheit hervortreten läßt und nach der Herstellung des Bildes leicht und ohne schädliche Einwirkung auf das Fossil wieder entfernt werden kann. Eine Substanz, die diesen Anforderungen genügt, ist das Ammoniumchloridpulver. Zwei kleine Standzylinder werden etwa zur Hälfte mit 25proz. Ammoniak (NH_4OH), die andere mit konzentrierter Salzsäure (HCl) gefüllt und durch gebogene Glasröhren verbunden. Das Röhrensystem ist aus der Abb. 27 ersichtlich; die Röhren,

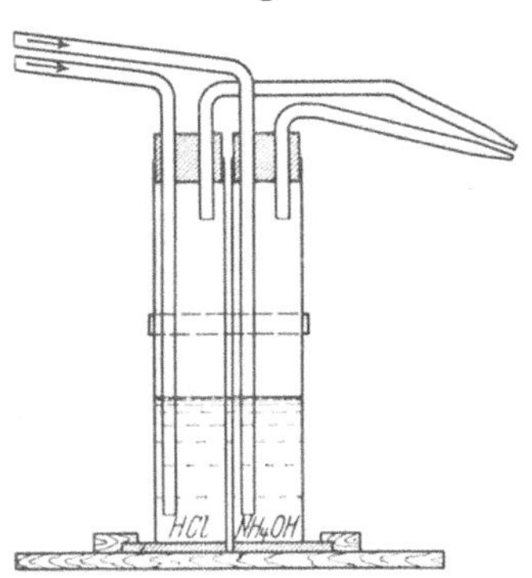

Abb. 27. Apparat zum Bestäuben von Fossilien mit Ammoniumchlorid. (Nach ULRICH u. BASSLER.)

durch welche Luft eingeblasen wird, reichen bis nahe auf den Boden der beiden Standzylinder; ihre Enden müssen in die Flüssigkeit eingetaucht sein. Die austretenden Röhren beginnen gerade unter dem Korken der Flaschen und enden in ausgezogenen Spitzen mit kleiner Öffnung. Sie müssen so angeordnet sein, daß die beiden Öffnungen dicht beieinander

[1] POMPECKJ: Ein Zeugnis uralten Lebens. Paläont. Zeitschr. 9, Taf. 5, Abb. 1 u. 2. 1927.

[2] EDINGER: Photographie verschwundener Weichteile. Ebenda 7, 141. 1925.

[3] LANDAU, E.: Anatomie des Großhirns. Bern-Leipzig: Bircher.

[4] GRABAU and SHIMER: North American Index fossils. New York, A.-G. Seiler & Co. 2, 818 u. 819, 1910. Vgl. auch ULRICH und BASSLER: Paleozoic ostracoda usw. in Maryland Geological Surwey, Bd. Silurian-Baltimore 1923, S. 281 u. 283. (Reports on Geology and Paleontology 8.)

[5] Herr Prof. Dr. P. DIENST stellt uns ein Manuskript zur Verfügung, das er bereits vor längerer Zeit verfaßt hat und das wir mit unwesentlichen Abänderungen übernommen haben. Wir sagen Herrn Prof. DIENST auch für verschiedene Literaturnachweise unseren besten Dank.

liegen. Dies kann man dadurch erreichen, daß man die beiden Enden durch zwei etwas konvergierende Bohrungen in einen Korken führt. Bei größeren Objekten empfiehlt sich die Anwendung einer Gebläsevorrichtung und die Einschaltung von längeren Gummischläuchen, damit man die Gasaustrittsöffnungen vor dem zu photographierenden Fossil hin- und herführen kann.

Bläst man nun Luft durch die beiden Standzylinder, so treten die über der Flüssigkeit befindlichen Gase durch die nebeneinanderliegenden Spitzen aus, vereinigen sich und entwickeln dichte Dämpfe von festem, weißem Ammoniumchlorid. Dies schlägt sich auf einem dicht davor gehaltenen Objekt als dünner schneeiger Überzug nieder.

Es kommt darauf an, diesen Überzug gleichmäßig zu verteilen und nicht zu dick werden zu lassen, damit feinere Konturen nicht verdeckt werden. Nach einigen Versuchen wird dies leicht erreicht. Das Objekt ist damit zum Photographieren vorbereitet. Nach der Aufnahme wird das Fossil abgebürstet oder mit Wasser abgespült."

Als Hilfsmittel beim Zeichnen sei auch der ABBESche Zeichenapparat erwähnt, der ein Skizzieren des Objektes in gleicher Größe oder auch vergrößert gestattet. Durch ein Prismen- und Spiegelsystem wird das optische Bild gewissermaßen mit dem Zeichenpapier zur Deckung gebracht und dadurch ein Nachzeichnen der Konturen des Objektes ermöglicht. Der geübte Zeichner wird allerdings auf dieses Hilfsmittel gern verzichten, weil sein Gebrauch doch nicht sehr ideal und für das Auge ziemlich anstrengend ist.

Über das Abzeichnen von Lobenlinien siehe S. 114f.

c) Das Nachbilden von Fossilien.

Naturgetreue Modelle von Fossilien dienen ebenso wie Abbildungen zum Vergleich mit anderem Material bei wissenschaftlichen Untersuchungen; sie würden in noch viel höherem Maße als die bildlichen Darstellungen herangezogen werden, wenn nicht ihre Herstellung in großer Zahl sehr zeitraubend und kostspielig wäre. Modelle werden auch zur Vervielfältigung seltener oder wertvoller Objekte für die Schaustellung in den Museen hergestellt. Von Fossilien, die nur als Hohlformen überliefert sind, müssen oft ebenfalls Abgüsse angefertigt werden. Je nach der Beschaffenheit des Objektes und nach dem Zweck, dem der Abguß dienen soll, wird man in verschiedener Weise arbeiten.

1. Einfache Hohlformen. Wenn z. B. von einer Muschel die Außenseite nur als Hohlform vorliegt, so ist für die genaue Untersuchung der Skulptur die Herstellung eines Plastilinabdruckes das Einfachste. In die gereinigte und angefeuchtete Hohlform wird das durchgeknetete, weiche Plastilin vorsichtig eingepreßt und dann wieder abgezogen. Das Anfeuchten ist notwendig, um das Ankleben des Plastilins zu verhindern. Diese Methode kann man jedoch nur bei solchen Hohlformen anwenden, die vom Wasser nicht angegriffen werden und einen gewissen Druck aushalten. Ferner darf es sich nicht um eine komplizierte Form handeln, denn das Plastilin ist ziemlich zähe und läßt sich nur bei verhältnis mäßig groben oder einfachen Skulpturen verwenden. Außerdem ist das Plastilinmodell gegen Druck und Stoß empfindlich, also wenig dauerhaft.

In ähnlicher Weise wie Plastilin kann auch eine Mischung von einem Teil Wachs, einem Teil Kolophonium und zwei Teilen Gips verwandt werden. Diese Mischung wird in einem Gefäß über der Flamme unter ständigem Umrühren geschmolzen. Nach dem Erkalten läßt sich die Masse mit dem Messer leicht schneiden. Der Hohlform entsprechend schneidet man ein geeignetes Stück zurecht und erwärmt das eine Ende bis zum Zähflüssigwerden über der offenen Flamme. Dann preßt man es in die vorher angefeuchtete und etwas erwärmte Hohlform. Nach dem Erkalten kann der Abdruck abgezogen werden. Auch hier muß die Hohlform widerstandsfähig und die Skulptur einfach sein. Der Abdruck ist dauerhafter als der aus Plastilin hergestellte und zeigt auch die Feinheiten besser. Die Masse kann übrigens auch zum Kitten verwandt werden (vgl. S. 66).

Ist die Hohlform zerbrechlich, dann wird sie mit Schellack (vgl. S. 67) getränkt und gehärtet, dann hauchartig eingefettet und mit Gips ausgegossen. Zum Einfetten benutzt man entweder Öl oder grüne Seife.

Ein anderes Ausgußmittel ist Schwefel, der so vorsichtig wie möglich geschmolzen wird, um ein Entzünden zu vermeiden. In flüssigem Zustand wird er in die vorbereitete Form gegossen und nach dem Erkalten abgehoben. Schwefel kann sowohl zur Herstellung von positiven Ausgüssen als auch zu negativen Formen verwandt werden.

2. Komplizierte Hohlformen. Guttapercha wird in Wasser solange gekocht, bis es leicht knetbar ist; in diesem Zustand wird es in die angefeuchtete Hohlform hineingepreßt. Da Guttapercha in warmem Zustand ziemlich elastisch bleibt, lassen sich auch von komplizierteren Formen Abdrucke herstellen.

Noch besser ist hierzu Gelatine geeignet. „Beim Abgießen[1] von Abdrücken fossiler Knochen, bei denen weder Gips noch wegen der Brüchigkeit des Gesteins Guttapercha verwendet werden kann, eignet sich besonders ein Gemenge von weißer Gelatine und gereinigtem Tischlerleim in etwa gleichen Gewichtsteilen, die man in kochendem Wasser auflöst und mit reichlichem Zinkweißpulver weiß färbt. Um ein rapides Schrumpfen der Masse zu verhindern, empfiehlt es sich, vor dem Gießen etwas Glyzerin beizugeben. Die Masse muß siedend auf das abzugießende Stück aufgetragen werden. Ein Ankleben wird durch vorherige Einpinselung des Stückes mit Schellacklösung und Einfettung mit Öl verhindert." Nach dem Erkalten läßt sie sich auch aus feinen und komplizierten Hohlräumen herausziehen. Sehr leicht bilden sich beim Guß Luftblasen, die sich in den tieferen Teilen der Form festsetzen und dort gelegentlich das vollständige Eindringen der Gelatine in die feineren Skulpturräume verhindern. Dann muß eine Wiederholung des Abgusses unternommen werden.

Um den Abguß schwarz zu färben, setzt man der flüssigen Gelatine

---

[1] Nopcsa: Praktische Erfahrungen. Paläont. Zeitschr. *5*, 382. 1923.

Graphit zu. Das dem fertigen Abguß noch anhaftende Öl kann durch Bestäubung mit Gips entfernt werden.

Eine neue ähnliche, von Herrn BORNKESSEL in Ilmenau erfundene Abgußmasse wird von JAEKEL[1] beschrieben: „Sie besteht wesentlich aus feinem Quarzsand, den die Firma WEICHELT & Co. in Dresden-A., Anton-Graffstr. 8 geliefert hat. Dieser Quarzsand wird mit 34 vH Schlemmkreide gut gemischt und dann mit 18 vH Gelatine im Wasserbad aufgekocht und soweit abgekühlt, daß sich die Masse noch gut gießen läßt. Die Form kann sehr kompliziert sein, muß aber vorher geölt werden. Die Masse erstarrt je nach der Dicke des Gußobjektes in etwa $^1/_4$—2 Stunden und kann dann in elastischer Form aus der Gußform vorsichtig gelöst werden. Bei komplizierten und großen Gußformen empfiehlt sich ein Zusatz von wenigen Prozenten Glyzerin, bei allen ein geringer Zusatz von Lysol, um die Masse vor Fäulnis zu sichern. Das herausgenommene Gußstück wird zunächst auf einem Brett einen Tag getrocknet, bis es eine ziemlich harte Oberfläche hat, dann auf einem Trockengestell — am einfachsten auf einem hohlliegenden Drahtnetz — einige Tage getrocknet. Nach etwa 5—8 Tagen ist die Masse steinhart. Sie hat die Farbe von Knochen und kann leicht bemalt oder mit den Grenzen von Platten bezeichnet werden. Gußobjekte, die beim Herausholen aus der Form zerreißen, können innerhalb eines Tages wieder eingeschmolzen und neu verwendet werden. Ganz fest gewordene Objekte sind dazu nicht mehr zu verwenden und auch gegen Wasser empfindlich." An Stelle des Quarzsandes ist es besser, Quarzmehl[2] zu verwenden, das infolge seiner Feinheit die Skulpturen viel besser ausgießt.

3. Einfache, reliefartige Versteinerungen. Soll von einem einfach skulptierten Fossil ein reliefartiges Modell hergestellt werden, dann muß zunächst eine (negative) Form für den (positiven) Abguß geschaffen werden. Man übergießt das vorher eingefettete Fossil mit Gips. Um zu verhindern, daß die Masse nach den Seiten abfließt, muß das Objekt mit einem kleinen Tonwall umgeben werden. Nach dem Festwerden hebt man den Abguß ab, tränkt ihn mit einer Schellacklösung und fettet ihn ein. In diese negative Form wird nun Gips gegossen, und man erhält so nach dem Festwerden das positive Modell des Fossils. Von einer Form können mehrere Abgüsse auf diese Weise hergestellt werden. Objekte, deren Farbe gegen Öl empfindlich ist, werden mit Stanniol überdeckt, das mit Hilfe eines kurzhaarigen Pinsels auf den Gegenstand gepreßt wird. Darüber wird der Gips zur Herstellung der Form gegossen. Fertiggestellte Gipsabgüsse werden gehärtet, indem man sie mit einer Schellack- oder Leimlösung tränkt.

4. Herstellung vollplastischer Abgüsse. Während ein Relief meistens in einer aus einem einzigen Stück bestehenden Form gegossen wird, braucht man zu einem vollplastischen Modell mindestens eine zwei-

---

[1] JAEKEL: Eine neue Abgußmasse. Ebenda *8*, 158. 1926.
[2] Das Quarzmehl wird von der Dörentruper Sand- u. Thonwerke-G.m.b.H. in Dörentrup geliefert. Zu empfehlen ist das feinste Korn, das als Mahlung Nr. 12 (Sieb mit 12 000 Maschen pro Quadratzentimeter) hergestellt wird.

teilige Form, vielfach sogar eine mehrteilige. Je komplizierter das Objekt ist, um so größer ist die Zahl der Formteile. Man kann an jedem Formstück dem Wesen nach drei verschiedene Flächen unterscheiden. Die wichtigste Fläche ist diejenige Seite des Formstückes, welche gleichzeitig ein Teilstück der Oberfläche des abzugießenden Gegenstandes bildet. Dieses Objektflächenstück ist für sich allein einfach gestaltet oder nur flach gewellt. Durch Aneinanderfügen der einzelnen Teilflächen entsteht erst die vollständige komplizierte Gestalt des abzugießenden Gegenstandes. Jedes Formstück hat drei, vier oder mehr Berührungsflächen mit den benachbarten Formteilstücken; diese Flächen sind eben und durch dellenartige Vertiefungen bzw. entsprechende Erhöhungen versehen, die ein leichtes Aneinanderpassen der einzelnen Formstücke gestattet. Ferner hat jeder Formteil eine mehr oder weniger unregelmäßig gestaltete, für die Gestalt des Abgusses unwesentliche Außenseite.

Vor Herstellung der Formen muß man sich über die maximale Größe der einzelnen Formteilstücke klar sein. Sie müssen so gewählt sein, daß sie leicht auseinandergenommen und wieder zusammengefügt werden können.

Man entscheidet sich zunächst für dasjenige Flächenstück, welches in den unteren Teil der Form zu liegen kommt. Dieses Flächenstück wird zunächst in Gips abgegossen, nachdem es zuvor mit einem Tonwall umrandet worden ist. Nachdem dieses erste Formteilstück erhärtet ist, werden die Berührungsflächen mit den noch herzustellenden übrigen Formstücken mit einem Messer glatt und scharfkantig geschnitten und zwar so, daß es nach Möglichkeit eine würfel- oder prismenartige Gestalt annimmt. Außerdem erhält jede Berührungsfläche drei bis vier halbkugelartige Dellen mit etwa $1^1/_2$ cm Durchmesser. Die Oberflächen des Formstückes werden mit Schellack getränkt und eingefettet. Das Objekt wird aufgelegt. Nun wird das nächste anschließende Oberflächenteilstück mit Ton umrandet und dann abgegossen. Dieses zweite Formstück hat bereits mit dem ersten Formstück die richtige, durch den Guß entstandene Berührungsfläche. Die übrigen Berührungsflächen müssen, wie oben geschildert, durch Schneiden mit dem Messer noch geschaffen werden. Auf diese Weise vollendet sich allmählich um das Objekt herum der Aufbau der Form. Wenn sie fertiggestellt ist, wird sie auseinander- und das Objekt herausgenommen. Die Form wird in allen Teilen eingeölt und wieder zusammengebaut. Eine oder mehrere trichterförmige Eingußstellen müssen noch geschaffen werden und gegebenenfalls auch Luftlöcher, damit die Luft während des Gusses entweichen kann. Die Form wird verschnürt oder mit Gips umbaut, um ein Auseinanderfallen zu verhindern. Feuchter, knetbarer Ton wird bereit gehalten, um einen eventuellen Durchbruch des Gipsbreies zwischen den Berührungsflächen der Formstücke abzudämmen. Nun kann der Guß beginnen.

Zum Abgießen feiner, komplizierter Einzelheiten, wie z. B. das Gebiß eines Säugetieres, ist Gips nicht geeignet, weil er sich ohne Bruch nicht von dem mannigfach gestalteten Schmelzleisten ablösen läßt. Man stellt daher eine Form aus Gelatine her und gießt diese mit Gips aus. Die elastische Gelatineform löst sich ebenso leicht von dem Objekt wie später der Gipsabguß aus der Gelatine.

Eine aus Gelatine hergestellte Form ist für sich allein nicht so widerstandsfähig, um die genaue Gestalt des Objektes zu behalten, sie ist zu elastisch und muß daher von einer stützenden Gipsschale umgeben sein. Diese Schale wird zuerst hergestellt und der für die Gelatineform und das Objekt notwendige Hohlraum durch Ton ausgespart. Man verfährt also folgendermaßen: Die Hälfte des Objektes wird in Ton eingehüllt und zwar in der Größe, die die später herzustellende halbe Gelatineform erhalten soll. Der Ton wird von Gips übergossen, und es wird auf diese Weise eine halbe Schale geschaffen. Die Ränder der Schale werden glatt geschnitten und mit halbkugeligen Dellen versehen, mit Schellack getränkt und eingeölt. Das in dieser Schale bzw. in dem Ton steckende Objekt wird nun auch zur anderen Hälfte mit Ton umhüllt und mit Gips übergossen. Nach dem Hartwerden des Gipses werden die Schalen auseinandergenommen, die eine Hälfte des Tones entfernt. Die leere Gipswird über das halb aus dem Ton ragende Objekt gestülpt und der Hohlraum mit Gelatine ausgegossen. Selbstverständlich muß zuvor die Innenseite der Gipsschale mit Schellack getränkt und dann ebenso wie das Objekt eingeölt worden sein. In gleicher Weise wird nun auch die Hälfte der Gelatineform gegossen. Jetzt ist die Form fertig, und es kann jede Hälfte der Gelatineform für sich mit Gips übergossen werden. Vor dem Hartwerden preßt man die beiden Hälften fest aneinander, die dann zu einem Stück abbinden.

Bei großen Formen und bei schnell abbindendem Gips entsteht sehr viel Wärme, unter deren Einfluß die Gelatineform schließlich zu schmelzen beginnt; sie muß dann für jeden Abguß neu hergestellt werden.

Soll z. B. ein Hirschschädel mit Geweih abgegossen werden, dann empfiehlt es sich, das Formstück für die Zähne im Oberkiefer aus Gelatine herzustellen, die übrigen Teile aus Gips. Bei großen Geweihen wird in den Abguß zur Versteifung der langen Geweihstangen eine Eiseneinlage eingebracht.

Kurz vor Abschluß des Manuskriptes geht uns eine von Dr. med. A. POLLER verfaßte „Kurze Anleitung zum Abformen am lebenden und toten Menschen, sowie an leblosen Gegenständen"[1] zu, in welcher die von dem chemisch-technischen Laboratorium „Apotela" in Wien hergestellten neuen Abformmassen „Negocoll, Dentocoll, Hominit, Celerit" beschrieben werden. Die chemische Zusammensetzung wird nicht angegeben. Während der Korrektur konnten wir diese neuen Methoden nur in sehr geringem Umfange nachprüfen. Soweit dies aber möglich war, haben wir den Eindruck gewonnen, daß hier eine Technik geschaffen ist, die gegenüber der bisherigen manche Vorteile besitzt. Ausführlicher kann hierüber nicht berichtet werden; es sei vielmehr auf die oben erwähnte Schrift verwiesen.

d) Die Ordnung in der Sammlung.

Nach der Präparation erhalten die Fossilien ihre endgültige Etikette, die nicht auf dünnes Papier, sondern am besten auf dünnen

---

[1] Druck und Verlag „Apotela", Wien XVIII, Währingerstr. 115.

Kartothekkarton geschrieben wird. Papier wird nämlich im Laufe der Zeit durch die Last schwerer Versteinerungen verbeult und schließlich durchlöchert, so daß die Beschriftung oft schwer zu entziffern ist. Die Fossilien werden in niederen Pappkästchen aufbewahrt, deren Rand bei den kleineren 2 cm, bei den größeren 3 cm hoch ist, um ein Herausrutschen des Stückes oder der Etikette zu verhindern. Derartige Kästchen kann man sich von einem Buchbinder anfertigen lassen oder durch eine Mineralienhandlung beziehen. Die Größe der Grundfläche soll nach Möglichkeit so gewählt werden, daß die Länge einer Seitenkante eines größeren Kästchens das nahezu ganzzahlige Vielfache der Seitenkante eines kleineren Kästchens ist. Eine kleine Differenz von 1 oder 2 mm zwischen den einzelnen Maßen, soll zweckmäßigerweise vorhanden sein, um einen Spielraum zwischen den Kästchen bei enger Stellung zu lassen. Ein einzelnes Stück läßt sich dann leicht herausnehmen. Folgende Maße sind zu empfehlen:

5,0 × 3,5	8,2 × 10,0	18,0 × 18,0
5,0 × 5,0	10,0 × 10,0	8,2 × 21,5
5,0 × 7,2	10,0 × 12,0	12,0 × 18,0
5,0 × 8,2	10,0 × 14,5	14,5 × 24,5
5,0 × 14,5	12,0 × 14,5	21,5 × 21,5
7,2 × 7,2	14,5 × 14,5	21,5 × 31,5
8,2 × 8,2	14,5 × 18,0	

Schon während der Präparation muß darauf geachtet werden, daß die Feldetikette nicht verwechselt oder verloren geht. Auch bei der endgültigen Aufbewahrung im staubdichten Sammlungsschrank besteht noch diese Gefahr, die durch folgende Hilfsmittel behoben werden kann. Man gibt jedem Stück eine Nummer; vermerkt sie auf dem Etikett und zeichnet damit auch das Objekt selbst aus, indem man ein kleines Zettelchen aufklebt. Auf dem Zettelchen kann außerdem der Fundort in abgekürzter Form vermerkt werden. Hierzu ist auch der Druckapparat von RIEDINGER, Frankfurt a. M., Luisenstr. 54, „Jeder Sammler sein eigener Drucker“ gut geeignet, der in Perlschrift Etikettchen bis zu 3 Zeilen herstellt. Da aber auf der Oberfläche des Gesteins diese Zettel oft nicht dauerhaft kleben, kann noch ein anderes Verfahren zur Anwendung kommen. Man bestreicht eine möglichst glatte, kleine Fläche des Gesteins dünn mit einer Schellacklösung in Alkohol. Wenn die Lösung getrocknet ist, schreibt man darauf mit roter Farbe (Zinnoberpulver, mit Wasser angerührt und einige Tropfen Leim zugesetzt) und zwar mit einer Stahlfeder. Nach dem Abtrocknen der Farbe überpinselt man nochmals mit Schellack. Diese Art der Beschriftung ist sehr dauerhaft; sie empfiehlt sich vor allem bei sehr großen Stücken, für welche die Pappkästchen zu klein sind, bei denen also die auf Karton geschriebene Etikette sehr leicht verloren gehen könnte.

Das Sammlungsmaterial kann in Schränken nach verschiedenen Prinzipien geordnet werden. Entweder ordnet man nach dem zoologischen und botanischen System, indem man also z. B. mit den Protozoen beginnt, dann die Cölenteraten, Echinodermen usw. folgen läßt, oder nach dem stratigraphischen System, indem man z. B. mit den ältesten

Schichten beginnt und die jüngeren der Reihe nach folgen läßt. Innerhalb jeder Formation, z. B. Jura, bringt man die Unterabteilung, wie Lias, Dogger Malm und innerhalb dieser die einzelnen Zonen für sich getrennt. Diese Trennung nach Zonen muß um so genauer durchgeführt werden, je sorgfältiger man stratigraphisch gesammelt hat und je mehr Material aus den einzelnen Schichten zur Verfügung steht. Hat man z. B. einen Aufschluß Schicht für Schicht ausgebeutet und sehr viele Versteinerungen geborgen, dann wird man die aus einer Schicht stammenden Fossilien beieinander aufbewahren und zwar in den aufeinanderfolgenden Schubkästen so, wie die Schichten aufeinanderfolgen. Das aus einer Schicht stammende Material kann dann noch für sich nach dem zoologischen System geordnet werden. Hat man aus einer Zone von mehreren Fundorten nicht so umfangreiches Material, dann wird man innerhalb dieser stratigraphischen Einheit die Fossilien nach Fundorten und innerhalb des Fundortes zoologisch ordnen.

Die Prinzipien können auf die verschiedenste Weise miteinander kombiniert werden. Maßgebend allein ist der Zweck, dem die Sammlung dienen soll. Wird sie wissenschaftlich bearbeitet, dann wird man das zu untersuchende Material so aufstellen, wie es für die Arbeitsmethode der Forschung am besten ist. Die Etikettierung muß immer derart sein, daß „zonenmäßig Zusammengehöriges" ohne Rücksicht auf die Ordnung leicht zusammengebracht werden kann.

e) Die wissenschaftliche Untersuchung.

Die Beobachtung, die beim Sammeln erstmalig einsetzen muß, die während der Präparation nicht ruhen sollte, muß bei der wissenschaftlichen Untersuchung zur vollen Geltung kommen. Wer sich im Beobachten üben will, zwinge sich — auch wenn er kein Talent besitzt — die Fossilien, die er einem Vergleich unterzieht, in einfacher Form zu skizzieren. Auf diese Weise wird er manche Eigentümlichkeit der untersuchten Objekte erkennen, die sonst vielleicht übersehen werden.

Bei manchen Versteinerungen, die ziemlich in einer Ebene liegen — z. B. als Querschnitt im Gestein oder infolge ihrer sehr flachen Gestalt —, erreicht man oft durch Anfeuchten mit Wasser oder mit Nelkenöl oder durch Überpinseln mit Schellacklösung, daß viele Einzelheiten besser hervortreten.

Ein exakter Vergleich muß auf einer exakten Grundlage beruhen. Zu diesem Zweck müssen die Fossilien gemessen werden. Hierbei handelt es sich nicht allein um die individuelle Größe der einzelnen Stücke, sondern es ist oft viel wichtiger, das Verhältnis der einzelnen Maße zueinander anzugeben; also z. B. bei einer Muschel das Verhältnis der Länge zur Dicke oder der Höhe zur Dicke, worin der Grad der Schalenwölbung seinen Ausdruck findet. Auf diese Weise bei vielen Exemplaren gewonnene Zahlen gestatten einen unmittelbaren Vergleich und eine genaue Beschreibung der gemessenen Eigenschaft. Bei solchen und ähnlichen Messungen bedient man sich eines Zirkels mit geraden Schenkeln. Um stark gewölbte Stücke umfassen zu können, ist es zweckmäßiger einen Zirkel mit kreisförmig gebogenen Schenkeln zu benutzen. Eine Schublehre, wie sie in der Technik viel gebraucht wird, gestattet vor allem das genaue Ausmessen parallel bestimmter Richtungen.

LICHAREW[1] hat eine besondere Schublehre konstruiert, die das Ausmessen von Wölbungen, bei Muscheln z. B., besonders erleichtert. Wie die Abb. 28 zeigt, wird auf das Lineal der Schublehre zwischen dem unbeweglichen und dem beweglichen Schnabel eine Muffe (a) gesetzt, welche mit einer Mikrometerschraube versehen ist; diese endet nach unten zu mit einer Spitze (b), welche sich bei herabgelassener Lage der Schraube genau in gerader Lage mit den Spitzen der Schnäbel der Schublehre befindet. Indem man den Schraubenkopf (c) dreht, zieht man die Schraube aus der Muffe heraus und hebt damit die Spitze (b), wobei die Größe dieser Hebung durch Abzählen am Zylinder (d) mit einer Genauigkeit bis zu 0,01 mm leicht bestimmt werden kann. Die Anwendung dieses Instrumentes zur Messung der Wölbung der auf dem Gestein liegenden Klappen von Muscheln und Brachiopoden und anderen erfordert keine besondere Erklärung.

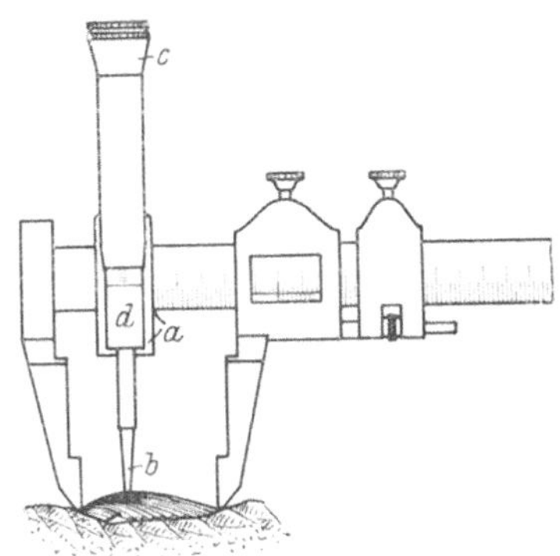

Abb. 28. Schublehre. (Nach LICHAREW.)

Mit einer sehr einfachen Methode hat W. QUENSTEDT[2] ähnliche Messungen ohne Instrument ausgeführt und als brauchbar gefunden. „Es wurde in stärkeres Papier vom Rande her solange eine Aussparung ausgeschnitten, bis diese genau der Wölbungshöhe der zu messenden Muschel entsprach. An der auf diese Weise für jeden Fall neu hergestellten Lehre (Schablone) wurde dann der gesuchte Betrag mit dem Maßstab abgelesen.“

Das Messen von Winkeln, wie z. B. der Schloßkantenwinkel einer Muschel, wird mit einem einfachen Anlegegoniometer, wie er von den Mineralogen gebraucht wird, ausgeführt.

Die scheinbare Genauigkeit der Messungen soll nicht in unnötiger Weise übertrieben werden. Man soll immer bedenken, daß viele Abstände sich nicht „geometrisch konstruieren“ lassen; schon aus dem Grunde, weil die Hartteile der Organismen keine streng geometrischen Formen sind und weil die Lage der auszumessenden Punkte und Linien allzusehr vom subjektiven Empfinden abhängt.

Zum Ausmessen des Septums von Ammoniten haben SWINNERTON und TRUEMAN[3] einen immerhin komplizierten Apparat konstruiert,

---

[1] LICHAREW: Eine Art der Fossilmessung. Der Geologe, Auskunftsblatt für Geologen usw. Nr. 40, S. 959. Leipzig: Max Weg 1926.

[2] QUENSTEDT, W.: Mollusken aus den Redbay- und Greyhook-Schichten Spitzbergens. Skrifter om Svalbard og Nordishavet *1*, No. 11, 8. 1926.

[3] SWINNERTON and TRUEMAN: The morphology and development of the ammonite septum. The Quarterly Journ. of the Geol. Soc. of London *73*, 26. 1917.

der im wesentlichen darauf beruht, daß mit einer Nadel die Oberfläche der Scheidewand abgetastet wird. Die Nadel wird von einem Punkt in der Mitte des Septums nach verschiedenen Richtungen über die Oberfläche hingeführt. Die Bewegungen, die dabei die Nadel ausführt, werden mikrometrisch abgelesen. Man nivelliert gewissermaßen die Septalfläche aus nach dem Prinzip der Landvermessung und konstruiert von ihr eine Höhenschichtenkarte mit 0,1 mm Unterschied zwischen den Höhenlinien. Der Apparat hat, soviel uns bekannt ist, in der Literatur sonst keine weitere Anwendung und Verbreitung gefunden.

Es sei noch auf einen anderen Apparat hingewiesen, den FRED VLÉS[1] konstruiert hat und der zum Ausmessen von Lamellibranchiaten dient.

Viele Eigenschaften der Fossilien können auch auf diese oder ähnliche Weise gemessen oder gezählt werden und bei größerem Material statistisch ausgewertet werden. Man trägt in einem Koordinatensystem auf der einen Achse die Zahl der gemessenen Exemplare, auf der anderen Achse die Werte einer bestimmten Eigenschaft auf. Aus der sich daraus ergebenden Kurve gewinnt man einen Überblick über die Variationsbreite einer bestimmten Eigenschaft. Ein Beispiel hierzu entnehmen wir der Arbeit von v. BUBNOFF[2]. Dieser Autor hat unter anderem bei 231 Ammonitenexemplaren von *Dinarites avisianos* MOJS. die Windungshöhen gemessen und zwar bei jedem Stück an einer Stelle und einen halben Windungsumgang weiter rückwärts. Das Verhältnis der beiden Zahlen nennt man den Windungsquotienten eines halben Umgangs. Die errechneten Zahlen schwanken zwischen 1,15 und 1,65. Die Messungen verteilen sich folgendermaßen auf die einzelnen Stücke:

Windungsquotienten auf ¹/₂ Umgang	1,15	1,25	1,35	1,45	1,55	1,65
Zahl der Stücke	13	60	91	53	12	2

Trägt man diese Zahlen in ein Koordinatensystem ein, dann erhält man eine Kurve wie Abb. 29 zeigt. Diese Art der Darstellung ist der experimentellen Vererbungswissenschaft entlehnt. Anfangs hatte man große Hoffnungen auf eine vielseitige Brauchbarkeit der Variationsstatistik für die paläontologische Forschung gesetzt. Dann aber erkannte man, daß sie zwar ein gutes Hilfsmittel für die exakte und übersichtliche Darstellung der Variationsbreite einer Eigenschaft ist, daß man sich aber davor hüten muß, ebenso weitgehende Folgerungen zu ziehen, wie sie in der experimentellen Ver-

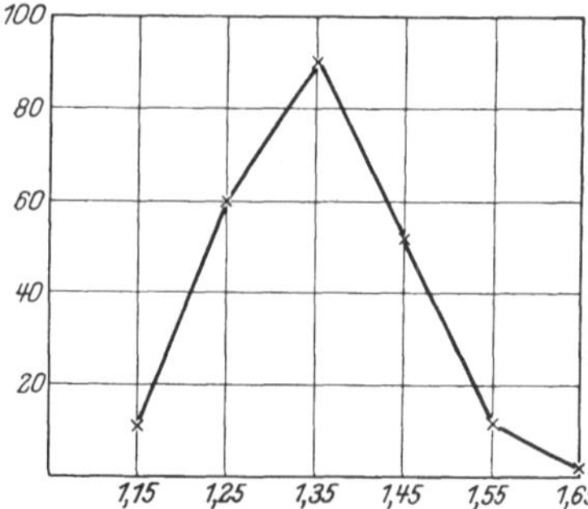

Abb. 29. Variationskurve für den Windungsquotienten auf ¹/₂ Umgang bei *Dinarites avisianus*. (Nach v. BUBNOFF.)

[1] VLÉS, FRED: Technique pour une étude morphologique nouvelle de la coquille des lamellibranches. Bull. soc. zool. de France *28*, 196. 1903.

[2] v. BUBNOFF: Die ladinische Fauna von Forno. Verhandl. d. naturhist. med. Ver. z. Heidelberg *14*, 419. 1921.

erbungswissenschaft durchaus am Platze sind. Die Verwendbarkeit des paläontologischen Materials ist eben doch grundverschieden von dem zoologischen. Es können nicht die an dem einen Stoff ausgebildeten Methoden kritiklos auf den anderen übertragen werden. Die Variationsstatistik kann nur dann bei paläontologischem Material zur Anwendung kommen, wenn mindestens folgende Voraussetzungen erfüllt sind. Die Fossilien müssen aus einer möglichst geringmächtigen Schicht stammen, müssen also unbedingt stratigraphisch gleichalt sein; die Messungen dürfen nur an möglichst individuell gleichalten Exemplaren ausgeführt werden und schließlich muß ein großes Material zur Verfügung stehen. Die Variationsstatistik mit paläontologischem Material ist nur eine exakte Form der Beschreibung, welcher im allgemeinen keine größere Beweiskraft zukommt als jeder anderen, dann allerdings vielleicht umständlicheren Darstellung in Worten.

Solche variationsstatistische Untersuchungen in Verbindung mit sehr sorgfältigen schichtmäßigen Aufsammlungen in Schichten des Mittleren Juras von Mittelengland konnte R. BRINKMANN[1] erfolgreich durchführen.

In neuerer Zeit ist zu der bisher üblichen Fossiluntersuchung noch eine neue von MIETHE[2] entdeckte Methode hinzugetreten. „MIETHE sah durch einen Zufall, daß eine Solnhofener Versteinerung im ultravioletten Licht aufleuchtete, während die Steinplatte selbst dunkel blieb. Er wiederholte den Versuch unter Benutzung einer sogenannten Hanauer Analysen-Quecksilberlampe (einer Quecksilberquarzlampe in undurchsichtigem Behälter, deren Licht an einer Stelle durch ein sogenanntes Ultraviolettfilter dringen kann, das das gesamte Spektrum fast völlig absorbiert, dagegen das Quecksilberlicht zwischen den Wellen 400 und 350 durchläßt) und sah, wie auf dem tiefsammetbraun erscheinenden Hintergrund der Kalkplatte die Versteinerungen in überraschender Schärfe und wundervoll fluoreszierenden Farben hervortrat. Nur wirkliche Versteinerungen oder, wie BORN es ausdrückt, nur solche Körper, deren Substanz eine zweite in diffuser Verteilung aufweist, fluoreszieren, z. B. ein organischer Rest, der von dem Versteinerungsmittel durchtränkt ist. Abdrücke zeigen nichts, auch Pseudoversteinerungen fluoreszieren nicht. Da die Erscheinung an undurchsichtigen Mineralien, wie den Erzen, gleichfalls nicht auftritt, so hat die MIETHEsche Methode auch für vererzte Versteinerungen keine Geltung. Da sind die Grenzen der neuen Methode. Auf der anderen Seite aber ist ein derartig bedeutungsvoller Fortschritt unserer Kenntnis vom Aufbau

---

[1] Die Arbeit wird demnächst in den Abhandl. d. Ges. d. Wiss. Göttingen, Math.-nat. Kl. erscheinen.

[2] Wir entnehmen diesen Auszug einer von MIETHE und BORN gemeinsam verfaßten Arbeit, die demnächst in der Paläont. Zeitschr. erscheinen wird, aus einer Mitteilung in der Zeitschrift Natur u. Museum (Senckenbergische naturf. Ges. 57. Ber. S. 193) „Versteinerungen im ultravioletten Licht". — MIETHE: Fossilienphotographie, in „Die Koralle", Magazin für alle Freunde von Natur und Technik. III. Jg. S. 145. Berlin: Ullstein. — Über die Schwierigkeiten beim Photographieren im ultravioletten Licht vgl. S. 95. — Während der Korrektur erschien der Aufsatz von MIETHE und BORN: Die Fluorographie von Fossilien. Paläont. Zeitschr. *9*, 343. 1928.

der Versteinerungen zu erwarten, daß die Entdeckung sehr hoch einzuschätzen ist. Der Paläontologe wird eine Fülle neuer Einzelheiten erkennen, wenn er in der Dunkelkammer bei ultraviolettem Licht die
Reste beobachtet, wobei er starke Lupen, ja selbst das Mikroskop anwenden kann. Anatomische Einzelheiten kommen heraus, von denen
man vorher nichts wußte. Ferner sagt BORN, daß besonders Farbspuren,
die sich bei versteinerten Resten gelegentlich erhalten haben und bei ge-
gewöhnlichem Licht meist sehr schwach sichtbar sind, bei ultraviolettem
Licht, selbst wenn sie äußerst schlecht erhalten sind, sehr deutlich und
verschieden farbig hervortreten."

Auch die Röntgenstrahlen können bei der Fossiluntersuchung
herangezogen werden, wie dies z. B. LAMBERT[1] bei der Durchleuchtung

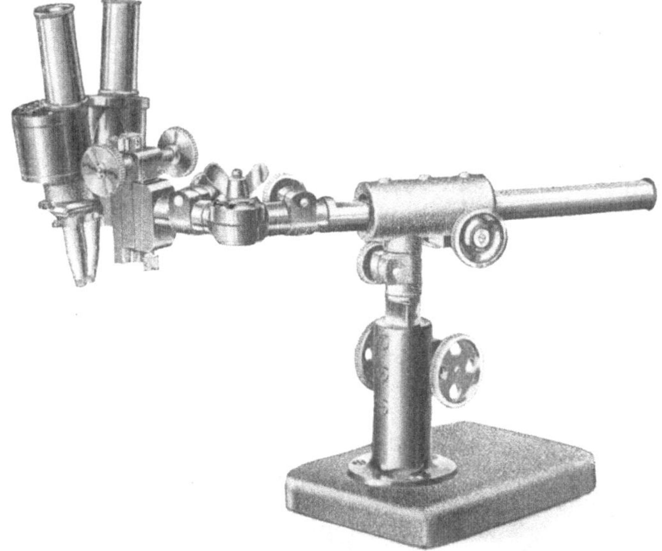

Abb. 30. Stereoskopisches Präpariermikroskop der Firma CARL ZEISS in Jena.

eines Seeigels gelungen ist, dessen innere Organisation er dank besonders
günstiger Erhaltungsbedingungen nachweisen konnte.

Bei der Untersuchung müssen selbstverständlich auch Lupe und
Mikroskop häufig benutzt werden. Gute Dienste leisten hierbei die
stereoskopischen Lupen und Mikroskope (Abb. 30). Kleine
Objekte, wie Foraminiferen und Ostrakoden, die von allen Seiten betrachtet werden sollen, bereiten oft gewisse Schwierigkeiten, weil sie
wegen ihrer Kleinheit nicht so leicht in einer bestimmten Stellung gehalten werden können wie ein großes Fossil. Man benutzt dann den
Prismenrotator (Abb. 31), wie er von der Firma ZEISS in Jena geliefert

---

[1] LAMBERT, M. J.: Etudes sur les Echinides de la Molasse de Vence. Annales
de la soc. lettres, sc. et arts des Alpes maritimes *20*, 57. 1907.

wird. Abb. 32 zeigt den Strahlengang bei der Untersuchung. Das Objekt O liegt über der Prismenfläche S_1. Wenn das Objektiv des Mikroskops über A steht, dann geht der Lichtstrahl über S_2 nach S_1, und man betrachtet das Objekt von unten. Steht das Objektiv über S_3, dann sieht man das Objekt von einer Seite. Da die Prismen S_1 und S_2 mit dem Objekt um eine vertikale Achse gedreht werden können, kann man O durch die Prismenfläche

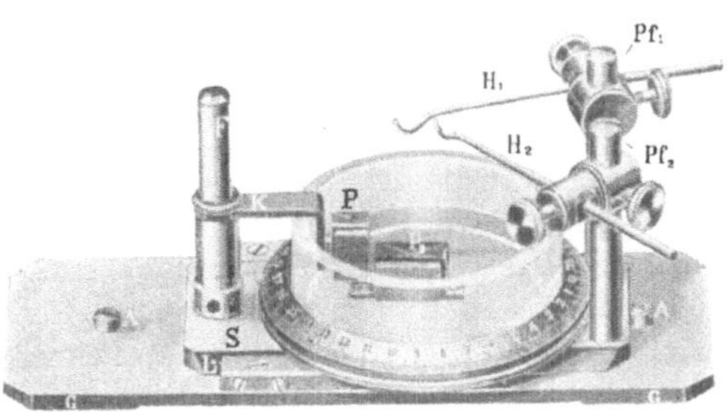

Abb. 31. Prismenrotator der Firma CARL ZEISS in Jena.

S_3 von allen Seiten beobachten. Eine Glasschale verhindert, daß der Gegenstand verlorengeht.

Das Polarisationsmikroskop[1] kann herangezogen werden, wenn es sich z. B. darum handelt, verkieselte Mikroorganismen von verkalkten zu unterscheiden oder um den stark lichtbrechenden Zahnschmelz zu erkennen. Auch bei Korallen[2] und Echinodermen[3] haben solche Untersuchungen Anwendung gefunden.

Wenn man dunkle Objekte bei seitlicher Beleuchtung unter dem Mikroskop betrachtet, dann ist es manchmal von Nachteil, daß der im Schatten liegende Teil die Skulptur sehr schlecht oder überhaupt nicht erkennen läßt. Dann empfiehlt es sich, das Objekt mit dem auf S. 97 beschriebenen Bestäubungsapparat mit weißer Farbe zu überziehen. Die Beobachtung wird dadurch wesentlich erleichtert.

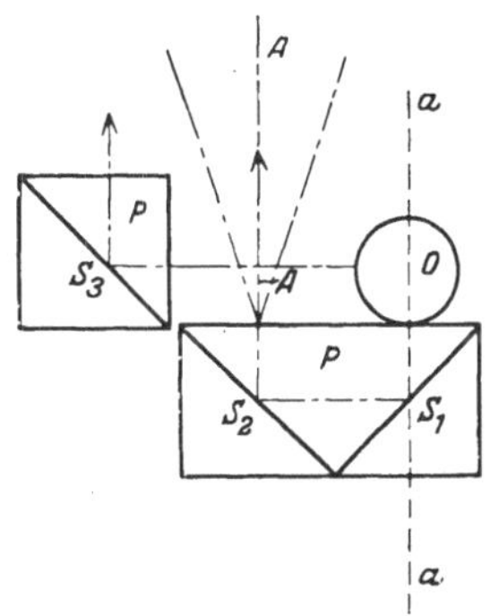

Abb. 32. Strahlengang im Prismenrotator.

f) Die Präparation von Tierresten der einzelnen Stämme bzw. Klassen.

Im vorhergehenden wurden die einzelnen Präparationsmethoden im wesentlichen ohne Rücksicht auf die verschiedene Anatomie der einzelnen Stämme und Klassen behandelt. Es sei nun kurz auf die wichtigsten Verfahren hingewiesen, die bei den einzelnen Tiergruppen eine besondere Anwendung finden.

1. Protozoen. Über die Präparation von Protozoen durch Aus-

---

[1] SCHMIDT, J. W.: Die Bausteine des Tierkörpers im polarisierten Lichte. Bonn 1924. (Diese Arbeit ist rein zoologisch, beschäftigt sich also nicht mit Fossilien.)

[2] SALÉE: Le groupe des *Clisiophyllides*. Mémoires de l'Institut géol. de l'Univ. de Louvaine 1913.

[3] H. SIEVERTS: Über die Crinoidengattung *Marsupites*. (Hier auch weitere Literatur.)   Abhandl. d. Pr. Geol. L. A. Berlin 1927. N. F. *108*, 41.

schlämmen ist alles Wesentliche bereits S. 74 gesagt. Auf das Auf-
lockern des Gesteins mit Hilfe des Gefrierverfahrens (S. 63) sei
noch besonders hingewiesen.

Bei hartem Gestein, das nicht mehr aufzulockern ist, kommt bei
verkieselten Organismen entweder die S. 82ff. geschilderte Ätzmethode
oder die Diatomeenpräparation (S. 164) zur Anwendung. Sind die
Protozoen verkalkt, dann hilft nur die Untersuchung im Anschliff
(S. 71) oder im Dünnschliff (S. 70). Die Kombination der hierbei
erhaltenen einzelnen Schnittbilder zur Rekonstruktion der vollplastischen Gestalt bereitet selbstverständlich einige Schwierigkeiten und wird
nicht immer eindeutig sein. Beim Zerschlagen des harten Gesteins findet man auf Bruchflächen bisweilen einzelne Foraminiferengehäuse, deren Untersuchung durch anhaftende Gesteinsteilchen aber
ebenfalls erschwert wird. A. HEINRICH[1] konnte allerdings im Hallstätter Kalk mit einer spitzen Stahlnadel durch Wegschaben des Gesteins in der Umgebung des Fossils die Foraminiferen häufig tadellos
isolieren. Wenn das Objekt in Xylol eingebettet war, erkannte er unter
der Lupe „jedes Detail der Kammerung und des Schalenaufbaues, da die
Schale wie ein kaum getrübtes Kristallglas den aus rotem oder braun-
rotem Marmor bestehenden Steinkern plastisch hervortreten läßt.‟

Über das Schleifen von einzelnen großen Foraminiferen gibt
STAFF (Die Anatomie und Physiologie der Fusulinen, Zoologica H. 58,
S. 7, 1910) die erforderliche Anleitung. Über die selten angewandte Her-
stellung von Serienschnitten mit dem Mikrotom berichtet ALT-
PETER (S. 71).

Über Flagellaten ist das Wesentliche bereits S. 78 berichtet. Über
die Herstellung von Mikrophotographien von Radiolarien aus Kieselschiefer berichtet A. SCHWARZ[2].

2. Schwämme[3]. Verkieselte Schwammskelette und Nadeln
werden durch Ätzen mit verdünnter Salzsäure (S. 82) präpariert.
Da man aber an einem von der Natur herausgewitterten Schwamm
äußerlich nicht erkennen kann, ob er ein vollständig verkieseltes Skelett
oder nur einzelne Kieselnadeln enthält oder ob er vielleicht vollständig
in Kalk erhalten ist, so empfiehlt es sich, die Stücke zuerst oberflächlich anzuätzen, um den Erhaltungszustand festzustellen. Zerbrechliche
Skelette müssen nach dem Ätzen mit Gummiarabikum mehreremals getränkt werden. Völlig verkalkte oder verkieselte Schwämme
untersucht man im Anschliff (orientierte Schnitte), der entweder bei
der Untersuchung angefeuchtet oder mit Schellack überzogen wird, damit man die Einzelheiten der Struktur besser erkennen kann. Auch im
Dünnschliff können derartige Objekte untersucht werden. In Eisen-

---

[1] HEINRICH, A.: Untersuchungen über die Mikrofauna des Hallstätter
Kalkes. Verhandl. d. k. k. Reichsanstalt 1913. 226.

[2] SCHWARZ, A.: Ein Verfahren zur Freilegung von Radiolarien aus Kieselschiefern. Senckenbergiana *6*, 242. 1924.

[3] SCHRAMMEN: Die Kieselspongien der Oberen Kreide von Nordwest-
deutschland. I. u. II. Teil in Paläontogr. Suppl. *5*. 1910—12, III. u. IV. Teil
in Monographien zur Geologie u. Paläontologie, Ser. I. Hft. 2. 1924.

oxydhydrat umgewandelte Schwämme gestatten meist nur eine Untersuchung der äußeren Gestalt.

Aus dem beim Ätzen zurückbleibenden Schlamm können isolierte Nadeln nach der Methode der unterbrochenen Sedimentation (S. 75) ausgeschlämmt werden. Die Untersuchung erfolgt unter dem Mikroskop nach Einbettung in Kanadabalsam oder in Wasser. Die allerkleinsten Gebilde wie Hexaster, kleine Pinule, Scopulae und winzigste Amphidiske (mitunter auch Radiolarien), die die gleiche Schwebefähigkeit wie die Schlammflöckchen besitzen, werden nach dem ORTMANNschen[1] Verfahren behandelt. Der Ätzschlamm wird 3 bis 4mal gründlich ausgewaschen, wobei darauf zu achten ist, daß das feinste Sediment nicht abgegossen wird. Von den obersten Schichten des Rückstandes bringt man mit einer Pipette etwas auf ein Uhrschälchen, läßt hier wieder sedimentieren und gießt dann das überstehende Wasser vorsichtig ab. Von dem feinen Sediment bringt man einige Tropfen auf einen Objektträger und sucht unter dem Mikroskop nach den feinsten organischen Resten. Wenn das Ergebnis günstig ausfällt, trocknet man das Sediment durch vorsichtiges Erwärmen, bringt einen Tropfen Kanadabalsam auf und schließt mit einem Deckglas ab.

3. Korallen. Korallen werden meist im Dünnschliff (S. 68f.) untersucht. Bei ontogenetischen Fragen sind Serienschliffe notwendig. Auf die eventuell anzuwendenden Färbemethoden (S. 91 f.) sei kurz hingewiesen.

4. Graptolithen. Über die Präparation von Graptolithen geben C. WIMAN[2] und KRAFT[3] sehr ausführliche Anweisungen. Aus reinem Kalk, mergeligen Kalken und stark kalkhaltigem Mergelschiefer werden die Graptolithen mit nicht zu stark verdünnter gereinigter Salzsäure herausgelöst. Sollten die Fossilien sehr zerbrechlich sein, so daß sie die heftige Kohlensäureentwicklung nicht aushalten, dann arbeitet man besser mit Essigsäure oder abwechselnd mit Essig- und Salzsäure. Mit dem Herausfischen der Graptolithen beginnt man am besten schon während oder gleich nach dem Ätzen.

Stark tonige Mergelschiefer behandelt man zuerst mit Essigsäure, um den Kalk aufzulösen, was auch bei kleinen Stücken oft mehrere Wochen dauert. Bevor man mit Flußsäure dann weiter arbeitet, müssen alle Kalksalze ausgewaschen werden, um die Bildung von zementierendem Fluorkalzium zu verhindern.

Obersilurische Feuersteine werden mit Flußsäure behandelt.

Der Ätzschlamm mit den Graptolithen wird portionsweise in einem Uhrschälchen unter das Mikroskop gebracht. Alle Hantierungen müssen mit Wasser und einer Pipette gemacht werden, mit welcher man die Fossilien herausholt. Bei Berührung mit einer Präpariernadel entstehen so-

---

[1] ORTMANN: Die Mikroskleren der Kieselspongien in Schwammgesteinen der senonen Kreide. N. Jahrb. f. Min. *2*, 132. 1912.

[2] WIMAN, C.: Über die Graptolithen. Bull. of the Geol. Inst. of the University of Upsala *2*, 239. 1896.

[3] KRAFT, P.: Ontogenetische Entwicklung und Biologie von *Diplograptus* und *Monograptus*. Paläont. Zeitschr. S. 207. 1926.

fort Beschädigungen. Um das Zerdrücken der Fossilien zu verhüten, empfiehlt KRAFT Objektträger mit Hohlschliff. Die Graptolithen werden zum Trocknen auf den Objektträger hoch über einer kleinen Flamme im aufsteigenden warmen Luftstrom gehalten. Zur Herstellung eines Dauerpräparates bringt man einen Tropfen Xylol auf das getrocknete Fossil und dann erst einen Tropfen Kanadabalsam. Dieser wird ebenso vorsichtig, wie oben beschrieben, hoch über einer kleinen Flamme eingedickt.

Zum Entfärben schwarzer, undurchsichtiger Graptolithen benutzt man Diaphanol (S. 90), in das man die Objekte 24 Stunden legt. KRAFT gibt außerdem Anweisungen über die Herstellung von Mikrophotographien.

5. Echinodermen. KLINGHARDT[1] hat zur Untersuchung der Innenseite Seeigel nach gleichsinnig orientierten Flächen zerschnitten. Die Teile werden in Hartparaffin (Schmelzpunkt bei 55°) eingebettet; dann wird von der Schnittfläche aus das Innere herauspräpariert. Die Einbettung in Paraffin ist notwendig, um ein Zerbröckeln der Gehäuse zu verhindern. Zur Aushöhlung benutzte KLINGHARDT einen elektrischen Bohrapparat mit verschiedenen Einsatzstücken. Je näher der Peripherie der Schale, um so feinere Bohrer kamen zur Anwendung. Nach Entfernung des groben Materials wurden rotierende Drahtbürsten verschiedener Härte und schließlich Pinsel verwandt. Endlich wurden die Stücke mit erwärmter LOVÉNscher Lösung (60vH Alkohol, 40vH Glyzerin) behandelt, um die Umgrenzung der einzelnen Täfelchen deutlicher zu machen.

Auch Dünnschliffe[2] und Anschliffe können bei der Untersuchung von Echinodermenresten herangezogen werden.

6. Würmer. Die Struktur der Wurmröhren untersucht man im Dünnschliff.

7. Bryozoen. Aus lockeren Gesteinen werden Bryozoen ausgeschlämmt. Auf harten Gesteinen wittern sie häufig oberflächlich heraus. Die Untersuchung findet unter Vergrößerung auch im Dünnschliff statt.

8. Brachiopoden. Zur Untersuchung der Schaleninnenseite (Schloßbau, Armgerüst) wird die Schale vom Steinkern abpräpariert, auf welchem dann die anatomisch wichtigen Teile im Negativ beobachtet werden können. Bei vorsichtigem Erhitzen und Abschrecken[3] löst sich die Schale vielfach sehr leicht vom Steinkern.

Bei verkieselten Klappen kann man durch Ätzen mit Säuren den Steinkern auflösen und auf diese Weise die Schaleninnenseite untersuchen.

In manchen Fällen kommen Serienschliffe zur Anwendung, wie dies z. B. FREDERICKS[4] zur Untersuchung der Ventralklappen getan hat.

---

[1] KLINGHARDT: Über die innere Organisation und Stammesgeschichte einiger irregulärer Seeigel der Oberen Kreide. Jena 1911. S. 4. (Diss.)

[2] Über Untersuchungen im polarisierten Licht vgl. SIEVERTS, H.: Über die Crinoidengattung *Marsupites*. Abhandl. d. Pr. Geol. L. N. F. H. 108, 41. (Hier weitere Literatur.)

[3] BUCKMAN: A method of removing the test from fossils. Americ. Journ. of Science, New Haven 1911. Ser. 4, *32*, 163.

[4] FREDERICKS: Der Apikalapparat der *Brachiopoda Testicardines*. N. Jahrb. f. Min. Beil. *57*, Abt. B, 9.

„Um sich ein vollständiges Bild über die Struktur des inneren Baues des Wirbelgebietes der Ventralklappe (Apikalapparat) zu machen, wird diese je nach Umständen 2-, 3-, 4 mal mit einer Scheidemaschine zerschnitten, wobei jeder Schnitt (Abb. 33 *aa, bb, cc, dd*) senkrecht zu der Areafläche angelegt wird. Die Schnittflächen werden poliert und mit einer schwachen Lösung von Salzsäure geätzt; gewöhnlich erscheint dabei in einer scharfen Weise die Struktur des Apikalapparates auf der durchbeizten Schichtfläche." Die Untersuchung des Schalenbaues[1] erfolgt unter der Lupe oder dem Mikroskop.

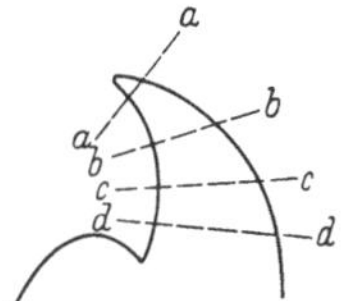

Abb. 33. Schnitte durch die Ventralklappe eines Brachiopoden. (Nach FREDERICKS.)

9. Muscheln und Schnecken. Besondere von der Anatomie abhängige Präparationsmethoden kommen hier nicht in Frage; meist ist nur der Erhaltungszustand maßgebend, worüber alles Wesentliche schon früher S. 52 ff. gesagt ist. Nur die Rudisten machen eine Ausnahme. Um das Band sichtbar zu machen, hat KLINGHARDT[2] einen Längsschnitt in die Nähe der Bandfalte gelegt und dann vorsichtig näher an dieselbe herangeschliffen. Auf diese Weise konnte er auch eine Reihe innerer Organe nachweisen.

10. Cephalopoden. Bei der Untersuchung von Cephalopoden steht die Ontogenie an erster Stelle. Die Entwicklungsstadien der Belemniten betrachtet man entweder auf den aufgespaltenen Rostren[3] oder im Dünnschliff[4]. Bei den Ammoniten müssen die älteren Umgänge des Gehäuses von den jüngeren Windungen abpräpariert werden, wozu die ganze S. 52 ff. geschilderte Technik herangezogen werden kann. Je nach dem Erhaltungszustand und dem Grad der Einrollung wird man verschiedene Methoden anwenden. Im günstigsten Falle kann man schon mit der Beißzange die äußeren Windungen von den inneren abkneifen und auf diese Weise Skulptur und Lobenlinien des Jugendstadiums betrachten. Oft ist aber dieses Verfahren nicht sofort anwendbar. Dann muß erst das Gefüge des Fossils gelockert werden, wobei alle mechanischen, thermischen und chemischen Hilfsmittel eine Rolle spielen können. Hat man auf diese Weise ein wenige Millimeter großes Anfangsgehäuse freigelegt, dann muß man mit Spitzeisen und Präpariernadel weiter arbeiten, so wie dies BRANCA[5] in seiner klassischen Arbeit ausführte: „Ich habe sämtliche untersuchte Stücke aus freier Hand präpariert, indem ich das Objekt in einen Pappkasten legte, mit der Fingerspitze in eine kleine Höhlung drückte, die ich in den

---

[1] Vgl. LEIDHOLD: *Rhynchonella Doederleini Davids.*, eine kritische Brachiopodenuntersuchung. N. Jahrb. f. Min. Beil. *45*, 423. 1922.

[2] KLINGHARDT: Die Rudisten. Arch. f. Biontologie *5*, H. 1. 1921.

[3] STOLLEY: Die Belemniten der norddeutschen unteren Kreide. Geol. Pal. Abh. N. F. *10*. 1911. — Ders.: Studien a. Belemniten d. unt. Kreide Norddeutschl. Jahresber. d. Niedersächs. geol. Ver. zu Hannover 1911.

[4] CHRISTENSEN, E.: Neue Beiträge zum Bau der Belemniten. N. Jahrb. f. Min. Beil. *51*, 118.

[5] BRANCA: Beiträge zur Entwicklungsgeschichte der fossilen Cephalopoden. Paläontogr. *26*, 22. 1879.

Boden des Kastens machte und nun mit einer Nadel allmählich die weiteren Umgänge bis an das erste Septum Stück für Stück abbrach. Bei den Arbeiten muß man den winzigen, zuletzt nur $^1/_3$ mm großen Kern ziemlich nahe in den toten Winkel des Kastenrandes legen und letzteren womöglich noch durch eine Glasscheibe erhöhen. Denn infolge des Druckes, welchen man mit dem Finger ausübt, springt das Objekt leicht mit Heftigkeit unter dem Fingernagel hervor und vorwärts, und wenn es nicht an den erhöhten Rand des Kastens anprallt und in letzteren zurückfliegt, so ist es meist verloren.‘‘

Bei der Untersuchung der Lobenlinie muß unterschieden werden zwischen dem Sichtbarmachen auf dem Steinkern und dem Nachzeichnen der Sutur zum Vergleich und für Reproduktionszwecke. Bei beschalten Ammoniten muß zuerst die Schale hinter der Wohnkammer abpräpariert werden. Bisweilen gelingt es sehr leicht mit einer weichen Bürste; manchmal muß man sie aber abätzen oder mit dem Spitzeisen mit kurzer oder langer Spitze oder mit der Nadel vorsichtig abdrücken oder abschaben. Nun gibt es auch Steinkerne, bei denen trotz fehlender äußerer Schale die Lobenlinie sehr schlecht oder unvollkommen sichtbar ist. Nowak[1] empfiehlt in solchen Fällen die folgenden Methoden: Man legt den Ammoniten in Wasser, was oft hinreichend ist, um die Sutur in etwas dunklerer Tönung sichtbar zu machen. Mit einem weichen, schwarzen Bleistift fixiert man die Lobenlinie auf dem Objekt und malt sie, nachdem der Ammonit getrocknet ist, mit einer Deckfarbe aus. Hat man mit diesem Verfahren keinen Erfolg, dann bearbeitet man das Stück unter Wasser mit einer Bürste eventuell unter Verwendung von Sand und Schmirgel, um den Härteunterschied zwischen Scheidewand und Kammerausfüllung auszunützen. Nach dieser Behandlung werden Spuren der Lobenlinie als schwache Vertiefung bei einseitiger Beleuchtung sichtbar.

In den meisten Fällen ist die Lobenlinie sehr gut zu sehen, und es fragt sich nun, wie sie am besten abgezeichnet werden kann. Das einfachste Mittel ist das Durchpausen auf ein Gelatineblatt. Man spannt das dünne glatte Blättchen um das Ammonitengehäuse und befestigt es mit Plastilin oder sonstwie. Dann ritzt man mit einer Graviernadel den Verlauf der Lobenlinie in die Gelatine ein. Wenn das Blättchen mit Graphit eingerieben wird, setzt sich dieses nur in die eingeritzte Furche. Die so behandelte Pause läßt sich dann unmittelbar auf Zeichenpapier abdrücken. Wenn die Lobenlinien sehr kompliziert sind und von dicht aufeinanderfolgenden Scheidewänden herrühren, muß eine von ihnen vor dem Durchpausen mit einer Deckfarbe angepinselt werden.

Wenn der Ammonit starke Rippen und Knoten hat, stößt das Durchpausen auf gewisse Schwierigkeiten, bzw. der Erfolg ist in hohem Maße von der Geschicklichkeit des Zeichners abhängig. Man hat deshalb mit Kollodium (4 g Schießbaumwolle, aufgelöst in 32 g Äther und 10 g 90proz. Alkohol) die Lobenlinie überpinselt. Auf dem sich bildenden

---

[1] Nowak: Einige Präpariermethoden der ammonitischen Lobenlinien. Mitt. d. Geol. Ges. in Wien *6*, 234. 1913.

Häutchen, das sich allen Unebenheiten der Skulptur anschmiegt, wurde die Sutur mit Tusche nachgezeichnet. Das Ablösen des Häutchens von dem Steinkern ist aber fast immer mit großen Schwierigkeiten verbunden; meist zerreißt das mühsame Produkt, so daß wohl oft auf diese Methode verzichtet wurde.

Nun ist in neuester Zeit dieses Verfahren von Nicolesco[1] sehr verbessert worden; in vielen Fällen ist eine besondere zeichnerische Geschicklichkeit nicht erforderlich. Nicolesco benutzt Zelluloid (aus Schießbaumwolle und Kampfer bestehend), das in einer Mischung in gleichen Teilen aus Azeton und Amylazetat (Zaponlack) aufgelöst wird. Dieser farblosen Flüssigkeit, die „Zelluloidine" genannt wird, werden noch 10—15 vH Rizinusöl oder Glyzerin zugesetzt, um ein möglichst geschmeidiges Produkt zu erhalten.

Die Zelluloidine wird in zwei verschiedenen Konzentrationen angewandt: einer 0,5—2proz. und einer 10—15proz. Lösung. Selbstverständlich müssen vor Anwendung der Lösungen der Steinkern und die Sutur gründlich gereinigt werden.

Am einfachsten ist das Verfahren, wenn die Lobenlinie auf dem Steinkern als vertiefte Furche vorhanden ist. Man trägt zuerst die 0,5- bis 2proz. Lösung auf, die infolge ihrer starken Verdünnung in alle feinen Furchen ohne Luftblasenbildung eindringt. Nachdem die erste Schicht getrocknet ist, werden mit 10—15proz. Lösung 6—8 Lagen aufgepinselt. Das Ganze läßt man 12—24 Stunden langsam weiter austrocknen, um ungleichmäßiges Schrumpfen zu vermeiden. Dann hebt man das Häutchen ab, gibt ihm eine geeignete Form und legt es zwischen zwei Glasplatten, um es bei mäßigem Druck während einiger Stunden glatt zu pressen. Die Sutur ist nun als reliefartige Linie ausgegossen und kann mit Hilfe von Kohle- oder Durchschlagpapier auf Zeichenpapier abgedrückt oder gepreßt werden. Das Zelluloidinehäutchen ist viel widerstandsfähiger als Kollodium.

Bei kleinen Ammoniten und dann, wenn die Lobenlinie nur wenig vertieft ist, empfiehlt Nicolesco ein anderes Verfahren. Es wird eine färbende Substanz in die Vertiefung der Lobenlinie gebracht und dann die Zelluloidinelösung aufgetragen. Als Farbstoff verwendet man Kienruß oder Zinnober, mit Leinöl zu einer Paste vermischt, die man mit dem Daumen in die vertiefte Lobenlinie einschmiert. Die stark ver-

---

[1] Nicolesco, C.: Application des empreintes au collodion à la réproduction des cloisons des ammonoïdés. Cpt. rend. hebdom. des séances de l'acad. des sciences *165*, 708—710. 1917 und Bull. de la soc. géol. fr. *18*, 217—221. 1918. — Nicolesco, C. et Debeaupuis, M.: Sur la reproduction des cloisons des ammonoïdés au moyen d'empreintes au collodion. Cpt. rend. somm. soc. géol. fr. 1918. 64—65. — Nouvelles applications des empreintes au collodion à la reprodution des cloisons d'ammonoïdés. Bull. de la soc. géol. franç. *18*, 222—232. 1918. — Am ausführlichsten behandelt Nicolesco die Methoden in seiner Dissertation, Etude sur la dissymétrie de certaines ammonites. Paris 1921. — Aus der Literatur seien noch genannt: Buckman: Monograph of inferior oolite ammonites. Palaeontogr. soc. 1894. 380. — E. Böse, s. Fußnote S. 96. — Swinnerton and Trueman, s. Fußnote S. 105. — Coëmme: Sur un nouvean procédé de reproduction des cloisons d'ammonoïdés. Cpt. rend. hebdom. de séances de l'acad. des sciences *162*, 769—771. 1916 und *165*, 707—708. 1917.

dünnte Lösung der Zelluloidine läßt man in Form eines Tropfens auf die gefärbte Lobenlinie fallen und sich ausbreiten, indem man den Ammoniten nach verschiedenen Richtungen hin verschieden stark neigt. Man muß darauf achten, daß die Zelluloidine überall eindringt. Dann werden die anderen Lagen aufgetragen und wie oben weiter behandelt. Das abgezogene Zelluloidinehäutchen trägt die gefärbte Sutur und kann, zwischen zwei Glasplatten gelegt, unmittelbar auf photographisches Papier kopiert werden.

Das Eindringen der oben genannten Farbstoffe ist dann schwierig, wenn die Sutur sehr fein ist. Sie lassen sich außerdem nicht immer gleichmäßig verteilen. An Stelle einer Paste kann man auch färbende Flüssigkeiten verwenden, die mit einem Pinsel oder mit der Zeichenfeder in die vertiefte Sutur eingebracht werden. Als besonders empfehlenswerte Farbstoffe kommen Jodgrün und Kongorot zur Anwendung. Im übrigen wird genau so gearbeitet, wie oben ausgeführt.

Eine andere Möglichkeit besteht darin, daß man nicht nur in die Lobenlinie eine chemische Substanz einbringt, sondern auch die stark verdünnte Zelluloidinelösung mit einer anderen chemischen Substanz vermischt. Sobald man nun diese Lösung auf die vorbehandelte Sutur aufträgt, findet am Kontakt ein chemischer Prozeß statt, durch den längs der Lobenlinie eine Färbung in dem Häutchen entsteht. Auf dieses immerhin komplizierte Verfahren kann hier nicht näher eingegangen werden.

Wenn die Lobenlinie nicht als Vertiefung vorhanden ist, sondern genau in der gleichen Fläche mit dem Steinkern liegt, muß ein anderes Verfahren zur Anwendung kommen. Ist das Gestein nicht porös, dann wird mit einem der oben erwähnten Farbstoffe die Lobenlinie nachgezeichnet und dann mit Zelluloidine abgezogen. Ist das Gestein porös, dann pinselt man eine Zelluloidinelage auf, zeichnet mit der Farbe die Sutur nach, pinselt die übrigen Lagen darüber und zieht dann ab. Man kann auch den Steinkern mit heißem Wachs oder Paraffin überziehen; da hinein graviert man die durchscheinende Lobenlinie. Diese künstlich geschaffene vertiefte Sutur wird mit Zelluloidine ausgegossen, wie oben beschrieben ist.

Wenn der Ammonit Rippen und Knoten hat, muß man darauf achten, daß das Häutchen gleichmäßig dick wird. Eine zu große Menge der Lösung darf man nicht verwenden; sie würde sich nämlich in den Vertiefungen zwischen den Rippen ansammeln und die höheren Skulpturteile unbenetzt lassen. Rippen und Knoten müssen besonders eingepinselt werden.

Bei kleinen Rippen und Knoten bietet die Übertragung der auf dem durchsichtigen Zelluloidinehäutchen fixierten Lobenlinie auf Zeichen- oder Kopierpapier keine Schwierigkeit. Wenn jedoch große Knoten mit abgegossen worden sind, dann läßt sich das Häutchen nicht ohne weiteres zwischen zwei Glasplatten einspannen. Es müssen zuvor die Ausstülpungen der Knoten an ihrer Basis abgeschnitten werden. Nun läßt sich die Lobenlinie übertragen. Die fehlenden Teile werden dann zeichnerisch ergänzt.

11. Arthropoden. Besondere, von der Anatomie abhängige Präparationsmethoden sind, abgesehen vom Ausschlämmen und Dünnschleifen, nicht zu erwähnen. Das Ausschlämmen kommt bei den kleinen Formen, wie z. B. Ostrakoden, zur Anwendung. Dünnschliffe und Serienschliffe dienen vor allem der Untersuchung von aufgerollten Trilobiten. Das Vorhandensein von Extremitäten, die Beschaffenheit der Augen, wie überhaupt wichtige systematische Einzelheiten können auf diesem Wege erforscht werden.

Auf den Nachweis von Chitin (S. 89), das durch Säuren herauspräpariert werden kann, sei kurz hingewiesen. Über Bernsteininsekten s. S. 147.

12. Wirbeltiere. Da Wirbeltierfunde viel seltener sind als Wirbellose, verdienen sie eine besondere Beachtung durch den Sammler. Hinzu kommt außerdem noch, daß die Vertebraten infolge ihrer höheren und mannigfaltigeren Organisation in viel größerem Maße biologischen Untersuchungen zugänglich sind.

Das Bergen großer Objekte durch den Privatsammler stößt meist auf nicht überwindbare Schwierigkeiten, da solche Arbeiten, abgesehen von der sachgemäßen Ausführung, meist mit nicht unerheblichen Kosten verbunden sind. Unter Überwindung egoistischer Interessen (s. S. 47) würde sich der Sammler ein großes Verdienst um die Wissenschaft erwerben, wenn er sofort nach Entdeckung eines Fundes die für die geologische Aufnahme zuständige Landesanstalt oder das nächste größere Museum, das über eine selbständige geologische Abteilung verfügt, benachrichtigen würde. Gerade beim Bergen von Wirbeltierfunden wird viel gesündigt. Aus Unwissenheit werden die Knochen oft zerschlagen oder unmittelbar der Sonne ausgesetzt, wobei das mürbe, feuchte Material sehr schnell austrocknet und zerspringt. Vielmehr müssen die Knochen in Papier eingewickelt oder sonstwie geschützt werden, um an einem schattigen Ort langsam auszutrocknen (s. S. 66). Bisweilen werden die Knochen ebenso wie andere Fossilien einzeln herausgegraben und so aufbewahrt, daß nachher nicht mehr festgestellt werden kann, ob die einzelnen Teile zu einem oder mehreren Individuen gehörten oder ob sie aus einer oder mehreren Schichten herrührten. Auch Wirbeltiere müssen schichtmäßig gesammelt werden. Vollständige Skelette sind begreiflicherweise vor allem erwünscht. Jeder noch in Kies oder Sand steckende Fund ist darauf zu prüfen, ob er vielleicht einem ganzen, noch im Gestein verborgenen Skelett angehören könnte. Sprechen die Anzeichen dafür, dann empfiehlt es sich, den sichtbaren Teil des Skelettes nicht für sich allein zu bergen und einzupacken, sondern erst das ganze zusammenhängende Objekt freizulegen. Hierbei achte man genau auf die Lage der einzelnen Teile und noch sonst damit vorkommende Tier- und Pflanzenreste, die für die Erklärung der Einbettungsvorgänge (vgl. WEIGELT[1]) von großer Bedeutung sein können. Durch eine Skizze oder durch photographische Aufnahmen muß die gegenseitige Lage der Knochen fixiert werden. Liegen lange Wirbelreihen mit oder ohne

---

[1] WEIGELT, s. Fußnote S. 20.

Rippen vor, dann empfiehlt es sich, vor dem Verpacken die einzelnen Stücke zu numerieren, damit man später im Laboratorium genau die gleiche Position wieder herstellen kann. Mürbe Knochen müssen schon an Ort und Stelle mit Leim getränkt werden; näheres hierüber in den Abschnitten Kitten und Ergänzen S. 65, Konservieren S. 66 und Verpacken S. 49.

Wenn das Fossil in lockerem Sand oder Ton eingebettet ist, empfiehlt es sich nicht, die kleineren Knochen, wie z. B. die eines Fußes, einzeln zu verpacken. Wenn irgend möglich, übergieße man den Fuß von der Oberseite her mit Gips (s. S. 50). Wenn die Masse hart geworden, unterhöhlt man das Objekt, dreht es auf die andere Seite und behandelt diese in gleicher Weise. So gelingt es, die Knochen in ihrer ursprünglichen Lage zu bergen. Auch kleine Wirbeltierreste können im ganzen in gleicher Weise behandelt werden. Sehr empfindliche kleine Säugetierreste, die in größerer Zahl an einer Stelle aus Sand oder Löß oberflächlich heraussehen, werden nach KEILHACK[1] in der Weise geborgen, daß man die Fundstelle mit einer dünnflüssigen Gummiarabikumlösung übergießt, die so dünn und wässerig sein muß, daß sie vom Gestein aufgesogen wird. Wenn das Wasser verdunstet und der Löß durch den Leim verfestigt ist, löst man den ganzen zusammengeklebten Brocken mit dem Fossilinhalt ab und verpackt ihn im ganzen in Watte und Papier. Im Laboratorium wird dann die sorgfältige Präparation ausgeführt.

Bei Knochen, die in hartem Gestein stecken, erübrigen sich meistens die oben beschriebenen Sammelmethoden, weil das Gestein selbst für die erforderliche Stabilität sorgt. Man notiere sich für die spätere Präparation, wie das Fossil in bezug auf oben und unten eingebettet gelegen hat (s. S. 59).

Auch beim Sammeln von Wirbeltieren muß das Medium, in welchem die Knochen eingebettet sind, beachtet werden. Bisweilen enthalten die Hohlräume des Fossils ein anderes Gestein, als das Einbettungsmaterial, was auf sekundäre Umlagerung hindeutet. Man trenne das Gestein nicht völlig vom Fossil ab, oder man nehme eine Probe des Einbettungsmaterials mit, um bei späteren Untersuchungen Vergleiche anstellen zu können. Man achte auch schon beim Sammeln darauf, ob die Knochen abgerollt sind oder nicht.

Nachtrag.

Lederkitt, der in Wasser unlöslich ist, und z. B. als Atlas-Schuhkitt im Handel zu haben ist, kann auch zum Kitten von Fossilien Verwendung finden.

---

[1] KEILHACK: Lehrbuch der prakt. Geologie 2, 565. 1922.

C. Pflanzliche Fossilien.

Vorbemerkung. Wenn hier die pflanzlichen Fossilien in einem gesonderten Teil behandelt werden, so ist der Grund hierfür zunächst jene neuerdings immer stärker sich geltend machende Differenzierung der Paläontologie in Paläozoologie und Paläobotanik, die es auch zweckmäßig erscheinen ließ, den gesamten, in diesem Buche behandelten Stoff in die Hand zweier Mitarbeiter zu legen. Vor allem war maßgebend, daß die pflanzlichen Fossilien innerhalb der Paläontologie durch die Art ihrer Erhaltungsweise tatsächlich eine Sonderstellung einnehmen, so daß eine Sonderbehandlung nicht nur gerechtfertigt, sondern praktisch ist, wenn auch manche Methoden der Präparation der pflanzlichen und tierischen Fossilien miteinander eng verwandt sind. Wie bekannt ist und auch aus den früheren Kapiteln hervorgeht, handelt es sich bei den nur fossil überlieferten Tierresten meist nur um die Erhaltung von Hartteilen der Tierkörper, mögen diese nun externe (wie die Schalen der Muscheln, Gastropoden usw.) oder interne (wie die Knochen der Wirbeltiere) sein. Nur sehr selten findet man Spuren von Muskelfleisch, wie bei den im Eise eingefrorenen Mammuten, oder der Häute, wie bei den letztgenannten oder den im Erdwachs erhaltenen Tieren und dergleichen. Bei den Pflanzen erhält sich dagegen, wenn nicht spätere Zersetzungs- und Oxydationsvorgänge diese Teile vernichten, gerade der Pflanzenleib selber oder Teile davon in irgendeiner Form, besonders als Kohle. Nur in wenigen Fällen benutzen die Pflanzen zum Aufbau ihres Körpers mineralische Substanzen, wie gewisse Meeres- und Süßwasser-Kalkalgen, von deren Vorkommen und Präparation dann Ähnliches gilt wie von den Foraminiferen oder entsprechenden tierischen Fossilien ähnlicher Größe, und wie ferner die Diatomeen oder Bacillarien, deren Pflanzennatur man bestreiten könnte. Eine Eigenart der fossilen Pflanzen gegenüber den Tierresten besteht weiterhin darin, daß sie meist von Landbewohnern herrühren, während die Tierreste bis auf diejenigen von Wirbeltieren und Insekten allermeist von Wasserbewohnern, sei es des Süß- oder des Salzwassers, herrühren. Außerdem hat die fossile Landpflanzenwelt gegenüber sehr vielen Tierresten den Nachteil, daß die verschiedenen Teile derselben Pflanze an verschiedenen Stellen und in verschiedener Form eingebettet wurden, was schon im Hinblick auf die Größe der Pflanzen selbst erwartet werden muß, außerdem aber durch die Umstände der Sedimentation begünstigt wird. Schließlich unterscheiden sich die Präparationsmethoden der kohlig erhaltenen Pflanzenreste

so stark von den bisher besprochenen und enthalten so viel Neues, daß
schon von diesem Gesichtspunkt aus eine Sonderbehandlung als das
einzig Richtige erscheint.

I. Fossilisation.

a) Vorgänge während der Einbettung.

Wie bei den tierischen Resten, deren Einbettungsvorgänge oder Be-
stattungsvorgänge früher auf S. 27 abgehandelt worden sind, ist es
auch bei den fossilen Pflanzen notwendig für den Sammler wie für den
Wissenschaftler, sich die Vorgänge, die bei der Fossilisation stattfinden
oder stattfinden können, auch hier vor Augen zu halten, um zu einer
richtigen Beurteilung des einzelnen Fossilvorkommens zu gelangen. Fast
immer ist die Einbettung wie bei den Tierfossilien durch die Wirkung
mehr oder weniger fließenden Wassers vor sich gegangen. Nur in seltenen Fällen ist sie durch äolische Drift erfolgt, d. h. das jetzt als
Hüllgestein erscheinende Material kann vom Winde aus der Luft oder
durch die Luft herbeigetragen sein. Wir behandeln diese wenigen Fälle
zuerst, und gehen dann auf die Einbettung durch Wasser über.

1. Äolische Drift (Einbettung durch luftbewegte Materie).

Wie heute, so wurden auch früher durch den Wind beträchtliche
Bodenmassen umgelagert und konnten etwa auf ihrem Wege befindliche
Pflanzen einhüllen und begraben. Praktisch kommen hier nur zwei Fälle
in Betracht: einmal die Einbettung durch vulkanische Aschen, die
ja oft in großer Menge in der weiteren Umgebung der Vulkane bei Aus-
brüchen niederfallen, wofür ein etwas vor der Jetztzeit liegendes Beispiel
der Bimssteinfall im mittleren Rheintal ist. Die Asche kann beim Niederfallen noch heiß gewesen sein, und so erklären sich Funde von ver-
kohltem Holz in gewissen vulkanischen Tuffen jener und anderer Gegenden. Auch Lavaströme können die Vegetation überfluten, und es bleiben
dann öfter verkohlte Stämme darin erhalten. Vulkanische Tuffe mit
Pflanzenresten finden sich gar nicht selten, so im Rheingebiet, in
Kamerun usw.; doch zeigen die darin enthaltenen Blätter, daß es sich
meist um Tuff handelt, der vom Wasser umgelagert worden ist. Die
Blattsubstanz ist meist verschwunden, aber nicht durch die Hitze des
Hüllgesteins, sondern durch Oxydation infolge der Durchlässigkeit des
Gesteins.

Der zweite Fall, der auch biologisch von größerem Interesse ist, be-
trifft die Einbettung von Pflanzen durch wandernden Dünensand.
Man kennt ja von den heutigen Wanderdünen, z. B. unserer Ostseeküste,
die „Baumkirchhöfe", die Reste der von den Dünen begrabenen Wald-
stücke, die oft beim Weiterwandern der Dünen wieder freigelegt werden.
Es gibt gewisse Vorkommen von Pflanzen in feinkörnigem Sandstein,
deren nähere Umstände darauf hinweisen, daß es sich um Einbettung
auf die oben genannte Art handelt. Das augenfälligste Beispiel dieser
Art aus älteren Formationen ist, soviel mir bekannt, der graue, fein-
körnige Neokomsandstein des Harzvorlandes in der Gegend von Qued-

linburg a. H. In diesem sehr gleichmäßigen Sandstein finden sich
Pflanzenreste in Form von Abdrücken (die Kohle ist infolge der Durchlässigkeit des Gesteins verschwunden), die dadurch auffallen, daß sie
nicht wie die durch Wasser abgelagerten parallel der Schichtungsfläche
liegen, sondern daß sie kreuz und quer wie beim natürlichen Wachstum
zum Teil in senkrechter Stellung in dem Gestein stecken. Man kann sie
daher oft nur schwer unverletzt herausgewinnen, was bei anderen
Pflanzen, die entsprechend der Schichtung eingebettet sind, sehr leicht
ist; der Sand ist außerdem noch wenig verfestigt. Man muß daher beim
Sammeln hier eine Tränkungs- und Verfestigungsmethode an Ort und
Stelle anwenden, wovon S. 67 die Rede ist. Gleichzeitig mit diesen
aufrechten Pflanzen kommt überdies ein „Wurzelboden" vor, der als
„Löchersandstein" bezeichnet wird, da die verwesten Wurzeln Löcher
im Sandstein hinterlassen haben. Da die Pflanzen über den Boden her-
vorgeragt haben müssen, so ist eine Einbettung durch Wasser nicht anzunehmen, die ganz andere Einbettungsumstände schafft (vgl. GOTHAN,
Jahrb. Pr. GLA *42*, 2, S. 772). Derartige Vorkommen sind also nach
obigem Muster zu beurteilen; sie kommen, wenn auch selten, auch in
anderen Formationen vor, wie z. B. im Buntsandstein, und geben zugleich über die Lebensweise und Standortsverhältnisse der betreffenden
Pflanzen Aufschluß.

2. Aquatische Drift (Einbettung durch wasserbewegte Medien).

In den weitaus meisten Fällen sind die in den Sedimentgesteinen enthaltenen Pflanzenreste mit Hilfe des fließenden Wassers eingebettet.
Sie sind mit dem sie jetzt als Gestein umhüllenden Material, sei es
schlammig fein, sei es gröber sandig bis selbst kiesig, gleichzeitig eingebettet worden. Dabei hat ein mehr oder weniger weiter Transport
stattgefunden, was sich in der Art des Hüllgesteins selber und in
der Art der Erhaltung der Pflanzenreste ausspricht, die bei geringem Transport wenig zerrieben und zerstört, „in guter Erhaltung",
bei längerem Transport (z. B. mit Sandmassen) dagegen oft sehr bestoßen und stark zerstört niedergelegt werden.

Wir müssen bei den in Sedimenten befindlichen Pflanzenresten zwei
Arten des Vorkommens unterscheiden, die allerdings in der Natur nicht
scharf getrennt, sondern durch Übergänge miteinander verbunden sind:
die autochthone oder ortsständige und allochthone oder orts-
fremde, unterscheiden.

a) **Autochthone Pflanzenreste.** Bei der autochthonen Ablagerung[1]
im eigentlichen Sinne ist zwar das Sediment selber wasserbewegt abgelagert, das Fossil aber nicht. Das Sediment ist nämlich, genau genommen,
vor dem Vorhandensein des Fossils bereits vorhanden gewesen, und das
Fossil ist in ihm als im Boden gewachsen. Es ist das ungefähr das, was
in dem ersten Teil S. 28 als primäre Lage bezeichnet worden ist.
Hierhin gehören die Wurzelböden verschiedener Art, wie sie in fast

---

[1] Die deutschen Übersetzungen, die für dieses Wort angewandt werden
und meist einer unberechtigten Fremdwortangst entspringen, sind verschieden;
wir nennen außer der obigen noch bodeneigen und bodenfremd.

allen geologischen Formationen vorkommen, in denen Landpflanzenreste zur Ablagerung gekommen sind. Die Kennzeichen dieser Art des Vorkommens bestehen darin, daß — ähnlich wie bei den oben erwähnten, durch äolische Drift eingebetteten Pflanzen — die Wurzelorgane oder deren Reste nicht der Schichtungsfläche folgen, sondern unabhängig von ihr das Gestein senkrecht, schief oder horizontal, kurz und gut in verschiedenen Richtungen durchziehen, jedenfalls in solcher Lage, wie sie vom sedimentführenden Wasser eingebettete Pflanzen nicht zeigen können. Als Beispiel für solche Wurzelböden sind zunächst zu nennen die unter den meisten Flözen in der Steinkohlenformation vorkommenden Stigmarienböden, deren ganz unregelmäßige Brüchigkeit von eben den genannten Wurzeln herrührt (Abb. 34). Beim Zerschlagen solcher wurzelführender Gesteine kommt dies ganz vorzüglich zum Ausdruck; man bekommt meist überhaupt keine ebenflächigen Stücke nach der Schichtungsfläche, sondern unregelmäßig begrenzte Brocken. Unter den Braunkohlenflözen und unter den jüngeren Steinkohlenflözen kommen Wurzelböden von ähnlicher Form wie unter unseren Torfmooren vor, so z. B. unter den Flözen der mitteldeutschen und anderer Braunkohle, unter den Wealdenflözen des Deisters. Oft kommen natürlich solche Wurzelböden auch ohne Flöze vor; es ist ja nicht notwendig, daß es immer zur Flözbildung kommt, d. h. daß sich aus der Vegetation auch Moore und spätere Kohlenflöze bilden, wie auch das oben

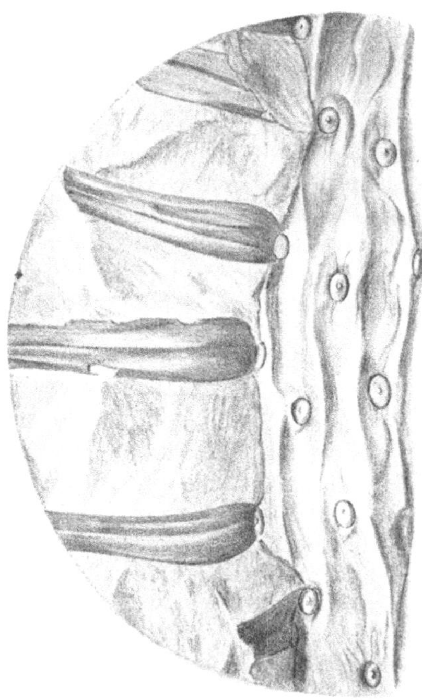

Abb. 34. Stück eines *Stigmaria*-Wurzelbodens mit *Stigmaria*-Wurzelstock (rechts) mit den eigentlichen Wurzeln (links), die in verschiedener Richtung durchs Gestein gehen.

erwähnte Beispiel des Neokomsandsteins zeigt. Derartige Wurzelböden sind schon im Devon bekannt, und es wird kaum eine landpflanzenführende Periode geben, in der sie nicht vorkommen.

Aufrechte Stämme. Mit den Wurzelböden am nächsten verwandt sind die verschiedenen Vorkommen aufrechter Stämme, die oft noch im Zusammenhang mit solchen Böden stehen. Abb. 35 zeigt ein Beispiel aufrechter Stämme aus der Steinkohlenformation, die sich noch im Zusammenhang mit den Wurzelstöcken befinden (Stigmarien); die eigentlichen Wurzeln (Appendices) der Stigmarien sind allerdings hier nicht sichtbar bzw. schon abgerissen. Die Stämme sind hier Hohlkörper, meist ursprünglich mit einer Kohlenhaut umgeben, die mit

Sedimentgestein ausgefüllt wurden. Diese Erhaltungsweise hängt mit der Anatomie des Stammes der Lepidophyten oder Schuppenbäume der Steinkohlenformation zusammen, auf die nachher noch kurz einzugehen sein wird. In der Steinkohle selber kann man derartige Stämme nicht mehr wahrnehmen, da sie zu homogen geworden ist. In jüngeren Kohlen, abgesehen vom Torf in manchen Braunkohlen, ist dies dagegen noch recht gut möglich; in der Tat sind aufrechte Stämme aus manchen Braunkohlenflözen Österreichs und anderer Gegenden sehr wohl bekannt. Hierher gehören ferner die ins Hangende mancher Kohlenflöze hineinragenden Baumstämme, namentlich von Sigillarien; es handelt sich meist um mehr oder weniger kegelförmige Stümpfe, die von einer Kohlenhaut umgeben sind. Nimmt man die einhüllende Kohlenmasse fort, so fallen sie leicht unvermutet herunter und bilden daher bei ihrer Schwere eine Gefahr für den Bergmann, der sie als Sargdeckel, Kessel (franz. *cloches*) usw. bezeichnet. So ist es natürlich, daß sich in Flözen, die viele Sigillarienstücke im Hangenden führen, auch solche „Kessel" in mehr oder weniger großer Anzahl vorfinden.

Abb. 35. Aufrechter *Lepidodendron*-Stamm aus dem älteren sächsischen Karbon, verkleinert. Bornaer „Sand"-Gruben bei Chemnitz. (Nach MAYAS.)

Ferner gehören hierher die Calamitenbestände oder Calamitenwälder, wie sie z. B. aus dem Zwickauer Revier zu wiederholten Malen bekannt geworden sind und noch vor kurzem wieder von Hohndorf beschrieben wurden, wobei allerdings merkwürdigerweise die Entstehung dieser Bestände mißverstanden wurde[1]. GRAND'EURY hat solche Bestände

---

[1] Die absurde Vorstellung, daß eine größere Menge solcher hohler Stämme aufrecht im Wasser flottierend niedergesetzt sein soll, ist widerlegt worden (Glückauf 1927, S. 80). Besonders wichtig sind hier die Beobachtungen von

auch aus Frankreich beschrieben. Man erkennt die ehemals aufrechte
Stellung im Gestein auch an Stammstücken in den Sammlungen daran,
daß die Stämme mehr oder weniger rund im Querschnitt sind, wie es
im Hinblick auf die Vorgänge bei der Sedimentierung des umgebenden Gesteins nicht anders erwartet werden kann. Stämme, die im Wasser
flottiert wurden, sind meist flach zusammengesunken[1]. Ferner gehören hierher manche Vorkommen von verkieselten Stämmen, z. B.
die des Chemnitzer Rotliegenden, die zum Teil noch aufrecht im Por-
phyrtuff staken. STERZEL nimmt von ihnen an, daß sie noch im lebenden
Zustand verkieselten und dabei gewissermaßen erstickt sind. Wie dem
auch sei, sie haben, soweit aufrecht stehend, noch ihre primäre Lage.
Weiter sind zu nennen die Vorkommen von *Pleuromeia* im Buntsandstein usw. Es ist zwar richtig, daß gelegentlich verschwemmte Stämme
auch schräg aufrecht stehend eingebettet werden können, wenn sie unten
durch Steine und dergleichen gestützt waren, doch sind das Einzelfälle
oder Ausnahmen, die sich bei genauerer Beobachtung des Tatbestandes
von selber zu erkennen geben.

β) **Allochthone, mehr oder weniger transportierte und dann eingebettete Pflanzenreste.** Die weitaus größte Anzahl der bekannt gewordenen und in den Sammlungen befindlichen fossilen Pflanzenstücke
sind vom Wasser mehr oder minder weit transportiert und mit dem
sie einhüllenden Sediment zugleich abgelagert worden. Je nachdem das
Sediment, das die Pflanzenreste jetzt umhüllt, feiner oder gröber war,
sind sie mehr oder weniger „gut erhalten", d. h., sind sie mehr oder
weniger bestoßen, zerrieben und zerkleinert. Der günstigste Fall ist aber
keineswegs derjenige, daß die Stämme, Blätter usw. an Ort und Stelle
niederfallen oder z. B. vom Lande in ein nahes Wasserbecken hinein-
geweht und dann zugedeckt werden. Dann liegen sie nämlich oft in so
dichter Packung auf- und durcheinander, daß man die einzelnen Formen
oft gar nicht oder nur mangelhaft herausgewinnen kann. Viel besser ist
es meist, wenn die einzelnen Stücke etwas separiert und vereinzelt vorkommen, auch wenn das Gestein schon etwas gröber ist. Hat man an der
betreffenden Örtlichkeit Kohlenflöze, so muß man in ihrem Hangenden suchen; im Liegenden findet sich zwar manchmal auch etwas, aber
nur wenig; dies gilt um so mehr, als es von den Wurzeln der Bäume und
dergleichen durchzogen ist und demnach keine guten Gesteinsplatten ergibt. Sucht man daher in Kohlengruben nach Pflanzenresten, so muß man
dem obigen Wink folgen, braucht aber auch das Liegende nicht vollständig zu vernachlässigen. Man findet dann z. B. oft über dem Flöz zunächst
eine Art Brandschiefer, der zahllose, aber im einzelnen kaum kenntliche
Pflanzenformen enthält. Geht man höher in das Hangende hinein, so
kommen meist bessere, mehr einzeln liegende Stücke zum Vorschein.

MAUERSBERGER, der auf meine Anregung der Sache genauer nachgegangen ist
(Jahrb. f. Berg- u. Hüttenwesen in Sachsen 1927, S. 24).

[1] Die Stämme der jüngeren Formationen, z. B. der Braunkohle (allermeist
Nadelbäume), sind ganz anders beschaffen, da sie im Innern bis zum Mark
einen kompakten Holzkörper besitzen, der nicht so herausgeschwemmt oder
breitgedrückt werden kann; daher bilden diese keine solchen hohlen Stämme
wie die Schuppenbäume der Steinkohle.

Man muß also auch in Tagesaufschlüssen die verschiedenen Schichten des Vorkommens genauer prüfen; oft führt nur eine einzige, wenige Millimeter dicke Schicht die guten Stücke; die anderen zeigen oft ein unkenntliches Gehäuf oder unbestimmbare Brocken, wenn das Gestein gröber ist.

Flözvorkommen geben zwar einfache Anhalte, wo man Pflanzenreste suchen muß. Oft aber treten reiche Pflanzenlager auch ohne Flöze auf. In Sandstein sind diese meist — entsprechend dem gröberen Korn des

Abb. 36. „Parallelhäcksel" aus dem Kulm von Magdeburg. (Nach H. POTONIÉ.)

Gesteins — stärker zerstört, doch zeichnen sich manche Sandsteine dadurch aus, daß sie hin und wieder pflanzliche Fossilien in gutem Zustand, aber nur zerstreut vorkommend liefern. Man ist dann mehr oder weniger auf glückliche Zufälle angewiesen und muß sich etwas mit den Arbeitern des Steinbruchs in Verbindung setzen, diese auf die Stücke aufmerksam machen und sie für sich aufheben lassen. An Orten, wo Pflanzenreste einigermaßen reichlich vorkommen, soll man selber sammeln. Der Sachkundige sieht viel mehr als der Arbeiter, der oft überhaupt erst angelernt werden muß und manches unscheinbare, aber wissenschaftlich wichtige Fossil wegwirft, das der Sammler höher schätzt als manches äußerlich schöne Objekt. Wie im ersten Teil ausgeführt, ist „das Selbersammeln" aus verschiedenen Gründen nötig; nur so bekommt man genauer heraus, wie die Fossilienverteilung, ihre Erhaltungs- und Einbettungsweise im Gestein selber ist.

Die gut erhaltenen Fossilien der Steinkohlenschiefer und ähnlicher Gesteine können vor ihrer Einbettung nicht weit transportiert worden sein. Man hat zwar darauf hingewiesen, daß man z. B. im Antillenmeer bei Dredgungen auf dem Meeresgrunde Blätter usw. von noch ganz guter Erhaltung mit heraufgebracht hat. Indessen walteten hier wohl besonders günstige Umstände (abgesehen von dem konservierenden Salzgehalt des Meerwassers), die bei Süßwasserablagerungen auf dem Festlande fehlen. Küstennah sedimentierte Pflanzen kommen oft zusammen mit einer Meeresfauna vor und verraten dadurch die Bedingungen ihrer Ablagerung und ihrer Herkunft, wie z. B. die Crednerien in der oberen Kreide bei Quedlinburg und die Liaspflanzen ebendaher.

Sind die Pflanzen weitertransportiert oder von grobem Sediment mitgenommen worden, so gibt sich dies auch in ihrem Aussehen zu erkennen. Sie sind dann zerstückelt, zerrieben; und es sind nur noch wenige bessere Stücke, an denen man etwas sieht, darunter. Oft gibt eine solche Pflanzendrift durch ihre parallele Lagerung die Fließrichtung zu erkennen (Abb. 36, „Parallelhäcksel"). Man bezeichnet solches zerstückeltes Pflanzenmaterial als „Häcksel", richtiger vielleicht noch als „Schwemmsel". Stößt indessen derartiger Häcksel an ein Ufer an, so lagert er sich meist senkrecht zur Schwemmrichtung parallel dem Ufer, was also bei derartigen Vorkommen im Auge zu behalten ist. Im groben Sandstein oder gar in Konglomeraten kommen nur große Stamm- oder Stengeltrümmer vor. Alle feinen Laubteile sind zerstört. Die Tanner Grauwacke des Harzes enthält nur solches Material von Cyklostigmen, kleinen Schuppenbäumchen; alles Farnartige, was hier sicher ebenso wie anderwärts vorhanden gewesen ist, fehlt. Man wird daher zu grobe Gesteine in der Grube oder am Tage nicht weiter durchsuchen, da es verlorene Liebesmühe und Zeitvergeudung sein würde, auch wenn sich Kohlentrümmer darin zeigen.

Wie sich aus dem vorigen ergibt, befinden sich die einem Transport unterworfen gewesenen Pflanzenfossilien mehr oder weniger weit von ihrem ehemaligen Wachstumsort; die gut erhaltenen, über den Flözen sich findenden entstammen meist der Vegetation, die auf dem ehemaligen Moore, dem jetzigen Flöz, wuchs; andere sind weiter hergekommen. Sie haben nicht zur Bildung der Kohlenflöze beigetragen, sondern wurden in den Schiefern des Hangenden (und Liegenden) eingebettet. Doch weiß man, daß ein großer Teil dieser Pflanzenarten auch in der Kohle selber steckt, wovon bei der Besprechung der „echten Versteinerungen" noch die Rede sein soll. Widerstandsfähige Pflanzenteile, z. B. Holzstämme, verkieselte Stämme, befinden sich oft an dritter Lagerstätte, sind also mehrmals umgelagert worden. Die Ablagerungen, die solche Stücke enthalten, können späterhin umgearbeitet werden; die festeren

Stücke bleiben dann übrig und geraten in andere, jüngere Gesteine hinein, wo sie gelegentlich auch zu Täuschungen Veranlassung geben können.

b) Vorgänge nach der Einbettung.

Wir haben uns eben damit bekannt gemacht, was mit den Pflanzenresten während der Einbettung in dem Sediment, dem späteren Hüllgestein (Muttergestein, Matrix), geschieht. Es ist nunmehr zu betrachten, was aus den in dem Sediment eingeschlossenen Pflanzen wird, und damit kommen wir zu den Hauptfragen der Pflanzenfossilisation, nämlich zur Besprechung der beiden Hauptarten der Erhaltung der Pflanzenfossilien, der kohligen Erhaltung oder Kohlung und der echten Versteinerung oder Intuskrustation.

1. Kohlige Erhaltung; Kohlung.

Falls die Pflanzenteile, die in einem Sediment eingeschlossen werden — ob nun eingeschwemmt oder in primärer Lage (in situ, autochthon im strengen Sinne) — nicht durch den Zutritt sauerstoffhaltiger Wässer oder Atmosphärilien verwesen, d. h. ihre Substanz verlieren, verwandelt sich die Pflanzensubstanz allmählich in Kohle, zunächst in torfige, dann in mehr braunkohlige Substanz, zuletzt in Steinkohle. Manche Pflanzen sind sogar anthrazitisch erhalten, d. h. also: die einzelnen Pflanzenreste können ähnliche

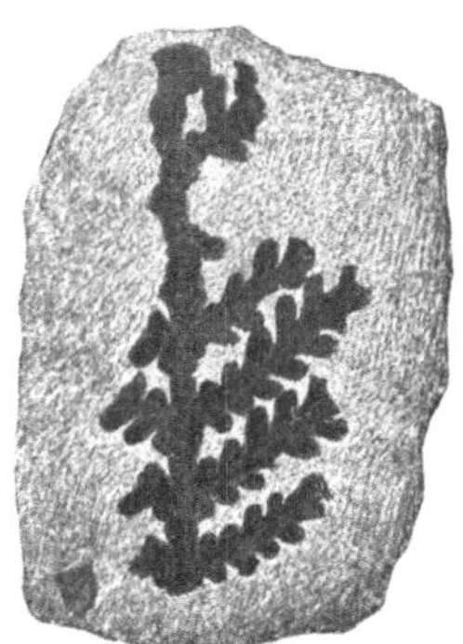

Abb. 37. Pflanzen,,abdruck" (*Callipteris Martinsi* aus dem Zechstein); kohlige Erhaltung der Pflanze. Natürl. Größe.

Kohlungsstadien durchlaufen wie das Gehäuf von Pflanzenresten und Pflanzensubstanz, das wir als Kohle bezeichnen, in dem aber die einzelnen Pflanzenstücke selbst nicht mehr unterschieden werden können. Man findet meist, daß die einzelnen Pflanzen, die in der Begleitung der Kohlenflöze auftreten, ein ähnliches Reifungsstadium ihrer Kohlensubstanz zeigen, wie die zugehörigen Flöze. Man kann dies mit den Reaktionen feststellen, die jetzt zur Erkennung der Kohlenarten benutzt werden. Man muß sich vor Augen halten, daß die kohlig erhaltene Pflanze in Wirklichkeit die ehemalige Pflanze selber darstellt, in Kohle umgewandelt. Man spricht allerdings gewöhnlich von Pflanzenabdrücken (*empreintes végétales*, *plant impressions*, Abb. 37), jedoch ist das genau genommen nicht richtig. Schlägt man eine Gesteinsplatte auseinander, in der Pflanzenreste stecken, so spaltet sie meist sehr gut nach diesen entsprechend der Schichtungsfläche (außer bei den Wurzelböden; s. oben). Dies beruht darauf, daß die Kohle mit dem Gestein meist nur lose zusammenhängt, ein Kohäsionsminimum im Gestein bildet, was man praktisch benutzt, um die Pflanzenabdrücke zu gewinnen. Man zerschlägt das Gestein nach der Schichtung und sieht dann, wenn Pflanzen vorhanden sind, diese sehr schön wie im Herbarium auf dem Gestein ausgebreitet. In den meisten Fällen bleibt auf der einen Platte die Kohle, also die Pflanze selbst haften; auf der anderen ist ein richtiger „Abdruck" vorhanden. Man spricht von Druck und Gegendruck, besser Platte und Gegenplatte. In manchen Fällen ist die Kohlensubstanz verschwunden, wenn nämlich — sei es bald nach der Einbettung, sei es auch erst viel später im kohligen Zustande — durch Zutritt von Sauerstoff eine Oxydation eintreten konnte. In diesem Fall, wie oft im Sandstein, meist in Kalken, Tuffen und dergleichen, hat man richtige Abdrücke, Drucke und Gegendrucke, vor sich. Oft ist dann die Kohlensubstanz ersetzt durch sekundär dazugekommene Mineralien, von denen Schwefelkies und Brauneisen am häufigsten sind.

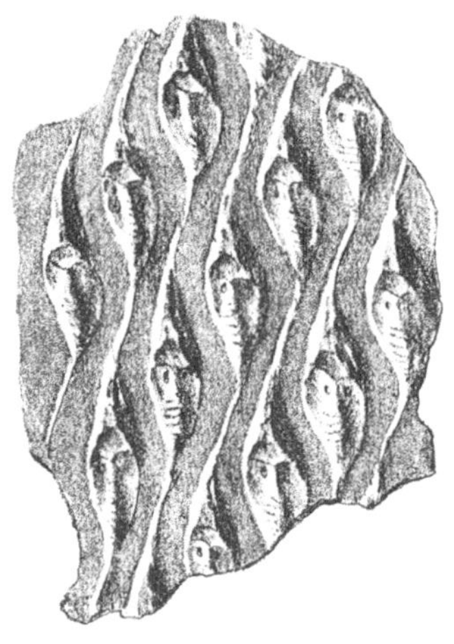

Abb. 38. Abbildung eines *Lepidodendron* nach einem Wachsabdruck von einem „Negativ". Kulm von Magdeburg.

Wir werden später sehen (S. 141), daß man an den Abdrücken der kohligen Pflanzen nicht nur die äußere Form und feineren Skulpturen mit der Lupe oder mit schwachen Mikroskopen beobachten kann, sondern daß durch besondere Manipulationen noch mikroskopische Untersuchungen vorgenommen werden können (Mazerationsmethode). Da die Kohlen ebenfalls aus kohlig erhaltenen Pflanzenmassen bestehen, so spielt auch bei ihrer Untersuchung eine derartige Behandlung eine wichtige Rolle. Die kohlige Erhaltung kommt bei tierischen Resten nur selten vor, bei pflanzlichen ist sie gewöhnlich.

Bei Blättern ist es manchmal von Interesse, die Ober- und Unterseite zu unterscheiden. Bei sporangientragenden Farnblättern ist dies ohne weiteres gegeben, da die Sporangien auf der Unterseite sitzen. Sonst richtet man sich nach der meist immer vorhandenen schwächeren oder stärkeren Wölbung der Blättchen, deren Oberseite konvex, deren Unterseite konkav ist. Unter Berücksichtigung des Umstandes, ob Kohle, d. h. die Pflanze, daran sitzt oder nicht, kann man dann durch

Überlegung leicht finden, welche Blattseite man vor sich hat, oder beim Fehlen von Kohle, welchen Abdruck. Bei Stämmen von Lepidophyten oder überhaupt solchen mit starken Oberflächenskulpturen tut man oft gut, nicht das Positiv (also das Relief), sondern das Negativ zu sammeln. Das erhabene Positiv trägt meist eine mehr oder weniger dicke Kohlenhaut, die leicht abbröckelt. Ein viel besseres Positiv erhält man, wenn man zu dem zugehörigen Negativ (Gegendruck) einen Wachsabdruck herstellt. Bei Lepidodendren und Sigillarien empfiehlt es sich daher, beim Sammeln das Augenmerk auf die Negative (Hohldrucke) der Stammoberfläche zu lenken (vgl. Abb. 38).

2. Echte Versteinerung, Intuskrustation; Struktur zeigende Stücke.

Diese besonders für die botanische Erforschung der fossilen Flora äußerst wichtige Erhaltungsform kommt bei den Pflanzenfossilien recht verbreitet vor, während bei tierischen eine ähnliche Erhaltungsweise zu den größten Ausnahmen gehört. Bei der echten Versteinerung wird der eingebettete Pflanzenteil nicht, wie vorher besprochen, zu Kohle, sondern er wird versteint im wahren Sinne des Wortes. Der Vorgang ist hierbei so, daß eine Minerallösung, meistens Kieselsäure oder kohlensaurer Kalk, den Pflanzenteil durchtränkt und daß in den Zellhohl-

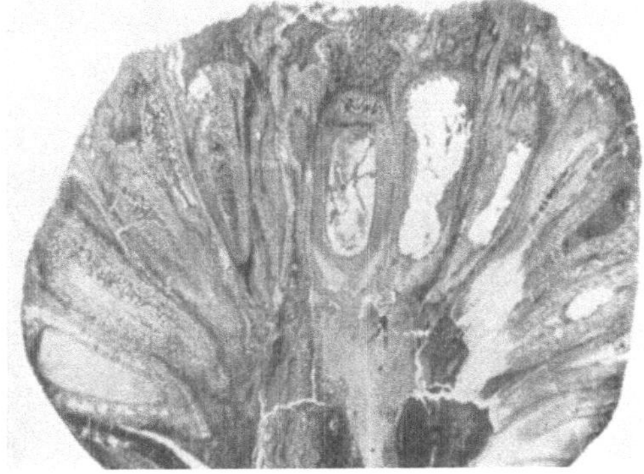

Abb. 39a. Verkieselter *Araucaria*-Zapfen aus der oberen Trias Argentiniens (²/₃). Rechts Dünnschliff davon mit Struktur (etwa ¹⁰/₁).

räumen und schließlich an der Stelle der organischen Zellwände selbst das gelöste Mineral ausgeschieden wird. Dadurch kommt es, daß schließlich der ganze eingebettete Pflanzenteil aus dem betreffenden Mineral besteht, bei kieselsäurehaltigen Lösungen aus Opal oder Chalcedon, bei kalkhaltigen Lösungen aus Kalkstein. Außer diesen Materialien kommen noch andere Versteinerungsmittel vor, insbesondere kohlensaure Magnesia mit Kalk gemischt, also Dolomit, ferner Phosphorit, seltener Flußspat, Gips und bis zu gewissem Grade in ähnlicher Weise auch Schwefelkies und Brauneisen. Bei dieser Art der Versteinerung verschwindet jedoch die organische Substanz nicht vollkommen, sondern es bleibt ein gewisser, meist nur kleiner, zu Kohle gewordener Rest erhalten, der die Stellen der ehemaligen Zellwände dunkel färbt. Dies kommt der späteren Beobachtung sehr zunutze, da dadurch die Umrisse der Zellen in starker Weise hervorgehoben werden. Einige Forscher haben dies so ausgedrückt: bei der echten Versteinerung ginge der Versteinerungs- und Kohlungsprozeß nebeneinander her. Das ist aber nur zum kleinen Teil richtig, da die Menge des bei vollständiger Intuskrustation noch verbleibenden Kohlenrestes überaus gering ist und nur die starke Färbungskraft

Abb. 39b. Dolomitknollen („Torfdolomite") aus dem *Flöz Catharina* (Ruhrrevier).

dieser Humusverbindungen eine größere Menge vortäuscht. Da bei dieser Versteinerungsweise bei den Pflanzenteilen Zelle für Zelle versteinert und daher sichtbar geblieben ist, so erhält man im mikroskopischen Präparat, das man in Dünnschliffen betrachtet, ein Bild von der ursprünglichen inneren Struktur des betreffenden Pflanzenteils. Viele dieser echt versteinerten Pflanzen, wie die fossilen Hölzer, gewisse Farnstämme und dergleichen, verraten durch Form und Oberflächenbeschaffenheit ihre pflanzliche Natur ohne weiteres (Abb. 39a). In anderen Fällen jedoch verrät die Gesteinsmasse zunächst nichts von ihrem Inhalt und erst eine gewisse Anätzung oder die Betrachtung der Dünnschliffe lehrt den Sachverhalt erkennen. Das letztere ist z. B. der Fall bei gewissen Kiesel- oder Hornsteinbänken,

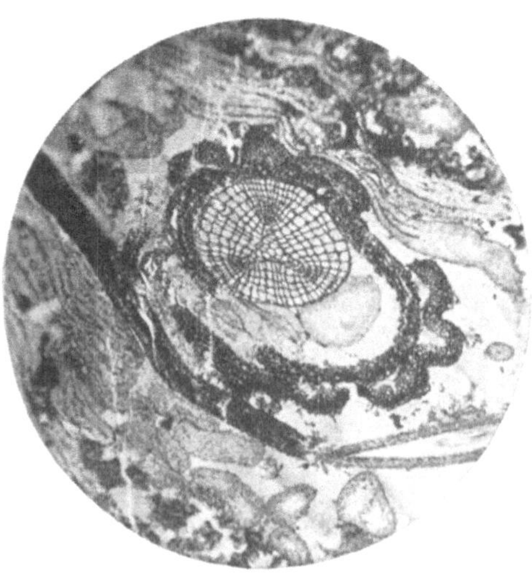

Abb. 39c. Dünnschliff aus einer solchen Knolle mit *Sphenophyllum*-Stengel und Querschnitten von *Stigmaria*-Wurzeln (etwa $^{40}/_1$).

wie sie im Devon von Schottland, im Perm von Frankreich und von Chemnitz bekannt sind, und besonders noch bei den sogenannten Dolomitknollen oder Torfdolomiten, die sich in gewissen Steinkohlenbecken in der Kohle bestimmter Flöze mehr oder weniger häufig finden. Bei uns kommen sie im Aachener und Ruhrrevier (Flöz Catharina und Flöz Finefrau-Nebenbank) vor sowie an der deutschen Grenze bei Mährisch-Ostrau (im Koksflöz); außerdem sind solche aber aus Steinkohlenflözen von Belgien, Holland, England, Rußland und Nordamerika bekannt. Es sind rundliche bis längliche oder unregelmäßig gestaltete, auch semmelförmige Knollen, die sich in dem Urmaterial des Flözes ausgeschieden und den Urtorf dieses Flözes echt versteinert haben. Auf diese Weise ist uns in ihnen die Struktur zahlloser Steinkohlengewächse zum Teil prachtvoll erhalten geblieben (Abb. 39 b, c), und diese Knollen bilden die Grundlage für unsere Kenntnis der Anatomie der betreffenden Steinkohlenpflanzen, die zugleich für unsere Anschauungen von der Biologie dieser Gewächse sehr wichtig ist.

Durch sekundäre Einwirkungen, insbesondere durch die Atmosphärilien, verschwindet oft ein Teil der organischen Substanz aus solchen Intuskrustaten. Bleiben sie dabei an freier Luft liegen, kann sogar ein Zerfall eintreten, wenn noch nennenswerte Mengen verkittender organischer Substanz vorhanden waren. Sind sie aber in anderen Gesteinen eingeschlossen, so können die entstehenden Lücken durch neu hinzutretende Minerallösungen ausgefüllt werden, wobei manche Mineralien zugleich eine lebhafte Färbung hervorrufen können; die ganzen Stücke werden durch solche sekundäre „Nachversteinerung", wie man sagen könnte, oft außerordentlich dicht und kompakt und bieten im angeschliffenen Zustande oft schöne Bilder, weswegen die Sammler derartige Stücke früher fast wie Halbedelsteine (Achate) verschleifen ließen; erst kürzlich noch war von dem versteinerten Wald in Arizona (N.-A.) die Rede, über dessen prachtvoll gefärbte Kieselhölzer sich eine industrielle Gesellschaft hergemacht hatte; zweifellos wäre dieses prachtvolle Naturdenkmal des versteinerten Waldes binnen kurzem von der Erdoberfläche verschwunden gewesen, wenn sich nicht die amerikanische Regierung eingemischt hätte. Auch von den berühmten verkieselten Stämmen des Rotliegenden von Chemnitz ist viel Material früher unnütz verschliffen worden. Erwähnt sei hier noch, daß für die Bildung speziell der verkieselten Hölzer früher vielfach die Mitwirkung heißer Quellen angenommen wurde, da man besonders bei den kieselhaltigen Wässern der Geysirs des Yellowstone Parks in Wyoming beobachtet hatte, daß sowohl in den Becken mit kieselhaltigem Wasser liegende Holzstücke als auch aufrecht stehende Stämme „verkieselten". Es hat sich aber gezeigt, daß bei dieser Art Verkieselung es sich wesentlich um eine Ausfüllung der Zellhohlräume handelt, während die Zellwände mehr unversteint beiben, so daß derartig verkieselte Stämme an der Luft durch Verwesung der Zellwände schließlich zerfallen. Es gibt zahllose Vorkommen von verkieselten Stämmen in Sandsteinmedien, an deren Verkieselung der ganzen Lage der Sache nach sich sicher niemals heiße Quellen beteiligt haben. Wichtig für das Gelingen der echten Versteinerung ist, daß die betreffenden Pflanzenreste möglichst lange im feuchten Gesteinsmedium mit Wasser getränkt bleiben, das zugleich die Zellhohlräume füllt und durch den „hydrostatischen Druck" das ursprüngliche Volumen der Pflanzenteile aufrecht erhält. Wird das Wasser vorzeitig entzogen, so sinken die Pflanzenreste zusammen und werden zu Kohle. Oft beobachtet man auch, daß ein Kern echt versteinerten Holzes von dem Rest, der nicht mehr versteint wurde, in Form einer Kohlenhülle umgeben ist; hier ist also der Versteinerungsprozeß gewissermaßen vorzeitig unterbrochen worden. Im übrigen wird die Versteinerung der Pflanzenreste in den Gesteinsmedien dadurch begünstigt, daß die Reste als Niederschlagszentren wirken, in denen und um die herum sich gelöste Mineralien sehr häufig ausscheiden. In manchen Fällen kommt es zu einer Umhüllung des betreffenden Objekts mit dem sich ausscheidenden Mineral (Inkrustation, Konkretionsbildung); schlägt man eine solche Konkretion auf, so erkennt man in ihrer Mitte oft das Fossil, das die Ursache der Konkretion gewesen ist. Bei der echten Versteinerung dagegen schlägt sich das ausgeschiedene Mineral auch im Innern der Zellen nieder (Intuskrustation), wobei die so gebildete echte Versteinerung später oft noch von anderem Mineral eingeschlossen (inkrustiert) werden kann.

II. Sammel- und Präparationsarbeiten.

Wie bei dem Sammler tierischer Fossilien, so bestehen auch für den Sammler fossiler Pflanzen zwei Aufgaben: nämlich die Sammeltätigkeit draußen und die Präparationsarbeiten im Laboratorium. Eine scharfe Trennung der beiden Tätigkeiten ist nicht möglich, da man manchmal draußen sofort einige Handgriffe vornehmen muß, deren Unterlassung unter Umständen mit dem Verlust oder der Zerstörung der Objekte gleichbedeutend sein kann. Im allgemeinen sind die Arbeitsweisen natürlich verschieden, und wir nehmen daher hier auch eine gesonderte Behandlung vor. Bei der Präparation ist dann noch zu unterscheiden zwischen der rohen Präparation, die darin besteht, die Stücke im Gestein besser freizulegen und eventuell größere noch im Gestein steckende Teile besser sichtbar zu machen, und der Vornahme besonderer Präparationsarbeiten, die auf die Untersuchung mit dem Mikroskop vorbereiten.

Wir hatten bereits im vorigen auf die Arten des Vorkommens der fossilen Pflanzenreste hingewiesen und auch auf die Verschiedenartigkeit der Erhaltung aufmerksam gemacht. Es wurde die kohlige Erhaltung, meist unter dem Namen „Pflanzenabdrücke" bekannt, von der echt versteinerten unterschieden, die durch Dünnschliffe der mikroskopischen Beobachtung zugänglich gemacht werden muß. Das letztere gilt auch für eine dritte Erhaltungsart, die bei solchen Pflanzenresten aus der niedrigsten Gruppe des Pflanzenreichs (den Algen) vorliegt, die zum Aufbau ihres Körpers mineralische Hartteile benutzen, nämlich kohlensauren Kalk oder Kieselsäure. Derartige Objekte werden verschieden behandelt, je nachdem sie im Gestein fest eingeschlossen oder in Form von noch schlämmbaren losen Böden oder Pulvern erhalten sind.

a) Arbeiten im Gelände. Sammeln von Pflanzenabdrücken.

Aus dem, was im vorigen über das Vorkommen und die Bildung der Pflanzenabdrücke im allgemeinen gesagt worden ist, ergeben sich die Örtlichkeiten, an denen man Pflanzenabdrücke sammeln kann.

Am bequemsten und besten gestaltet sich die Sammeltätigkeit im anstehenden Gestein, auf Grubenhalden oder auf Steinbruchhalden, da man das volle Tageslicht zur Verfügung hat. Man benötigt zum Sammeln einen nicht zu leichten geologischen Hammer, mit dem man die Gesteinsstücke spaltet, um nachzusehen, ob sich darin ein Pflanzenrest findet. Da das Gestein, wie vorn erläutert, nach den Pflanzenresten selber besonders leicht spaltet, so liegen oft schon Gesteinsplatten mit solchen auf Halden ohne weiteres umher. Doch sind diese meist durch den Einfluß der Witterung, durch die Reibung mit anderen Gesteinsbrocken ziemlich stark zerstört, und man wird sein Augenmerk besonders auf die noch nicht freigelegten, noch im Gestein steckenden Pflanzenreste richten. Das Spalten erfolgt in der Weise, daß man nicht mit der in eine Schneide auslaufenden Seite des Hammers arbeitet, sondern mit der unteren Kante der in ein Quadrat endigenden anderen Hammerseite, die beim Schlag etwa in einem Winkel von 45⁰ auf das Gestein auftreffen soll. Die scharfe Seite soll man nur benutzen, wenn es sich um besonders dünne, leicht spaltende Gesteinsplatten handelt. Liegt dieser Fall vor, so daß die Spaltungsflächen gewissermaßen vorgebildet sind, so kann man auch mit einem festen Taschenmesser arbeiten, das man vorsichtig in die Spalte hineinschiebt. Benutzt man bei dickeren Gesteinsplatten die scharfe Kante des Hammers, so zerpulvert man zu viel Gestein, und die Gesteine spalten keineswegs so gut, wie man erwarten sollte. Das gilt insbesondere auch bei der Untersuchung von Bohrkernen, die man besonders auf Steinkohlenbohrungen gelegentlich zur Untersuchung bekommt. Bei ihnen ist unbedingt die Benutzung der Unterkante der stumpfen Hammerseite zu empfehlen. Die Schläge sollen ziemlich kräftig sein, und man faßt deswegen den Hammerstiel ziemlich lang. Man erhöht die Kerb- bzw. Spaltwirkung, indem man mit der Schneide an mehreren Stellen entlang der Schichtungslinie des Gesteins Schläge führt. Daß in gröberen Gesteinen die Aussicht, gute Pflanzenreste zu finden, ziemlich gering ist, hatten wir schon vorne erwähnt; man läßt deswegen in Bohrungen die Sandsteinkerne oder Sandschieferkerne meist mehr oder weniger unberücksichtigt. Die ganz feinen, grauen bis oft dunkel gefärbten Schiefer führen meist keine Pflanzen, sondern mit Vorliebe Muscheln. Dies letztere gilt allerdings namentlich für die Steinkohlenformation.

Zu Arbeiten im anstehenden Stoß, d. h. also an der Gesteinswand eines Steinbruches z. B., benötigt man meist eine kleine Spitzhacke, am besten mit flacher Schneide, die man in den Schiefer usw. hineintreiben kann, indem man sie an der betreffenden Stelle einsetzt und mit dem Hammer hinten darauf schlägt. Auch kann man sie wie eine gewöhnliche Hacke benutzen, muß aber vorsichtig sein, damit man sich nicht beim Zuschlagen die Pflanzen in der betreffenden Gesteinsschicht zerstört. Gelegentlich kommt es vor, besonders bei mesozoischen und tertiären Pflanzenresten, daß die kohligen Pflanzen nur lose auf dem Gestein aufliegen, so daß, wenn die Stücke eine Zeitlang frei an der Luft liegen, der Kohlenbelag abspringt. Man muß dann sofort an Ort und Stelle für Befestigung sorgen. Dies kann z. B. geschehen durch Anleimen mit verdünntem Gummiarabikum oder mit Gelatinelösung, unter

Verwendung eines feinen Pinsels. Unter Umständen sind aber die Pflanzenreste so empfindlich, daß sie die Berührung mit einem Pinsel nicht vertragen, zerbröckeln oder am Pinsel kleben bleiben. In diesem Falle empfiehlt es sich, an Ort und Stelle zwei Fläschchen mit verdünnter Gelatinelösung und verdünnter Formalin- oder Alaunlösung mitzunehmen sowie einen Zerstäuber, wie man ihn zum Blumenbespritzen braucht. Man übersprüht zunächst das Objekt vorsichtig mit Gelatinelösung, läßt etwas antrocknen und besprüht mit der anderen Lösung hinterher, wodurch eine Gerbung der Gelatine und Befestigung des Stückes eintritt.

Unbequemer, aber oft recht lohnend ist das Sammeln von Pflanzenresten in der Grube, wobei aber fast nur die Steinkohlengruben in Frage kommen. Wir hatten von dem Vorkommen der Pflanzenreste über den Flözen, genauer im Hangenden der Flöze, im vorigen bereits gesprochen (S. 124). In der Grube wird jedoch das Hangende der Flöze meist angebaut, d. h. man sucht es im allgemeinen, besonders in den Abbauen, möglichst wenig zu verletzen. Man ist daher genötigt, in der Grube solche Stellen aufzusuchen, wo man an die verschiedenen Schichten des Hangenden selber herankommen kann. Dies ist der Fall am ehesten in den Querschlägen, den Aufbrüchen oder Stapeln (Blindschächten) und ferner in den Sohlen- (Grund-)strecken, da bei letzteren auch oft das Hangende mehr oder weniger stark angeschnitten („mitgenommen") wird. Bei den Querschlägen ist die bequemste und beste Methode, wenn man beim Auffahren des Querschlags das Auftreten der Pflanzenschichten verfolgt, die ja gelegentlich auch ohne Zusammenhang mit einem Flöz auftreten. Ist der Querschlag aber bereits fertig, so hat es trotzdem meist keine zu große Schwierigkeit, aus dem Stoß an den verdächtigen Stellen, also insbesondere im Hangenden der Flöze, Gesteinstücke herauszunehmen und zu zerschlagen, um sie auf Vorhandensein von Pflanzenresten zu prüfen. Ähnlich verfährt man natürlich auch in den Aufbrüchen (Blindschächten), Sohlenstrecken und an anderen Stellen, wo das Hangende, sei es zufällig, sei es absichtlich, angebrochen ist. Brüche, d. h. niedergegangene Gesteine in den Strecken, liefern oft eine sehr gute Ausbeute. In der Grube ist es praktisch, eine möglichst helle Lampe mitzunehmen, da die gewöhnlichen Benzinlampen reichlich dunkel sind und beim Schräghalten, wie es beim Anleuchten des Hangenden unvermeidlich ist, außerdem noch bald verblaken.

Überaus wichtig ist es, alle mitzunehmenden Stücke sofort an Ort und Stelle zu bezeichnen. Bei Arbeiten im Steinbruch genügt es meist, an Ort und Stelle genauer die Schicht zu bezeichnen, aus der die Pflanzen stammen, wenn mehrere Schichten da sind. Man skizziert sich ein kleines Profil auf, versieht die Schichten mit Nummern und kratzt diese mit einem Nagel oder dergleichen in die Stücke ein. Kleinere Stücke, bei denen dies nicht möglich ist, versieht man mit einem Zettel. Außerdem sollte man einige kleine Schächtelchen oder Gläschen mitführen, in die kleine und empfindliche Objekte unter Beigabe eines kleinen Zettels mit Bezeichnung eingepackt werden. Unbedingt notwendig ist die sofortige Bezeichnung der Stücke auf einer Grubenfahrt, bei denen das Bekratzen mit einem Nagel allermeist möglich sein wird. Man kratzt in abgekürzter Form die Bezeichnung für die Grube, für die Sohle und für das Flöz auf, eventuell noch weitere Angaben. Diese Bezeichnungen sind unverlierbar und bleiben meist besser lesbar als die Beschriftung kleiner Zettel, die in der Grube leicht durch Schmutz und Feuchtigkeit zerstört oder verwischt werden. Man verlasse sich nicht auf sein Gedächtnis und bilde sich nicht ein, daß man die Herkunft der einzelnen Stücke bis zur Ausfahrt behalten könne. Man kann in dieser Hinsicht bei der Befahrung einer Anzahl von Betriebspunkten unter Umständen die unangenehmsten Erfahrungen machen, so daß da das Ergebnis der ganzen Grubenfahrt in Frage gestellt wird. Oft ist es auch erwünscht oder notwendig, verschiedene Schichten über einem Flöz zu unterscheiden. Man zeichnet sich, wie oben, ein kleines Profil mit der Mächtigkeit der Schichten, numeriert diese und kratzt die entsprechenden Nummern ebenfalls auf die Stücke auf. Auch bei ungünstigen Aufschlüssen in der Grube kann man vielfach oder meist noch die Hauptarten der vorkommenden Fossilien herausbekommen, wenn man auch keine besonderes schönen Stücke sammeln kann. Es kommt in der Grube vielfach nur darauf an, die Anwesenheit bestimmter, oft gemeiner Arten festzustellen; erkennt man diese mit Sicherheit in der Grube, in die man daher immer eine schwach vergrößernde Lupe mitnehmen sollte, so genügt es vielfach, die Art unten zu notieren, ohne das Stück selber mit herauszunehmen. Selbstverständlich ist dies nur wirklichen Kennern der Objekte möglich, erspart diesen aber die Mitnahme einer Menge von unnützem Ballast. Oft findet man in der Grube auch unter den Gesteinsstücken, die am Stoß verpackt sind, recht schöne Objekte, muß aber mit der Beurteilung von deren Herkunft sehr vorsichtig sein, da sie durchaus nicht immer von der Stelle herzurühren brauchen, wo man sie findet. Es ist bekannt, daß bei dem heutigen starken „Bergeversatz" von allen möglichen Punkten der Grube, wo Gestein gewonnen wird, dieses an die zu versetzenden Stellen geschafft wird.

Bei gewissen Fossilien, z. B. den Abdrücken von Baumrinden, empfiehlt es sich meist, die Negative zu sammeln (S. 128). Der äußerste Teil der Rinde dieser Bäume ist meist kohlig erhalten, bleibt aber auf dem darüberliegenden Steinkern meist nicht haften, sondern fällt in mehr oder weniger kleinen Stücken ab, und es kommt unter der Kohle die Oberfläche des inneren Steinkerns zum Vorschein, die ganz andere Skulpturen zeigt als die eigentliche Stammoberfläche, die man zum Bestimmen braucht. Da jedoch die äußerste Kohlenrinde ihre Skulpturen in die Gesteinsgegenplatte abgedrückt hat, so empfiehlt es sich in erster Linie, diese zu sammeln, aus der man etwa noch anbackende Kohle leicht entfernen kann. Stellt man dann einen Wachsabdruck (S. 128) davon her, so enthält dieser die Positivskulpturen. Bei Lepidodendren und Sigillarien ist dies beim Sammeln besonders zu beachten.

Organismen, die im Kalkstein erhalten sind, lassen äußerlich oft nur wenig von ihrer Skulptur oder Struktur erkennen. Dieses tritt dagegen an natürlich angewitterten Stücken oft ausgezeichnet hervor und zwar viel schöner, als man sie im Laboratorium durch künstliche Anätzung herausholen kann. Dies gilt besonders für Kalkalgen und dergleichen, bei denen in Dünnschliffen die innere Skulptur oft sehr gut zu erkennen ist. Kalke, die in lockerer, tuffiger, sinterartiger Form abgesetzt sind, sind meist sehr porös und lassen dem Sauerstoff der Luft reichlichen Zutritt, so daß sich darin eingeschlossene Blätter, Stengel und Blütenteile zwar sehr gut abdrücken, aber keinerlei organische Substanz enthalten. Blattstücke oder Blätter kann man aus solchen Tuffen meist leidlich herausspalten, nicht dagegen dickere oder stark gewölbte Pflanzenteile. Man muß sich daher hüten, solche Kalkbrocken draußen zu sehr zu zerschlagen, da im Laboratorium manche Objekte durch Ausgießen der Hohlräume mit Wachs (eventuell im Vakuum) in Formen von „Ausgüssen" zu gewinnen sind, wobei der Kalk mit Salzsäure aufgelöst wird. Ähnlich vorsichtig muß man mit vulkanischen Tuffen arbeiten, wie sie z. B. im Tertiär, aber auch im Paläozoikum (z. B. im Rotliegenden von Chemnitz) vorkommen. Sie enthalten ebenfalls Hohlräume, in denen Fossilienteile stecken oder staken, von denen man also künstliche Ausgüsse gewinnen kann. Auch hier ist also die schlechte Spaltbarkeit des Gesteins zu berücksichtigen.

b) Präparation der Abdrücke im Laboratorium.
„Rohe" Präparation.

Die Arbeiten im Laboratorium, die die weitere Präparation der draußen gesammelten Fossilien betreffen, sind sehr verschieden. Sie zerfallen in die Arbeiten, die ein Zurechtmachen und Verbessern der gemachten Funde bezwecken, und in solche, die eine feinere, besondere Präparation zur mikroskopischen Untersuchung zum Ziele haben. Wir betrachten zunächst die erstgenannten „gröberen" Arbeiten, die sich wesentlich mit den gesammelten „Abdrücken" in dem eben genannten Sinne befassen; die anderen Präparationsmethoden werden in besonderen Kapiteln behandelt. — Die draußen gesammelten Stücke sind vielfach zu groß und zu schwer; es ist zuviel unnützes Gestein daran, das man aber mit den Hilfsmitteln draußen, ohne das darauf befindliche Objekt zu gefährden, nicht weiter zerkleinern und behauen kann. Man muß mit dem „Formatisieren" von Pflanzenabdrücken vorsichtig sein. Bei bloßen Gesteinsproben, wie Sandstein, Basalt, Kalk usw., hat es meist nichts auf sich, davon passende „Handstücke" zurechtzuschlagen. So kann man natürlich bei den Stücken mit Pflanzenabdrücken nicht verfahren. Trotzdem muß man versuchen, mit Hammer und Meißel, eventuell unter Zuhilfenahme einer Säge, das oft unhandliche Format und zu große Gewicht mancher Stücke zu verringern. Bei Platten muß man dabei am besten die Linie, nach der das Gestein abgeschlagen werden soll, durch Kerbung vorbereiten, die man durch Meißelschläge, noch besser durch eine Säge ausführt. Manche, besonders eisenhaltige Schiefer springen oft sehr wenig regelmäßig, bei solchen Gesteinen muß man daher doppelt vorsichtig sein. Man muß sich ferner vor dem Schlagen und Meißeln überzeugen, ob irgendwelche vorgebildete oder schon klaffende Sprünge oder Klüfte das Gestein durchziehen, nach denen das Gestein beim Schlagen zerfallen würde. In unsicheren Fällen wird man lieber das Stück zu groß lassen, als die Pflanze selber gefährden. Sandstein und Kalkstein spalten oft sehr unregelmäßig, da sie keine Schichtung aufweisen. Besonders schwierig wird die Arbeit, wenn die Objekte in derartigen Gesteinen unregelmäßig eingelagert sind, d. h. nicht parallel der Schichtungsfläche, wie das meist bei Pflanzen in „primärer Lage" der Fall zu sein pflegt (S. 122).

Man muß sich zur Regel nehmen, beim Abspalten von Gesteinstücken — dies gilt auch für die feinere Präparation — immer nur kleinere Stücke abzuspalten, da man bei der Abspaltung zu großer Brocken oft unangenehme Überraschungen erlebt. Das kostet zwar mehr Zeit, ist aber sicherer als zu schnelles, „großzügiges" Arbeiten. Man muß das Zurechtmachen der Stücke großenteils durch Übung und Geschick erlernen; obige Winke können aber bei genügender Beherzigung manche Enttäuschungen ersparen.

Die feinere Präparation besteht darin, daß das Objekt auf der Platte oder in dem Gestein noch mehr herausgeholt, freigelegt wird, als es bei der rohen Gewinnung draußen möglich war. Wir hatten zwar betont, daß die Gesteinsplatten bei kohlig erhaltene Resten oder dergleichen nach den Pflanzenresten als den Kohäsionsminima vielfach überraschend gut auseinanderspringen und daß man durch diesen günstigen Umstand oft ohne weiteres schöne, museumsfertige Platten bekommt. Indessen ist doch meist eine weitere Freilegung des Abdrucks notwendig, die dann in ähnlicher Weise erfolgt, wie man auch Tierreste in dem Gestein herauspräpariert (S. 52 ff.). Man bedient sich dazu kleinerer und größerer spitzer und flacher Meißel, die man auf der Stelle ansetzt, wo Gestein weggenommen werden soll. Hier soll man erst recht immer nur wenig Gestein auf einmal nehmen, da man dann den Verlauf der Präparation und das Herauskommen der noch im Gestein steckenden Teile besser verfolgen kann und Zerstörung exponierter Teile des Objekts vermeidet. Es ist außerdem oft von großem Vorteil, vielfach sogar notwendig, sich vor dem Präparieren eine genauere Kenntnis des zu präparierenden Objekts aus Lehrbüchern usw. zu verschaffen, da man dann mit größerer Zielsicherheit an die Präparation herangehen kann und nach Möglichkeit Fehler vermeidet, die nicht wieder gutzumachen sind. Bei gewöhnlichen Farnwedeln, bei Rindenabdrücken und übersichtlichen Abdrücken ist dies nicht so schlimm; es gibt aber Objekte, z. B. Fruktifikationen (Blütenteile, Sporenträger, Fruchtstände verschiedener Art usw.), die man kennen muß, um sie richtig zu präparieren. Wie wir früher hervorhoben, daß man die Objekte kennen sollte, wenn man sie sammelt, so müssen wir hier sagen, daß man die Einzelheiten der Objekte kennen muß, um sie gut und richtig zu präparieren.

Oft sieht von einem Objekt nur ein kleiner Teil oder gar nur eine kleine Ecke aus dem Gestein hervor; an solchen Stücken arbeitet man draußen nicht herum, um so mehr als das eingeschlossene Objekt in seiner natürlichen Einbettung am besten gegen Stoß und Beschädigung geschützt ist; erst im Laboratorium wird es dann durch die Präparation herausgebracht, und man kann bei der Präparation auch die kleinen abfallenden Gegenstücke der Pflanze gewinnen und festhalten, was unter Umständen für eine mikroskopische Präparation von großer Wichtigkeit sein kann, wenn Kohlenreste an diesen Stückchen haften bleiben.

Bei manchen Sammlern hat sich die Unsitte eingebürgert, die präparierten Abdrücke mit einer Gummi- oder Lackschicht zu überziehen. Es läßt sich nicht leugnen, daß diese dadurch manchmal besser hervortreten; sie werden aber zur Präparation für etwaige mikroskopische Untersuchungen dadurch oft direkt unbrauchbar und lassen selbst manche Skulpturen mit der Lupe nicht mehr erkennen. Man vermeide dies daher nach Möglichkeit. Auch die S. 134 beschriebene Anklebung loser Kohlenhäute mit Gelatine-Formalin ist für diese Zwecke nicht gerade empfehlenswert, verhindert aber die spätere Verarbeitung nicht. Man kann zur Mazeration (S. 141) einzelne lose kohlige Häute und Beläge auch gesondert sammeln[1].

Oft ist die Kohle, wie S. 128 erwähnt, bei den Abdrücken verschwunden und z. B. durch Eisenverbindungen ersetzt. Ist das Gestein nun selbst bräunlich-rot, so daß die Einzelheiten wenig hervortreten, so kann man es nach WEYLAND in Chlorwasser öfter mit Erfolg bleichen, wodurch insbesondere das Photographieren erleichtert wird. Man muß sich aber überzeugen, ob der Schiefer usw. nicht bei Berührung mit Wasser leidet oder zerfällt. Diese Probe ist für Unerfahrene überhaupt nötig, da mancher schon durch Waschen seiner Stücke alles verdorben hat.

Beim Sammeln von Hölzern oder anderen Fossilien, die sich in stark aufgeweichtem Zustande befinden, wie z. B. solche in Torf oder in feuchten Tonen, ist darauf zu achten, daß sie nicht austrocknen, da dann die Struktur oft vollständig verlorengeht. Ähnlich ist es mit anderen Fossilien aus dem Torf und auch manchen aus der Braunkohle; Koniferenzapfen dieser Art springen beim Austrocknen oft auf wie lebende und zerfallen gleichzeitig. Mindestens können sie nicht ohne Schaden in die ursprüngliche, geschlossene Form zurückgeführt werden.

c) Präparation zur mikroskopischen Untersuchung.

Sowohl kohlige als auch echt versteinerte, intuskrustierte Pflanzenreste sind zur mikroskopischen Untersuchung geeignet, erstere allerdings nicht immer; jedenfalls ist hier eine besondere Präparation notwendig, die bei den kohlig erhaltenen Fossilien ganz anders ist, als bei den echt versteinerten (verkieselten usw.). Bei den kohlig erhaltenen Pflanzenanhäufungen muß man wieder unterscheiden zwischen der Behandlung einzelner isolierter Pflanzenstücke und der Behandlung der Kohlen. Eine besondere Besprechung verdienen noch die halbfossilen, „subfossil" erhaltenen Pflanzenteile, die sich in ihrer Beschaffenheit mehr oder weniger den heutigen noch annähern, wie die Lignite oder Hölzer der jüngeren Braunkohlen, Holzkohlenstücke aus prähistorischen Grabstätten, aus diluvialen Schichten und dergleichen. Wir besprechen diese zuerst.

---

[1] Vorübergehendes Anfeuchten, Anhauchen oder Überziehen mit Zedernöl, auch Glyzerinlösung kann auch für Reproduktionen gute Dienste leisten; die Überzüge lassen sich leicht beseitigen.

1. Präparation von subfossilen Hölzern, Koniferenzapfen und anderen noch wenig inkohlten Pflanzenteilen.

In manchen Braunkohlenlagern, im Torf usw. finden sich schon äußerlich sehr gut erhaltene Holzreste und andere Pflanzenteile, deren Präparation für das Mikroskop sich einfach gestaltet. Von manchen Ligniten usw. kann man ohne weiteres mit dem Rasiermesser oder Mikrotom brauchbare Schnitte für die Beobachtung herstellen. Besonders gilt dies für die Längsschnitte. Größere Schwierigkeiten macht bei der Sprödigkeit des Materials die Herstellung von Querschnitten. Um diese zu gewinnen, muß man meist die Stücke erst durch Tränkung mit anderen Materialien festigen. Als solche Stoffe wurden unter anderen Gummilösung mit Glyzerin empfohlen, was aber nur einen dürftigen Behelf darstellt. Besser und ziemlich einfach ist die Tränkung mit Paraffin, das sich auch mit dem Messer leicht schneiden läßt. Man legt das Stück Holz oder ein Stückchen davon in Alkohol, um Luft und Wasser auszutreiben, und darauf in geschmolzenes Paraffin, das den aufgenommenen Alkohol austreibt und in die Poren der Pflanze eindringt. Man bekommt auf diese Weise allerdings nur kleine Querschnitte. Da diese sich meist noch stark rollen, bringt man die Schnitte am besten auf dem Objektglas in Glyzerin mit etwas Alkohol, wodurch die Rollung etwas nachläßt. Ist diese zu lästig, so muß man ein anderes Tränkungsmittel nehmen, als das sich nach unserer Erfahrung am besten immer noch Kanadabalsam bewährt hat. Man legt das Stückchen in geschmolzenen Kanadabalsam und macht, nachdem es herausgezogen und erhärtet ist, Dünnschliffe davon, von denen weiter hinten die Rede ist (S. 151—159). Ähnlich kann man mit Holzkohlenstückchen verfahren, wie sie besonders aus prähistorischen Kulturschichten zum Vorschein kommen. Bei Holzkohle kann man indessen oft schon viel durch Betrachtung im auffallenden Licht erreichen, indem man Bröckchen davon auf Plastilina befestigt und am besten bei hellem Tageslicht oder künstlichem, seitwärts auffallendem Licht betrachtet[1]. Man sieht dann oft schon genügende Einzelheiten. Da die Holzkohle sehr spröde ist, kann man sie nur mit Kanadabalsam oder dergl. verfestigen, um sie dünn zu schleifen.

Hölzer in Torf, feuchten tonigen oder lehmigen Ablagerungen sind oft sehr weich und zerdrückbar. Bei diesen muß man, wie schon oben gesagt, die Eintrocknung vermeiden, da sie sonst zur Untersuchung oft unbrauchbar werden. Da die Zellwände namentlich bei Dikotylenhölzern oft sehr dünn geworden sind, muß man nötigenfalls auch eine Tränkung zur Befestigung vornehmen.

Gelegentlich kommt es vor, daß die Schneideversuche durch einen Gehalt an Mineralsubstanz behindert oder unmöglich gemacht werden. Man muß dann versuchen, dieses Mineral zu beseitigen, was bei Kieselsäure (Quarz bzw. Sand) durch Flußsäure, bei kohlensaurem Kalk durch Salzsäure geschieht. Die Einführung der Flußsäure für solche durch Kiesel („Sand") verunreinigten Hölzer, die JEFFREY und CHRYSLER

---

[1] Auch das Metallmikroskop mit Einrichtung zur Beleuchtung von oben („Opakilluminator") ist geeignet (S. 154).

vorgeschlagen haben, ist besonders wichtig auch für die Untersuchung mancher Kohlen, wovon später die Rede sein wird. Die Lignite werden in Würfel von etwa 1 ccm geschnitten, deren Wände möglichst den drei Richtungen entsprechen sollten, die man für Holzuntersuchungen überhaupt braucht[1].

Die oben genannten Würfel werden zunächst zur Erweichung mehrere Tage in alkalischen Alkohol gelegt (ein Teil 10 proz. wässerige Natronlauge in zwei Teilen 50 proz. Alkohol). Hierauf wäscht man, mehrmals wechselnd, in 50 proz. Alkohol und bringt dann die Stücke in eine Lösung von einem Teil wässeriger Flußsäure in neun Teilen 33 proz. Alkohol. Nach 2—3 tägiger Einwirkung werden die Würfel in 33 proz., schwach alkalischen Alkohol gebracht und schließlich in öfters gewechselten absoluten Alkohol, bis sie entwässert sind. Die Stücke werden dann in Zelloidin nach der bekannten Methode der Botaniker eingebettet und von Hand oder mit dem Mikrotom geschnitten. Die Schnitte können noch mit Chlorwasser gebleicht werden. Dichtere, stärker verkohlte Lignite kann man, um sie schneidbar zu machen, ebenfalls in alkalischen Alkohol legen; oft genügt sogar stark verdünnte Natronlauge oder Sodalösung ohne Alkohol, der bei diesen Arbeiten die Aufgabe hat, die Quellung zu verringern.

Nicht selten findet man auch verkieste, d. h. in Schwefelkies (Pyrit) oder Markasit umgewandelte Hölzer in der Braunkohle; man muß diese in auffallendem Licht beobachten, da das Dünnschleifen nichts nützt. Es wird meist nicht schwer sein, durch vorsichtiges Brechen oder Spalten die verschiedenen Untersuchungsrichtungen, die man bei Hölzern braucht, herzustellen. Man sieht dann bei genügender Betrachtung oft noch eine ganze Menge Einzelheiten, die auch durch Anschleifen (S. 128) meist nicht deutlicher werden.

Eine ähnliche Untersuchungsweise wie bei den lignitischen Braunkohlenhölzern kann man auch auf Zapfen, Stengelteile usw. aus der Braunkohle anwenden, wenn sie noch entsprechend frische Struktur haben.

2. Präparieren von einzelnen kohligen Abdrücken von Pflanzenteilen zur mikroskopischen Untersuchung.

Wie wir früher schon (S. 128) hervorhoben, ist die Untersuchung der „Abdrücke", überhaupt der kohlig erhaltenen Pflanzenteile in Schiefern usw. nicht auf die Beobachtung mit der Lupe beschränkt[2]. Der Umstand, daß in der kohligen Bedeckung des Abdrucks die betreffende

---

[1] Dies ist die Horizontalrichtung für den Querschnitt und zwei Längsrichtungen, die aufeinander senkrecht stehen, nämlich die Radialrichtung, die vom Zentrum zur Rinde verläuft und meist dadurch leicht kenntlich ist, daß die längs (vertikal) verlaufenden Zellen von kleinen horizontal verlaufenden Zellen gekreuzt werden (Spiegelschicht der Tischler), und die darauf senkrecht stehende Tangentialrichtung, die parallel der Rindenoberfläche verläuft; diese beiden Längsrichtungen stehen auf dem Querschnitt senkrecht.

[2] Es sei hier hervorgehoben, daß manche Pflanzenteile, besonders Sporangien in kohliger Form, am besten mit einem Binokularmikroskop betrachtet werden, das durch seine plastische Abbildung hierbei die besten Dienste leistet.

Pflanze selbst vorliegt (S. 128), gestattet die Isolierung gewisser Teile der Pflanze zur mikroskopischen Untersuchung in durchfallendem Licht. Allerdings ist diese Präparation nicht bei allen kohligen Pflanzen möglich; bei den älteren Fossilien, besonders bei denen mit anthrazitischer Erhaltung versagt die Methode vollkommen. Immerhin hat man auf diese Weise je nach der Erhaltung und der Reife der betreffenden Kohlen nicht nur tertiäre und mesozoische, sondern auch karbonische, ja unter Umständen noch devonische Pflanzenreste präparieren können. Diese Präparation geschieht durch die sogenannte Mazerationsmethode. Sie besteht darin, daß man die Kohlenteile der betreffenden Pflanzen oder, wenn diese vom Gestein nicht losgelöst werden können, Stücke davon mit dem unterliegenden Gestein stark oxydierenden und bleichenden Flüssigkeiten aussetzt. Als solche Mazerationsflüssigkeit kommt meistens das sogenannte SCHULZEsche Reagens in Frage, das aus einem Gemisch von chlorsaurem Kali und Salpetersäure besteht. Man verfährt in der Weise, daß man in das Gläschen, in dem die Mazeration stattfinden soll, etwas chlorsaures Kali schüttet, darauf die Kohlen- oder Pflanzenteile wirft und darüber die (konzentrierte) Salpetersäure gießt. Ein bestimmtes Verhältnis der Mischung braucht nicht ängstlich eingehalten zu werden, doch mag die Angabe 1 : 5 als Verhältnis des Salzes zur Salpetersäure einen Anhalt geben. Statt des SCHULZEschen Reagens kann man auch gelegentlich Chromsäure oder die ganz schwach wirkende Eau de Javelle benutzen; als sehr stark wirkende Flüssigkeit dagegen wäre noch Königswasser mit etwas chlorsaurem Kali zu nennen oder in verzweifelten Fällen rauchende Salpetersäure.

Als Gefäße für die Mazeration sind sehr gut brauchbar Porzellan- tuschnäpfe[1], von denen mehrere aufeinandergestellt werden können, und zwar möglichst etwas tiefere. Auf dem weißen Untergrunde treten auch die kleinsten schwarzen Splitter scharf hervor. Bei den fossilen Pflanzen prägt sich, auch wenn sie kohlige Form angenommen haben, die ver- schiedene chemische Qualität der einzelnen Schichten deutlich aus. Am resistentesten sind die verkorkten Zellen der Ober- und Unterhaut, der Blätter und Stengel, ferner auch wegen ihres Harz- und Fettgehaltes die Epidermen der Sporen und Pollenkörner, die die Gesamtform der Sporen und ihrer Außenskulpturen sehr gut bewahren. Man kann sagen, daß man aus einem kohlig erhaltenen Pflanzenteil, dessen Kohle nicht zu „reif" (mager) ist, durch die Methode etwa vorhandene Sporen und der- gleichen mit Bestimmtheit herausbekommt.

Gelegentlich genügt auch, z. B. bei manchen tertiären Pflanzen- resten, eine bloße Behandlung mit verdünntem Ammoniak oder ver- dünnter Natronlösung oder Lauge, die die Humusstoffe der Objekte bei Braunkohlen ohne weiteres in Lösung bringt.

Was die Dauer der Behandlung anbetrifft, so ist diese sehr verschie- den und hängt einmal von der Stärke der Mazerationsflüssigkeit, von der Dicke der zu mazerierenden Objekte und von der Reife und Art der

---

[1] Bei größeren Mengen empfiehlt sich die Benutzung von kleineren oder größeren (Wäge-)Gläschen mit eingeschliffenem Stöpsel.

Kohlensubstanz ab. Die Stücke nehmen in der Flüssigkeit allmählich eine durchscheinende Beschaffenheit und sienabraune Färbung an. Ist diese erreicht, so bricht man die Operation ab; wenn sie zu schnell vor sich geht, so verzögert man sie durch schwache Verdünnung der Lösung. Eine geringe Verdünnung wirkt schon sehr verzögernd. Manche Objekte können schon in einigen Stunden genügend mazeriert sein, während die Mazeration in anderen Fällen tagelang dauert. Besonders vorsichtig muß man sein, wenn man den Versuch von einem Tage zum anderen stehen läßt, wenn eine übermäßige Wirkung des Reagens zu befürchten ist.

Glaubt man den Bleichprozeß beendet, worüber man bei mehrfachen Versuchen leicht Erfahrungen sammeln kann, so kommt der zweite Teil der Bearbeitung, die Behandlung mit Alkalien, wozu fast nur verdünntes Ammoniak in Frage kommt. Man bringt die Kohlen- oder Pflanzenpartikel (oder auch die Gesteinstückchen mit Kohle, wenn man die Kohle nicht hat abheben können) aus der Mazerationsflüssigkeit heraus in ein Näpfchen mit verdünntem Ammoniak. Hier bemerkt man alsbald, daß sich Schlieren und Wolken von brauner Humussubstanz bilden und gewisse hautartige Teile der Pflanze zurückbleiben. Hat man ein Objekt vor sich, in dem man Sporen oder Pollenkörner vermutet, so bringt man Stückchen am besten gleich auf das Deckglas und fügt, nachdem man die Säure mit kleinen Streifchen von Filtrierpapier etwas abgezogen hat, etwas Ammoniak darauf und beobachtet im durchfallendem Licht. Nachdem die sich lösenden Humusteile etwas verschwunden sind, kann man das Hervortreten der Pollenkörner und Sporen in allen Einzelteilen beobachten.

Hat man Gesteinstückchen mit daran haftender Kohle mazeriert, so pflegen sich z. B. die Blatthäute vom Gestein abzuheben, oder man muß vorsichtig mit Pinsel und Pinzette etwas nachhelfen. Im allgemeinen sind jedoch die in Frage kommenden Blatthäute usw. sehr zart und gegen jeden mechanischen Eingriff empfindlich. Man soll daher versuchen, nach Möglichkeit ohne Nadel und Pinsel auszukommen. Man bedient sich zum Transportieren und Herausholen der mazerierten, oft nur kleinen Partikel eines dünnen Glasrohres ohne ausgezogene Spitze, das mit einem übergestülpten, oben geschlossenen Gummihut versehen sein kann. Man kann aber auch die Partikel in dem Glasrohr durch Aufhalten des Daumens wie bei einer Pipette herausnehmen. Taucht man das Glasrohr mit aufgehaltenem Daumen in die Flüssigkeiten, so kann man durch Lüften des Fingers und rechtzeitiges Wiederschließen auch die kleinsten Partikel herausfischen und ohne Beschädigung auf das Deckglas oder in eine andere Schale usw. herausfließen lassen. Dies gilt auch für die in der Salpetersäure befindlichen Objekte, bei denen eine Pinzette usw. überdies stark angegriffen werden würde. Beim Transport kleiner Partikel kann man sich auch gelegentlich einer Platin-Öse bedienen, die beim Eintauchen ein Flüssigkeitshäutchen festhält, in dem man kleine Objekte fangen kann.

Gelegentlich hat die Natur selber für Mazeration gesorgt, und im großen und ganzen die Blatthäute usw. selber isoliert. Solche wurden

zuerst von BORNEMANN aus der Lettenkohle (unterer Keuper) bekannt
gemacht; künstliche Mazerationsprodukte wurden zuerst von SCHENK
1867 in seiner „Flora der Grenzschichten des Lias und Keupers" beschrieben. Die Methode ist dann gelegentlich benutzt worden, aber erst
durch NATHORST im Anfang dieses Jahrhunderts zur verdienten Geltung gebracht worden. Speziell für mesozoische Pflanzenreste ist sie
sehr wichtig, da in diesem Zeitalter der Erde echt versteinerte Pflanzen
selten sind und die Art der Kohle der bekannt gewordenen Pflanzenreste
sich oft vorzüglich zur Mazeration eignet. Es mag nur erwähnt sein, daß
man durch sie die Natur einer ganzen Reihe von problematischen Blüten-
teilen hat erkennen können, denen man sonst hilflos gegenüber stand.
Die Gewinnung von Pollen zeigt, ob es sich um männliche oder weibliche
Blütenteile handelt, und die Struktur vieler Epidermalgebilde gibt ebenfalls oft sehr wichtige Aufschlüsse über die Natur des Objekts.

Kehren wir jetzt zu unseren Präparaten zurück. Nachdem die Präparate durch Auflösung der dunkeln Humussubstanz hell geworden sind,
gilt es bei Blättern oft, die aufeinanderliegende Unter- und Oberhaut
zu trennen. Bei genügender Dicke der Epidermis kann man dazu eventuell Pinsel oder Präpariernadel benutzen. Oft aber sind die Präparate
zu schwach. Man tut dann am besten, wenn man den Blattrand, an dem
die beiden Blatthäute zusammenkleben, mit einem kleinen Skalpell ab-
schneidet, was man am besten auf dem Objektträger macht. Bei Auf-
schwemmung mit etwas Wasser, wozu man das Präparat oft noch wieder
in ein anderes Glas bringt, fallen dann die beiden Epidermen oft ohne
weiteres auseinander. Eventuell muß man mit etwas Ammoniak nach-
behandeln, oder man muß das Stück von neuem mit dem SCHULZEschen
Reagens weiter mazerieren und nochmalige Ammoniakbehandlung eintreten lassen.

Die Beobachtung des Fortschreitens der Auflösung bei der Behandlung mit Ammoniak sollte man überhaupt nach Möglichkeit auf dem
Deckglas unter dem Mikroskop vornehmen, da bei der Auflösung der
löslichen Humusteile oft vorübergehend Strukturen sichtbar werden, die
bei längerer Alkalibehandlung verschwinden. Für kleine Objekte und
solche, die Sporen und Pollen liefern, nimmt man zweckmäßig ein Objektglas mit seichter Aushöhlung in der Mitte; die Sporen sammeln sich
dann am Grunde der Höhlung.

Für Dauerpräparate sind jedoch derartige hohle Objektgläser wegen
des ungleichen Objektabstandes nicht zu gebrauchen. Für Dauerpräparate verwendet man daher besser ebene Gläser. Als Einbettungsmedium
verwendet man Glyzerin, dem man zur Erhöhung des Brechungsindex
Zinksulfokarbolat zusetzen kann[1]. Man kann auch Kanadabalsam verwenden, der jedoch für die Einbettung so zarter Häute oft Schwierigkeiten bietet, außerdem die unangenehme Eigenschaft hat, daß die Konturen feiner Zellen darin bald undeutlicher werden. Bei Verwendung
von Kanadabalsam, der sich also am besten für dicke Häute, große

---

[1] Die Herstellung des Gemisches mit Zinksulfokarbolat geschieht in der
Weise, daß man das Glyzerin mit dem Salz sättigt und soviel zusetzt, daß einige
Kristalle ungelöst bleiben.

Sporen eignet und zweckmäßig mit etwas Xylol verdünnt wird, muß man die Präparate erst entwässern, was mit absolutem Alkohol, Xylolalkohol und zuletzt Xylol geschieht. Zur Erhöhung der Gegensätze in dem Präparat beim Photographieren kann man die Präparate rot färben, am besten mit Safranin; auch Erythrosin ist brauchbar.

Die Einbettung der Häute in Glyzerin hat den Vorteil, daß sie unmittelbar nach der Behandlung mit Ammoniak geschehen kann. Man zieht von dem fertigen Präparat die überschüssige Feuchtigkeit mit kleinen Streifchen von Filtrierpapier ab, läßt jedoch die Gewebereste etwas feucht, da sie bei zu scharfem Trocknen bis zur Zerstörung zusammenschrumpfen, fügt dann einen Tropfen Glyzerin dazu und setzt das Deckglas auf. Das Deckglas wird dann mit einem entsprechenden Lack befestigt, wovon gleich die Rede sein wird. Man darf nicht

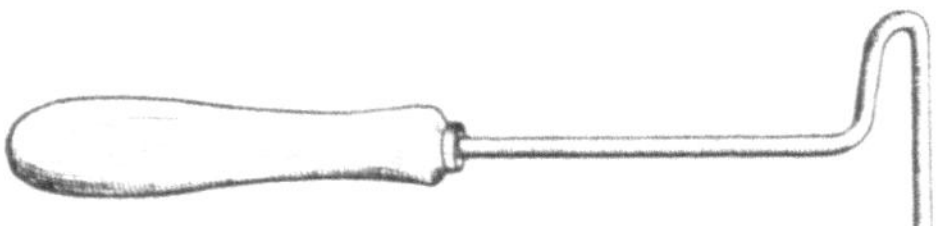

Abb. 40. Draht mit Handgriff zum Auftragen des Lacks zur Befestigung der Deckgläser.

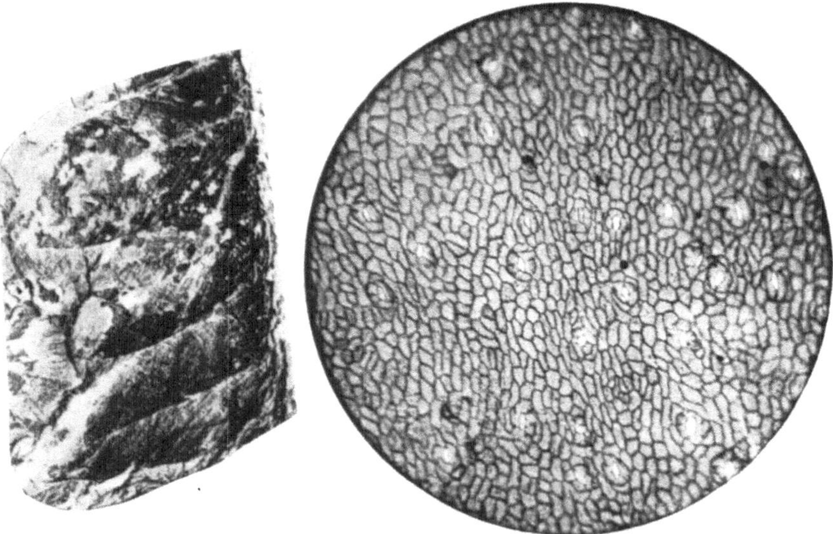

Abb. 41. Blättchen von *Callipteris conferta* (links, etwa $^2/_1$) aus dem Rotliegenden von Thüringen; rechts Oberhaut davon, etwa $^{100}/_1$. Das Stück wurde mit dem Gestein mazeriert. (Nach GOTHAN.)

zuviel Glyzerin nehmen, denn wenn dieses unter dem Deckglas hervorquillt, stört es die Befestigung durch den Lack.

Zu erwähnen ist noch die Einbettung sehr kleiner Präparatenteile, z. B. kleiner Sporen, welche ohne besondere Vorsichtsmaßregeln fast regelmäßig an den Deckglasrand schwimmen, wo sie nur sehr schlecht zu beobachten sind. Man verfährt hier so, daß man rings um die Sporen herum einen Kreis von vier oder fünf kleinen Glyzerintropfen anbringt; setzt man nun das Glas auf, so werden die Sporen nach innen getrieben.

Als Kitt oder Lack für das Deckglas kann man benutzen: Paraffin, Gemische von Mastix und Paraffin, Asphaltlack und andersartige Lacke. Um den Kitt zu befestigen, verwendet man einen groben Draht aus Kupfer oder Messing, der wie Abb. 40 gebogen ist. Der gebogene Teil, wird an einer Gas- oder Spiritusflamme erhitzt, in den Kitt hineingedrückt und gegen den Rand des Deckglases gehalten. Der Kitt wird sofort hart und führt die gewünschte Verbindung von Deckglas und Objektglas herbei.

Es sei noch einmal hervorgehoben, daß bei der Einbettung der Präparate, überhaupt bei dem ganzen Mazerationsprozeß die Präparate unter keinen Umständen trocken werden dürfen, da die Schrumpfung sie meist zerstört.

In Abb. 41 ist ein Präparat dargestellt, das auf die obige Weise gewonnen worden ist.

Anhang. Bei der Präparation von (kohligen und nichtkohligen) Abdrücken zur mikroskopischen Untersuchung, aber auch zur Untersuchung von Ligniten und ähnlichen Hölzern, ja selbst von verkieselten Pflanzen kann man öfter mit Vorteil die Methode der **Kollodiumabdrücke** verwerten, deren Gelingen das Vorhandensein einer gewissen

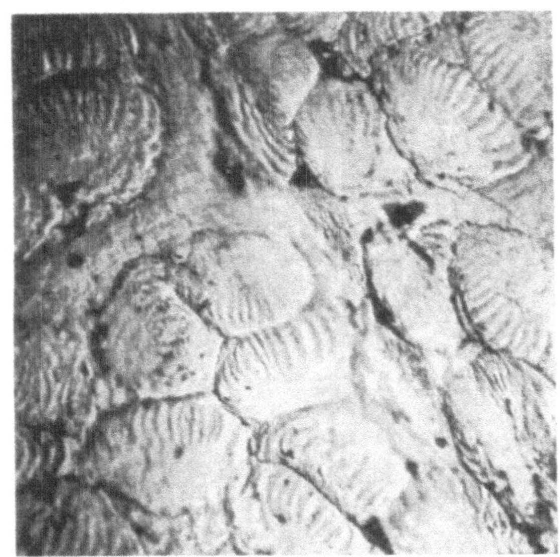

Abb. 42. Kollodiumabdruck eines Sporangien tragenden fossilen Farnblattes aus dem Rhät.-Lias. $^{45}/_1$. (Nach NATHORST.)

Plastik an dem Objekt voraussetzt, wie sie bei kohligen Abdrücken, z. B. bei Sporangien und dergleichen, vorhanden ist; auch Abdrücke von Pflanzen in Kalktuff können damit untersucht werden; und zuweilen gelingt es, etwa noch erhaltene Mikrostrukturen in den Kollodiumabdrücken sichtbar zu machen. Die Methode stammt von BUSCALIONI und POLLACCI und wurde von NATHORST auf Pflanzenfossilien angewandt. Sie besteht darin, daß man auf die betreffende Stelle des fossilen Pflanzenteils einen Tropfen Kollodiumlösung bringt; Äther und Alkohol verdunsten rasch und hinterlassen ein feines Häutchen auf dem Objekt, das die feinsten Skulpturen davon übernimmt und unter dem Mikroskop zwischen zwei Objektgläsern trocken untersucht werden kann. Meist genügt es nicht, ein einziges Häutchen herzustellen, sondern die ersten sind so mit Staub und Unreinheiten behaftet, daß man sie fortwerfen muß, und erst das dritte und vierte gibt häufiger ein befriedigendes Präparat.

Man kann solche Präparate auch als Dauerpräparate trocken aufheben. Abb. 42 zeigt ein auf derartige Weise gewordenes Präparat. Es läßt sich durchaus nicht vorher sagen, ob sich von den betreffenden Stellen oder Objekten derartige Kollodiumabdrücke herstellen lassen; man muß das probieren. Bei gewöhnlichen Braunkohlenhölzern bleiben oft Zellen an dem Präparat hängen und erleichtern die Beobachtung; auch Sporangien und dergleichen können daran kleben bleiben und eventuell für sich mit dem Häutchen noch mazeriert werden. Auch für Oberflächenstrukturen tierischer Fossilien ist die Methode selbstredend brauchbar.

3. Isolierung des „Kohlenfilms" kohliger Abdrücke ohne Mazeration der Kohle.

In neuerer Zeit sind einige sinnreiche Methoden angegeben worden, die es ermöglichen, selbst ganz dünne Kohlenhäute auf Schiefern, bei denen eine Mazeration ganz unmöglich ist (da sie dabei restlos verschwinden würden), zu isolieren und der mikroskopischen Beobachtung zugänglich zu machen. Bei diesen Methoden spielt wiederum die Flußsäure die Hauptrolle. Wir geben zunächst eine kurze Darstellung der Methode von WALTON (Ann. Botany, *37*, 379, 1923). Es wird ein kleines Stück des Gesteins mit dem Pflanzenabdruck darauf losgesprengt und mit dem Abdruck nach unten mittels Kanadabalsam auf das Objektglas aufgekittet. Die Operation muß so vorgenommen werden, daß sich keine Luftblasen unter dem Objekt befinden. Nach dem Erhärten des Kanadabalsams wird der freistehende Schiefer bis nahe an das Objekt weggeschliffen, ohne dieses aber selbst zu verletzen. Die entstehende Schieferfläche wird benetzt und dann das ganze Präparat in geschmolzenes Paraffin getaucht. Das Eintauchen wird mehreremal wiederholt — wobei man das Präparat sich jedesmal vollständig abkühlen läßt —, bis es von

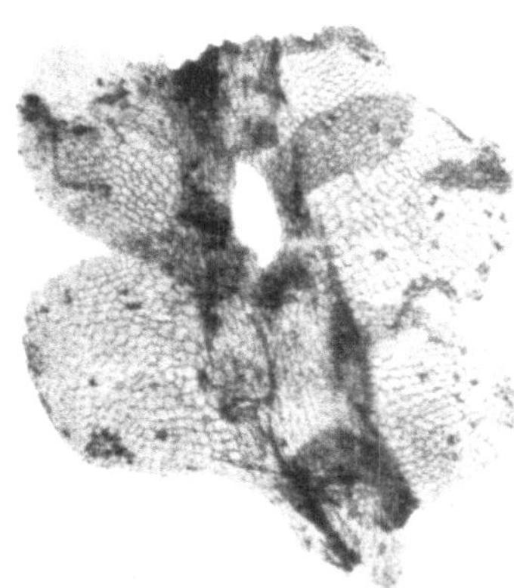

Abb. 43. Lebermoos (*Hepaticites*) aus dem Karbon, mit der WALTONschen Methode präpariert, etwa $^{40}/_1$. (Nach WALTON.)

einer mehrere Millimeter dicken Paraffinschicht überzogen ist. Hierauf schabt man über dem Schiefer mit einem Messer das Paraffin weg, das sich leicht davon löst, da der Schiefer vorher angefeuchtet war. Das Präparat wird nun, wie es ist, in konzentrierte Flußsäure gelegt, die den Schiefer auflöst, das Objekt selber aber und das Objektglas nicht angreift, da letzteres durch das einhüllende Paraffin geschützt ist. Ist der Schiefer aufgelöst, so nimmt man das Präparat heraus, wäscht es mit Wasser aus und entfernt von dem ganzen Objektglas das Paraffin mit dem Messer. Die letzten Spuren davon werden mit einem mit Xylol oder Alkohol getränkten Lappen beseitigt. Man hat nun auf dem Präparat nur den Kanadabalsam und darauf den Kohlenfilm. Auf diese Weise sind selbst von bisher hoffnungslosen Stücken durchaus brauchbare Präparate gewonnen worden. Wir erwähnen nur, daß WALTON auf diese Weise in oberkarbonischen Schiefern die ältesten Lebermoose nachweisen konnte (Abb. 43), die trotz ihrer großen Zartheit noch vorzügliche mikroskopische Präparate lieferten, ohne dies Verfahren aber nicht zu enträtseln gewesen wären. Das Verfahren ist gerade dann vielversprechend, wenn der Kohlenbelag sehr dünn (oft etwas bräunlich) ist, wogegen dicke, schwarze Kohlenbelege naturgemäß undurchsichtig bleiben.

Eine Modifikation dieses Verfahrens ist von ASHBY angegeben worden (ASHBY-Zellulose-Transfermethode) (LANG: Ann. of Botany *40*, 710. 1926). Diese Methode hat bei uns selber zwar noch keine besonderen Resultate geliefert, ist aber von anderen mehrfach mit Erfolg ausgeübt worden. Sie ist mit der vorigen verwandt, zeichnet sich aber durch größere Einfachheit aus; ihre Verwendbarkeit muß von Fall zu Fall ausprobiert werden. Sie besteht darin, daß man auf dem Stück einen nicht zu dünnen Zellulosefilm erzeugt, was durch Bestreichen mit einer Zelluloselösung geschieht, wie sie käuflich zu haben ist. Man bestreicht das Stückchen, von dem man einen Kohlenfilm gewinnen will, mit dieser Lösung mehrmals, bis ein entsprechender, etwa $^1/_2$ mm dicker Zellulosefilm auf dem Stück liegt, und legt das Ganze in konzentrierte Flußsäure, die den Schiefer auflöst und den Zellulosefilm mit der Kohle darauf übrig läßt. Die Kohle auf dem Film kann dann trocken oder unter entsprechender Befeuchtung des durchscheinenden Films unter dem Mikroskop untersucht werden. Nach unserer Erfahrung bleiben indes bei manchen Stücken die Kohlenreste nicht an der Zellulose haften, ein Fehlschlag, der bei der WALTONschen Methode jedenfalls nicht zu befürchten ist.

4. Bernsteineinschlüsse.

Eine besondere Art von Abdrücken bilden die sogenannten Bernsteineinschlüsse, Abdrücke von Insekten und Pflanzenteilen verschiedenster Art in fossilen Harzen, von denen der Bernstein sie am häufigsten zeigt. Die Objekte heben sich mit den feinsten Skulpturen und Einzelheiten, den feinsten Härchen, Spaltöffnungen der Pflanzen usw. so klar im Bernstein ab, daß man versucht ist zu glauben, die Pflanze oder das Tier sei noch im Bernstein vorhanden. Dies ist indessen nicht der Fall, sondern es sind nur Abdrücke vorhanden, und von der Materie der Tiere und Pflanzen selber sind nur Teile der Häute, einige Kohlenreste und Chitinbrocken übriggeblieben; nur bei besonders kräftigen Objekten, z. B. Käferflügeln, findet man gelegentlich noch große Teile erhalten[1]. Bei dieser Sachlage waren frühere Versuche, durch Auflösen des Bernsteins die eingeschlossenen Objekte zu gewinnen, aussichtslos und führten zur Zerstörung der Einschlüsse. Will man derartige Einschlüsse untersuchen, so muß man vorsichtig den Bernstein schleifen, um das eingeschlossene Objekt zunächst ganz zu erkennen und dann danach die Richtung der

---

[1] Die Substanz der Fossilien ist keineswegs so stark beseitigt, wie man früher las (vgl. z. B. R. POTONIÉ: Kohlenpetrographie, S. 226/27).

weiteren Schliffe zu orientieren. Man setzt das Schleifen bis möglichst nahe an den Einschluß heran fort, ohne diesen aber selber zu verletzen,

Abb. 44. Abdruck eines Blütenzweiges („Einschluß") im Bernstein. Samland. (Nach Conwentz.)

und kann dann mit kurzbrennweitigen Lupen die Untersuchung vornehmen. Da man heute Instrumente hat, bei denen auch bei stärkerer Vergrößerung die Objektive nicht so nahe an den Gegenstand herangebracht werden (wie z. B. bei den Binokularmikroskopen), braucht man beim Schleifen nicht allzu nahe an den Einschluß heranzugehen. Es ist erstaunlich, welche Feinheiten der Fossilien bei der überaus großen Feinkörnigkeit des Bernsteins sich noch an den Pflanzen und Insekten beobachten lassen. Die Pflanzeneinschlüsse des Bernsteins sind besonders deswegen wichtig, weil sich unter ihnen auch Blütenreste befinden, die als Abdrücke sehr selten und meist schlecht erhalten sind. Abb. 44 zeigt einen solchen Blütenrest aus dem Bernstein; solche Blüten lassen sich vielfach in ihrer Verwandtschaft genauer bestimmen als zahlreiche fossile Laubblätter, die bei ihrer großen Variabilität nur zum Teil Anhalte für ihre natürliche Verwandtschaft geben.

5. Präparation von Mineralkohlen zur mikroskopischen Untersuchung.

Da die Mineralkohlen, Steinkohlen, Braunkohlen usw. nichts anderes sind als durch den Kohlungsprozeß stark veränderte Anhäufungen von Pflanzenresten, so hat die Präparation der Kohlen zur mikroskopischen Untersuchung zum Teil wenigstens manches Verwandte mit der Untersuchung kohlig erhaltener Pflanzenreste. Die Präparationsmethoden sind bei den einzelnen Kohlen sehr verschieden, was sich zum großen Teil nach dem Grad ihrer Reife und ihrer Konsistenz (Festigkeit, Zähigkeit, Brüchigkeit, Pulvrigkeit usw.) richtet. Eine besondere Behandlung erfahren diejenigen Materialien, die im Anfang des Kohlungsstadiums sich befinden, nämlich insbesondere die Torfe verschiedener Art, von denen später die Rede sein wird.

Auch die noch wenig reifen Braunkohlen, namentlich diejenigen vom Charakter der mitteldeutschen Braunkohlen, können besonders erwähnt werden. Man kann zwar viele von ihnen unter Anwendung entsprechender Festigungsmethoden auch nach den Schleifmethoden (S. 153) bearbeiten und wird dieses sogar tun, wenn man sicher gehen will, daß kein Material durch chemische Behandlung verloren geht.

Man kann sie aber auch mit schwachen Alkalien (Ammoniak) mazerieren (also ohne Anwendung von SCHULZEschem Reagens u. dgl.). Es bleiben dann von ihnen die widerstandsfähigsten Teile, wie z. B. Holzelemente, verkorkte Zellenteile, Sporen und Pollen, Harzstückchen usw., übrig, die man nach Auflösung der gleichförmigen Grundmasse bequemer beobachten kann. Als Alkali nimmt man hier verdünntes Ammoniak oder schwache Kali- oder Natronlauge oder auch Soda oder Pottaschelösung. Man muß bei stark verdünnten Lösungen diese längere Zeit (möglichst bei Zimmertemperatur, ohne zu kochen) einwirken lassen und erzielt dadurch, daß möglichst wenig figurierte Bestandteile zerstört werden. Mehr oder weniger gleichmäßig dicht gewordene einzelne Holz- und Stengelstücke aus der Braunkohle kann man auch auf diese Weise aufweichen, so daß sie schneidbar werden. Man muß aber vor dem Schneiden zur Schonung des Rasier- oder Mikrotommessers die Stücke mit Wasser genügend auswaschen. Ich habe auf solche Weise selbst von ziemlich homogen aussehenden Hölzern noch Schnitte bekommen.

Bei einigermaßen weit fortgeschrittenen, schon mehr oder weniger glänzenden Kohlen erzielt man indes auf diese Weise keine besonderen Präparate; derartig „reife" Kohlen, also Glanzkohlen, Steinkohlen, müssen anders behandelt werden. Auch hier kann man aber kleinere Partikel der Kohlen mit der Mazerationsmethode untersuchen, indem man sie in SCHULZEschem Reagens mazeriert und nachher mit möglichst verdünntem Ammoniak, an dessen Stelle GÜMBEL, um die Auflösung überhaupt zu vermeiden, Alkohol verwandte[1]. Trotz der Unvollkommenheit der Methode hat er damit für die verschiedensten Arten der Kohle zuerst den Nachweis geführt, daß sie im Grunde genommen nach Art des Torfs zusammengesetzt sind und daß ihre Strukturen nur durch den Kohlungsprozeß verhüllt oder verschleiert wurden. Seine Arbeit über die „Textur der Mineralkohlen 1883" ist heute noch in der Geschichte der Kohlenpetrographie wichtig, d. h. der Lehre von der Kohle als Gestein. Die mikroskopische Untersuchung der Kohlen wurde lange noch mehr vernachlässigt als die der Sedimentgesteine, und erst neuerdings hat man sich in den verschiedenen Ländern mehr oder weniger rasch zu Untersuchungen in dieser Richtung bequemt, da man auch die praktische Seite dieser Untersuchungen erkannte; es erscheint auch an sich nicht begreiflich, weshalb die mikroskopische Untersuchung ausgerechnet bei der Kohle halt machen sollte. Bevor wir zu der Schilderung der Methoden der Kohlenpetrographie übergehen, sei noch einmal hervorgehoben, daß die Mazeration bei diesen Untersuchungen nach wie vor eine Rolle zu spielen berufen ist. Will man z. B. die Sporen, Blatthäute und ähnliche widerstandsfähige Körper aus der Kohle isolieren, so mazeriert man sie mit dem SCHULZEschen Reagens, entfernt die löslichen Humusbestandteile mit Ammoniak und behält dann das Widerstandfähigste zurück, also insbesondere Sporen, Epidermen, manche Bitumenkörper und den noch zu besprechenden Fusit.

---

[1] Die Verwendung von Alkohol ist manchmal nicht zu empfehlen, da er oft zu viel auflöst und Oberflächenspannungen sich bei Zusatz von Alkohol durch Zerreißung zarter Teilchen oft unangenehm bemerkbar machen.

Auch starke Mineralgehalte unreiner Kohlen kann man auf diese Weise gewinnen, denen dann allerdings die oben genannten schwer zersetzlichen Bestandteile der Kohle beigemischt sind; jedoch werden bei derartiger Mazeration Stoffe, wie Eisenoxyd, kohlensaurer Kalk, aufgelöst; die chemische Aschenbestimmung kann also so nicht ersetzt werden.

Wir wenden uns nunmehr den Hauptmethoden der Kohlenpetrographie zu, wie sie heute in unseren Laboratorien ausgeübt und ständig verbessert werden. Dabei müssen wir uns jedoch mit der Benennung der Kohlenbestandteile bekannt machen, wie sie heute üblich geworden ist. Auf die Unterscheidung und Erkennung der Mineralkohlen wird hier nicht näher einzugehen sein, bei der heute andere Prinzipien befolgt werden, als dies bei den Geologen und Praktikern früher üblich war. Es ist dies eine mehr chemisch-petrographische Sache (vgl. Zeitschr. Braunkohle, H. 29, 1927 u. a.).

Präparationsmethoden der Kohlenpetrographie. Die Methoden, um die kompakte Kohle, also Glanzkohle, Steinkohle und dergleichen, zur mikroskopischen Untersuchung zu präparieren, lehnen sich zum Teil an die Arbeitsweisen der sonstigen Gesteinskunde an, zum Teil weichen sie davon ab durch die von einigen Forschern dabei mit angewandte Mazerationsmethode in irgendeiner Form. Wir betrachten zunächst die Schleifmethoden und zuletzt die Dünnschneidemethoden, die von den Amerikanern Jeffrey und später von White und Thiessen eingeführt sind. Kurz müssen wir vorher, obwohl dies nicht zur eigentlichen Präparationsarbeit gehört, des Verständnisses wegen die drei Bestandteile der Kohlen betrachten, die in der Kohlenpetrographie die Hauptrolle spielen und oft schon für das bloße Auge hervortreten. Es gibt allerdings Kohlen, die nur einen Teil dieser Bestandteile enthalten, wie z. B. die Kännelkohlen, die aus gleichförmig matter Kohle bestehen, und manche Glanzkohlen, die aus gleichförmig glänzendem Material zusammengesetzt sind. Das Letztere gilt auch für die Anthrazite, bei denen die in einem früheren Kohlenstadium wohl vorhanden gewesenen Differenzierungen der Kohlenbestandteile verschwunden oder undeutlich geworden sind. Derartige gleichförmige Kohlen sind indessen ungewöhnlich; meist kann man mit der Lupe oder mit dem bloßen Auge erkennen, daß die Kohle nicht homogen, sondern gestreift ist, und daß matte und glänzende Partien miteinander abwechseln. Die glänzenden Streifen werden wegen ihres glasartigen Glanzes Vitrit genannt und sind meist hervorgegangen aus holzigen oder Rindengewebemassen, Stengelteilen und dergleichen. Der Vitrit ist oft anscheinend vollständig strukturlos, doch meist nur scheinbar, da selbst bei Holzteilen auf die Dauer die Struktur vollständig verlorengeht, wie zahlreiche Übergänge bewiesen haben. Der Vitrit deckt sich im ganzen mit dem Begriff Glanzkohlenstreifen. Der zweite Bestandteil ist der Durit, eine matte, meist feste Kohle, die im Mikroskop eine Menge von Pollen und Sporen zeigt und sich in ihrer Beschaffenheit der Kännelkohle nähert. Der Durit ist härter und zäher als der Vitrit. Früher wurde neben diesen beiden Bestandteilen noch der Clarit unterschieden, der — an Glanz etwa zwischen beiden Bestandteilen stehend — auch in der Zusammensetzung etwa die Mitte hält, aber nach neueren Anschauungen kaum Anspruch auf Selbständigkeit besitzt. Durit ist großenteils, aber durchaus nicht ganz gleichbedeutend mit dem Begriff Mattkohle, denn Mattheit der Kohle kann auch durch andere Bestandteile, z. B. starken Mineralgehalt, hervorgerufen werden. Der dritte Bestandteil ist der Fusit, dem man schon mit der Lupe meist noch holzige Struktur von der Beschaffenheit der künstlichen Holzkohle ansieht; der seidige Schimmer, die weiche, oft brüchige, rußende Beschaffenheit lassen ihn leicht erkennen[1]. Er ist bei größerem Gehalt für die Praxis sehr lästig, da er bei der Verkokung und Brikettierung sehr hinderlich sein kann. Die genannten Bezeichnungen stammen zum Teil von dem Franzosen C. Eg. Bertrand, der die Holzkohle als „fusain“ bezeichnete; danach wurde von M. Stopes in England für die anderen beiden Bestandteile Vitrain und Durain gebildet. Da man die Endungen -ain im Deutschen schwer übernehmen konnte, haben wir die für Steine und Mineralien gebräuchliche Endung -it eingeführt. Im Englischen und Französischen sind die anderen Worte im Gebrauch geblieben.

1. Die Dünnschliffmethode. In der Petrographie ist diese Methode allgemein gebräuchlich, und es gibt auch verschiedene Firmen, die auf Bestellung nach näher anzugebenden Schleifrichtungen Dünnschliffe herstellen. Auch bei der Kohle ist sie in Anwendung, hat aber hier meist größere Schwierigkeiten als bei anderen Gesteinen, da die Kohle vielfach sehr brüchig ist. Insbesondere ist der Vitrit sehr spröde, während der Durit bei seiner größeren Zähigkeit sich leichter dünnschleifen läßt. Der noch sprödere und zerreibliche Fusit läßt sich überhaupt nicht schleifen. Will man diesen allein betrachten, so genügt es oft, einige feine Splitter davon ohne weitere Präparation unter dem Mikroskop zu betrachten. Er hat die Struktur oft noch sehr schön behalten, wenn auch in sehr verschiedenem Grade, da er bei dem Gebirgsdruck und der Faltung der Kohle vielfach zerrieben worden ist.

Um gute, zusammenhängende Schliffe zu erhalten, muß man die meisten Kohlen erst verfestigen. Als bestes Material hierfür, das leider einen ziemlich hohen Preis besitzt, kann der Kanadabalsam genannt werden (vgl. zum folgenden auch S. 69ff.). Will man selber einen Dünnschliff herstellen, ohne eine Schleifmaschine usw. zu besitzen, so verfährt man folgendermaßen: Mit einer Säge wird ein Stück von der Kohle abgeschnitten und die angesägte Fläche zunächst glatt geschliffen. Die Säge darf nicht zu grobzähnig, soll aber nicht so fein wie eine Laubsäge sein. Das Anschleifen erfolgt in der Weise, daß man nacheinander mit Carborundum und Schmirgel verschiedener Feinheit auf dicken Eisenplatten und dann auf dicken Glasplatten unter Zuhilfenahme von Wasser mit der anzuschleifenden Fläche nach unten herumreibt. Zunächst muß die Fläche eben geschliffen werden; dann wird nach und nach feinerer Schmirgel genommen und mit dem feinsten Schmirgel schließlich aufgehört. Vier Sorten genügen. Als feinster wird von uns sogenannter 200 Minutenschmirgel benutzt, d. h. solcher, der — in Wasser

---

[1] Auch andere Pflanzenteile sollen in der Kohle in Form von Fusit auftreten.

suspendiert — erst nach 200 Minuten niederfällt. Die verschiedenen Schmirgelsorten sind käuflich. Vor dem Beginn des Schleifens muß die oben erwähnte Verfestigung der Kohle erfolgen. Man schmilzt in einem Tiegel eine genügende Menge Kanadabalsam und legt die Kohle hinein. Man bedient sich hierzu passend eines kleinen, an Drähten aufgehängten Netzes, das als Löffel die Kohle aufnimmt; man läßt, wenn man die Kohle herausnimmt, den überschüssigen Balsam abtropfen. Hat man das oben erwähnte Anschleifen beendigt, so wird das Stückchen Kohle mit der angeschliffenen Fläche vermittels Kanadabalsam auf das Objektglas aufgekittet, indem man etwas geschmolzenen Balsam auf das Objektglas bringt und die Kohle vorsichtig daraufdrückt. Man läßt das Ganze erhärten und muß nun auf dieselbe Weise wie vorhin das eigentliche Dünnschleifen der Kohle vornehmen. Damit man nicht zuviel Arbeit hat, ergibt sich von selbst, daß das Kohlenstück nicht unnötig dick genommen werden darf. Hat man den Schliff unter allmählicher Anwendung feinerer Schleifmittel etwa auf $1/_2$ mm Dicke gebracht, so muß man vorsichtig mit dem feinsten Schmirgel weiterschleifen und hin und wieder unter dem Mikroskop beobachten. Es soll auch die schwärzeste undurchsichtigste Stelle transparent werden. Oft ist es aber außerordentlich schwierig, den Schliff einigermaßen gleichmäßig dünn zu bekommen; man muß dann auf die am ehesten dünn werdenden Ränder achten und aufpassen, daß man nicht beim Weiterschleifen wichtige Strukturen wegschleift. Es braucht kaum gesagt zu werden, daß zur Erzielung brauchbarer Dünnschliffe Übung gehört. Am leichtesten, weil am zähesten schleifen sich Kännelkohle und ähnliche (z. B. Bogheadkohlen) sowie die duritischen Teile der Kohle. Fusit läßt sich überhaupt nur nach Festigung der Kohle schleifen. Will man recht große Kohlenschliffe erhalten, so empfiehlt es sich, die von LOMAX angegebene Methode zu benutzen. Man kocht die Kohle wiederholt (vor und nach dem Anschleifen) mit ganz verdünnter Schellacklösung in Methylalkohol auf dem Wasserbad bis zur Trockenheit der Kohle und schleift dann zunächst auf die gewöhnliche Methode. Das letzte Dünnschleifen erfolgt dann aber nicht so, wie vorher angegeben, sondern vermittels eines Stabes von feinkörnigem Wetzstein auf einem Retuschierpult, mit dem man den Schliff auf dem Objektglas unter Zuhilfenahme von Wasser weiter bearbeitet. Man untersucht, wo noch besonders undurchsichtige Stellen sind, und bearbeitet diese mit dem Wetzstein solange, bis sie genügend durchsichtig werden. Zu dieser Arbeit gehört wie zu den meisten derartigen Arbeiten längere Übung. Derartige Schliffe, die man wohl bis zur Größe von 5 qcm herstellen kann, sehen zwar sehr bedeutend aus, bieten aber vor einer Anzahl kleinerer keinen nennenswerten Vorteil. Im Gegenteil empfiehlt es sich oft, kleine Schliffe herzustellen, weil man bei ihnen das Augenmerk besser auf eine bestimmte Stelle und Struktur richten kann. Nachdem der Schliff fertiggestellt ist, wird er wie gewöhnlich mit dem Deckglas unter nochmaliger Benutzung von Kanadabalsam zugedeckt. Abb. 45 zeigt einen Kohlendünnschliff.

2. Die Anschliffmethode. Diese Methode ist von der Metallographie und Erzmikroskopie übernommen worden. Ihre Brauchbarkeit

für die Kohlenuntersuchung schien ursprünglich wenig versprechend, doch hat sich gezeigt, daß sie für viele Zwecke ausreicht, und das ist wichtig, weil man mit ihr schneller arbeiten kann als mit der umständlichen Dünnschliffmethode. Man muß sich allerdings erst an die Anschliffbilder gewöhnen, und schon zur Kontrolle des im Anschliff gesehenen wird einstweilen der Dünnschliff nicht zu ersetzen sein. Wie

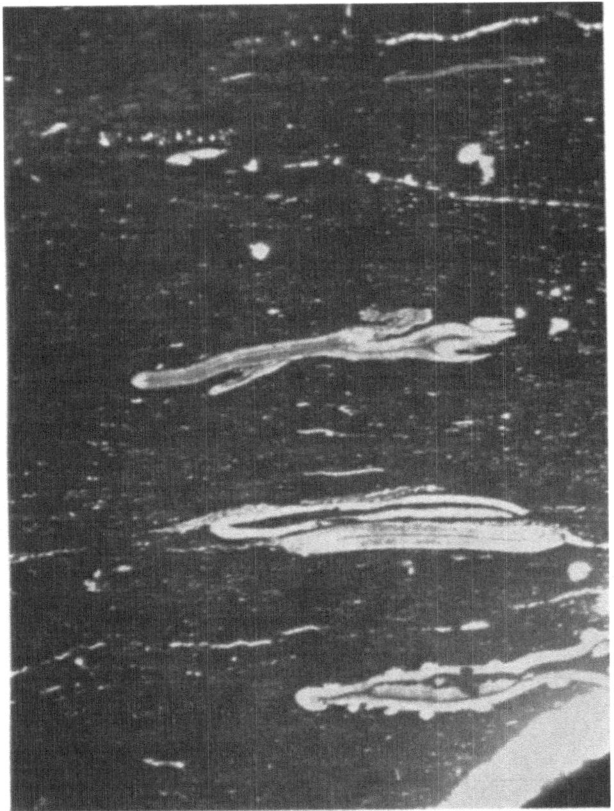

Abb. 45. Dünnschliff durch eine Steinkohle von Zeche Baldur (Ruhrrevier); Durit mit großen und zahllosen kleinen Sporen. Die Sporen sind flach zusammengesunken und erscheinen daher hier im Querschliff (senkrecht zur Schichtung) linsen-linienförmig. ($^{45}/_1$.)

jedoch Abb. 46 zeigt, kann man viele Strukturen der Kohle schon im Anschliff allein recht gut beobachten.

Allgemein kann zunächst gesagt werden, ähnlich wie bei der Dünnschliffmethode, daß sich die verschiedenen Kohlen wegen ihrer verschiedenen Brüchigkeit, Zähigkeit und überhaupt ihrer Konsistenz beim Anschleifen verschieden verhalten. Die einen, besonders die zähen Kännel- und Bogheadkohlen, können ohne weiteres benutzt werden; die meisten Kohlen (Streifenkohlen, Glanzkohlen, Braunkohlen) müssen vor dem Anschleifen erst in ähnlicher Weise gefestigt werden, wie wir es eben bei der Dünnschliffmethode beschrieben haben. Als Festigungsmittel hat man auch hier mit Vorteil Kanadabalsam benutzt, außerdem aber auch weichere Materialien, wie z. B. nach BODE Paraffin. Einige Forscher nehmen die Festigung der Kohlen auch im Vakuum vor, doch ist hierbei Vorsicht nötig, da ein allzu heftiges Hineinpressen des Festigungsmittels durchaus nicht von Vorteil ist und das Gefüge lockert. Man kann nach der Festigung auch verhältnismäßig lockere Kohlen, wie z. B. einigermaßen feste Arten der mitteldeutschen Braunkohle, im Anschliff bearbeiten. Im übrigen erfolgt der Anschliff genau auf dieselbe Art und Weise, wie das Anschleifen bei der Dünnschleiferei beschrieben wurde. Selbstverständlich wird die Kohle nur einseitig angeschliffen; die Schlußbehandlung ist dann abweichend. Nachdem nämlich das Kohlenstück mit dem feinsten Schmirgel (200-Minutenschmirgel) geschliffen worden ist, wird es zuletzt poliert. Hierzu bedient man sich einer Schleifmaschine, die aus einer meist von einem Elektromotor angetriebenen, schnellrotierenden, horizontalen Scheibe besteht; zum Polieren wird sie mit einem Flanell- oder Wolltuch überzogen, das mit einem Ringe auf der Scheibe festgeklemmt wird (S. 69). Aus einem Tropfapparat wird die rotierende Scheibe benetzt und etwas Politurmittel darauf gegeben. Als Politurmittel dienen verschiedene feine Tonerden, die bei einigen Firmen, wie RETSCH in Düsseldorf, LEITZ in Berlin usw., käuflich und leider ziemlich teuer sind. Man muß sich für die verschiedenen Kohlen die zu verwendende Tonerde ausprobieren; meist wird man mit Nr. 2 auskommen. Die Firmen führen drei Sorten, von denen Nr. 3 die feinste und teuerste ist (100 g in Flasche kosten 35 Mark), während die anderen billiger sind. Man hält das angeschliffene Stück mit der Schliffseite nach unten auf die rotierende Scheibe, bis die Politur und Glanz in genügendem Maße erreicht sind. Bei geschickter Handhabung und einiger Übung, die hier wie bei all diesen Operationen notwendig ist, gelingt es, gewisse Partien der Kohle mit schwachem Relief herauszuarbeiten, so daß sie unter dem Mikroskop entsprechend gut hervortreten („Reliefschliff"; vergleiche z. B. STACH: Mitt. Abt. Gesteins-, Erz-, Kohlen- usw. Untersuchung. 1927. Heft 2, S. 78ff.). Manches kann man an den Anschliffen schon mit der Lupe gut erkennen. Bei stärkerer Vergrößerung unter dem Mikroskop bedient man sich künstlicher Beleuchtung und des bei den Metall- und Erzmikroskopen bereits allgemein gebräuchlichen Opak-Illuminators, der durch eine Prismenkombination das von der künstlichen Lichtquelle kommende Licht auf das Objekt, also unsere Kohle, unter dem Mikroskop wirft und es so beleuchtet. Man muß sich allerdings, da die Oberfläche der Kohle im Opak-Illuminator im Gegensatz zum Dünnschliff eigentümlich einfarbig-metallisch schillert und zunächst etwas fremdartig aussieht, an die Betrachtung gewöhnen und wird oft neben dem Anschliff den Dünnschliff mitbenutzen müssen, um das Aussehen der im Dünnschliff hervortretenden Strukturen im Anschliff kennen zu lernen. Manche Strukturen, wie z. B. der Fusit, viele Sporen und Pollen, treten auch bei der Betrachtung unter diesen Bedingungen gut hervor; um andere zu erkennen, muß man sich dagegen erst üben. Damit der angeschliffene Teil der Kohle vollständig wagerecht steht, gibt man auf ein Objektglas etwas Plastilina und bringt die Kohle mit dem Anschliff nach oben darauf; die ebene Einstellung wird durch einen sogenannten „Gradsteller" ausgeführt. Mit Vorteil bedient man sich bei stärkerer Vergrößerung auch der Ölimmersion, die manche Objekte sogar sehr gut hervortreten läßt. Abb. 46 zeigt Bilder eines Anschliffes einer Kohle; in der Unterschrift sind die sichtbaren Bestandteile näher erläutert.

3. Die Dünnschneidemethode. Der Kernpunkt dieser Methode ist die Benutzung von Flußsäure, durch die die Kohle so erweicht wird, daß sie sich mit dem Rasiermesser schneiden läßt. Wir hatten vorne S. 139 das Prinzip bereits erläutert, als wir von der Präparation von

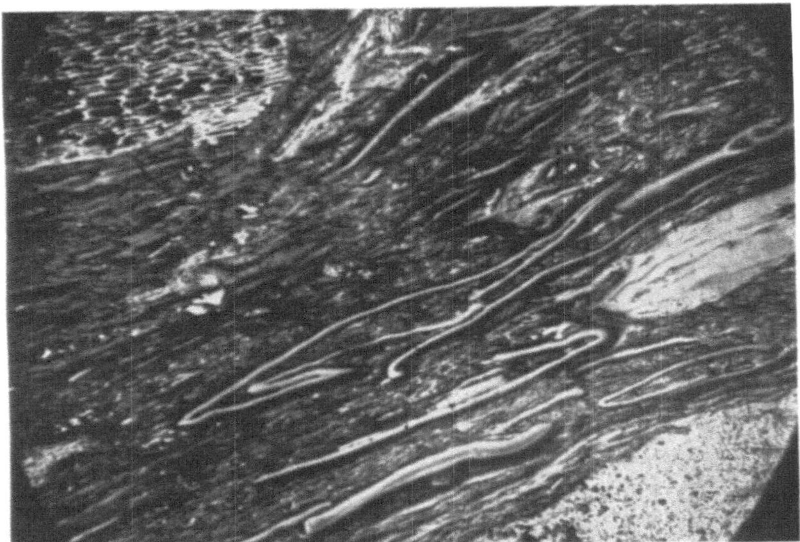

Abb. 46. Anschliffbild einer Steinkohle von Zeche Baldur (Ruhrrevier). (Durit). Die geschwungenen Linien sind Häute von Sporen, Blättern u. a. Links oben und rechts unten Fusit („Holzkohle") mit guter Struktur. Am Rande rechts in der Mitte etwas Glanzkohle („Vitrit"). ($^{45}/_1$.)

Ligniten für Dünnschnitte sprachen, die mit Kieselsubstanz durchsetzt sind. Man erweicht die Kohlen zunächst bis zu gewissem Grade dadurch, daß man sie in eine alkoholische Alkalienlösung bringt, die aus 70 proz. Alkohol, in dem Kali oder Natron bei 70° C aufgelöst sind; die Temperatur wird auf 60—70° gehalten. Hierauf wird die Kohle durch längeres Waschen in Wasser und Alkohol gut ausgewaschen und dann mehrere Tage oder länger in konzentrierte Flußsäure gelegt. Danach wird wieder sehr gut ausgewaschen. JEFFREY hat diese oder ähnliche konzentrierte Lösungen angewandt; WHITE und THIESSEN haben dagegen stark verdünnte Mazerierlösungen benutzt und damit ebenfalls gute Resultate erzielt, wenn die verdünnten Lösungen auch entsprechend längere Zeit einwirken müssen. Die Flußsäure wird aber in jedem Fall in konzentrierter Form benutzt. Das Auswaschen der Kohle muß sehr sorgfältig erfolgen, da sonst unangenehme Reaktionen der Chemikalien erfolgen und beim Schneiden das Messer stark angegriffen wird. Nach genügender Einwirkung der Reagenzien ist die Kohle weich wie Schweizerkäse geworden und kann daher mit dem Rasiermesser oder Mikrotom geschnitten werden. Manchmal wird nach der HFl-Behandlung nochmals mit Alkalien behandelt. Die Stücke werden dann in Zelloidin nach der bei den Botanikern bekannten Methode eingebettet und mit dem Mikrotom geschnitten. Beim Schneiden von Hand genügt auch ein anderes Einbettungsmittel. Nach dem Schneiden legt man die Schnitte in ein Gemisch von Chloroform und Alkohol, um das Erweichen des Zelloidins zu vermeiden. Zuletzt werden sie in Benzol oder Xylol geklärt und dann in Kanadabalsam oder bei großer Durchsichtigkeit in Glyze-

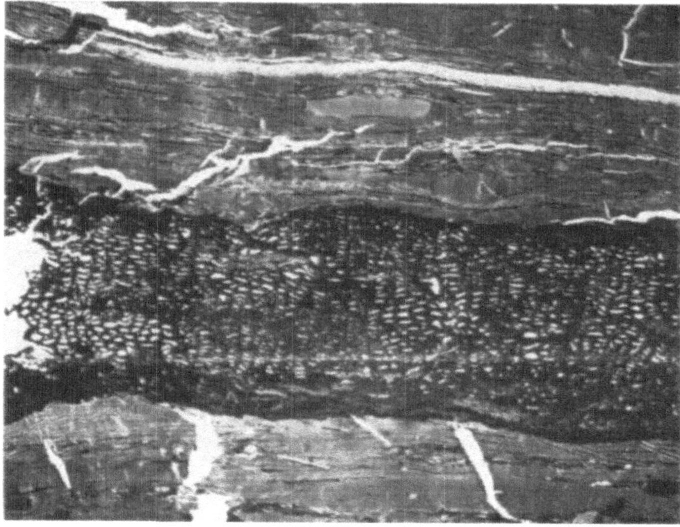

Abb. 47. Dünnschnitt nach der Jeffreyschen Methode durch eine nordamerikanische Kreidekohle. In der Mitte ein Band von „Fusit", oben und unten fast strukturlose Glanzkohle („Vitrit"). Nach Jeffrey. (Etwa $^{20}/_1$.)

ringelatine auf dem Objektträger eingebettet. Man muß das Verfahren den einzelnen, verschieden widerstandsfähigen Kohlen anpassen. Bei sehr hartnäckigen Kännel- und Bogheadkohlen hat Jeffrey auch Königswasser und manchmal Salpetersäure und Flußsäure verwendet. Es sei jedoch noch einmal auf die zwar allmählicher, aber trotzdem gut wirkenden verdünnten Lösungen hingewiesen, die White und Thiessen benutzten. Abb. 47 zeigt ein Bild eines Kohlendünnschnittes.

Es braucht kaum erwähnt zu werden, daß nur kleinere Stücke der Kohlen auf diese Weise präpariert werden können. Man schneidet oder sägt zweckmäßig Stückchen von etwa 1 ccm Größe zurecht, die auf die obige Weise behandelt werden. Bei uns ist diese Methode noch wenig ausgeübt worden, da sie im Verhältnis zu den anderen sehr umständlich ist und der Gebrauch der Reagentien gute Abzugsmöglichkeiten erfordert. Indes haben die genannten amerikanischen Autoren hervorragende Präparate auf diese Weise erzielt, die sich durch große Transparenz und Klarheit auszeichnen (vgl. z. B. JEFFREY: Mem. Americ. Acad. *15*, 1, 1924 und WHITE und THIESSEN: Bull. *38*, Bureau of Mines. Washington 1913). —

Zu bemerken ist noch sowohl für die Schleif- als für die Schnittmethoden, daß bei allen diesen die wichtigste Schleifrichtung die vertikale ist, senkrecht zur Schichtungsfläche. Die Epidermen und Sporen erscheinen hierbei flach zusammengedrückt oder zusammengesunken, d. h. strich- oder linienförmig, die Sporen meist mit einem dunkeln Strich in der Mitte, wie in Abb. 45. Der Fusit erscheint häufig im Querschnitt mit zum Teil noch offenem oder mit durchsichtigem Mineral erfüllten Zellen. Stellt man Horizontalschliffe von den Kohlen her, so ist das Bild oft viel weniger klar, da die Sporen und Pollen und noch mehr die Epidermen oft schief getroffen sind und dann durchaus nicht die scharfe Begrenzung erkennen lassen, die man von Rechts wegen erwarten sollte. Bei Boghead- und Kännelkohlen sind auch die Horizontalschliffe meist von größerer Klarheit. Bei den Vertikalschliffen kommt hinzu, daß auch die glänzenden, meist strukturlosen Vitritlagen viel besser abgegrenzt erscheinen.

Allgemein kann zunächst, ähnlich wie bei der Dünnschliffmethode, gesagt werden, daß sich die verschiedenen Kohlen wegen ihrer verschiedenen Brüchigkeit, Zähigkeit und überhaupt ihrer Konsistenz verschieden beim Anschleifen verhalten. Die einen, besonders die zähen Kännel- und Bogheadkohlen können ohne weiteres benutzt werden; die meisten Kohlen, Streifenkohlen, Glanzkohlen, Braunkohlen müssen vor dem Anschleifen erst in ähnlicher Weise gefestigt werden, wie wir es bei der Dünnschliffmethode beschrieben haben.

6. Präparation echt versteinerter (intuskrustierter) Pflanzenreste zur mikroskopischen Untersuchung[1].

Diese Präparation geschieht fast ausnahmslos durch die Herstellung von Dünnschliffen. In vielen Fällen führt man das Dünnschleifen nicht selber aus, da die aufgewandte Mühe oft in keinem Verhältnis zu dem gewünschten Resultat steht und ziemlich viel Zeit erfordert. Das eigentlich Schwierige für den Privatmann ist noch nicht das Dünnschleifen, sondern das Abschneiden der betreffenden Plättchen oder Stücke von dem Gesamtstück. Dieses kann ohne Vorhandensein einer Schneidemaschine mit einer mit Diamantsplittern besetzten Scheibe nur schwierig geschehen. Man kann die Benutzung der Diamantscheibe umgehen, wenn man eine dünne Scheibe aus gewöhnlichem Eisen nimmt und auf die sich schnell drehende Scheibe von oben Schmirgelpulver oder Carborundung mit ständig tropfendem Wasser bringt, das von der sich drehenden Scheibe gegen das zu durchschneidende Objekt gedrückt wird. Einer solchen Maschine mit schnell drehender Scheibe usw. bedarf man in jedem Fall, wenn es nicht gelingt, mit dem Hammer entsprechende Stücke ab-

---

[1] Siehe auch S. 69 ff.

zusplittern. Vielfach gibt man daher die betreffenden Stücke unter genauer Angabe der zu schleifenden Stelle und Richtung an Firmen, die sich mit der Herstellung solcher Dünnschliffe befassen, wie z. B. VOIGT und HOCHGESANG in Göttingen, die in ihren gut eingerichteten Werkstätten die Anfertigung der verschiedensten Schliffe übernehmen.

Bei Hölzern findet man oft, daß ein Teil, und zwar besonders der äußere, ausgebleicht ist durch Oxydation der organischen Substanz. Meist ist aber noch wenigstens ein dunkelgefärbter Kern vorhanden. In diesem Fall muß man von den dunkeln Stellen Schliffe entnehmen. Sind keine solchen mehr vorhanden, ist das ganze Holz ausgebleicht, so erreicht man zuweilen noch bessere Sichtbarkeit der Strukturen durch Färbung des fossilen Holzes, indem man dieses längere Zeit in Safranin oder ähnliche rote Lösungen legt. Blaue Lösungen sind zum Färben zu vermeiden, da sie auf die photographische Platte zu stark einwirken und beim Photographieren keine Kontraste geben. Sind die Hölzer verkalkt, so kann man zuweilen mit Vorteil bei abgesprengten Stückchen mit verdünnter Salzsäure den Kalk auflösen und das übrigbleibende Skelett der organischen Substanz betrachten. Man erkennt dann oft noch das Vorhandensein der Hoftüpfel bei Koniferen, Tüpfelung der Gefäßwände bei Laubhölzern usw. Meist ist aber trotz oft starker Dunkelfärbung die Menge der hinterbliebenen organischen Substanz geringer, als man denkt. Bei verkieselten Hölzern kann man natürlich die Kieselsubstanz mit Flußsäure auflösen, doch ist diese Operation fast immer unlohnend. Bei verkiesten, d. h. in Pyrit oder Markasit versteinten Hölzern hat die Herstellung der Dünnschliffe keinen Zweck, da das Material undurchsichtig bleibt. Wie S. 140 erwähnt, werden derartige Objekte in Aufsicht betrachtet.

Bei den Dolomitknollen oder bei Hornsteinbänken, bei Kalksteinbänken und dergleichen, die regellos verteilte, echt versteinerte Pflanzenreste führen (S. 130), sieht man von diesen äußerlich nichts und kann daher zunächst keine Orientierung für eine bestimmte Schleifrichtung geben. Man tut in diesem Falle gut, wenn man vor dem Dünnschleifen die Stücke anätzt, was bei den kieseligen Materialien mit Flußsäure, bei den kalkigen oder dolomitischen mit verdünnter Salzsäure geschieht. Bei den Dolomitknollen muß man aber durch Anschleifen auf einem feinen Schleifstein oder mit einer feinen, flachen Stahlfeile eine Anschlifffläche herstellen, die angeätzt wird. Darin enthaltene Stengel und größere Pflanzenteile können dann mit der Lupe beobachtet werden, und es kann die erforderliche Schleifrichtung angegeben werden. Will man von ziemlich kleinen Objekten — die bei dem Schleifprozeß dann allerdings verlorengehen — eine vollkommene räumliche Darstellung der Gewebe gewinnen, so genügt es oft nicht, eine Anzahl übereinanderliegender Dünnschliffe herzustellen, da bei jedem Dünnschliff eine größere Menge Material verlorengeht. Denn die kleinen, dünn zu schleifenden Plättchen werden viel dicker als der fertige Dünnschliff genommen, da sich sonst das Abschneiden der Plättchen nicht durchführen läßt. Außerdem geht beim Durchschneiden des Objekts immer noch etwas mehr als die Dicke der durchschneidenden Scheibe verloren. Eine solche Sachlage kommt z. B. bei fossilen Samen, kleinen

Stengelteilen usw. vor. Man verfährt dann z. B. so, daß man das Objekt zunächst etwas anschleift, die angeschliffene Fläche mit möglichst feinem Schmirgel bearbeitet und die sich bietenden Strukturen — wenn nötig durch Anätzen verstärkt — aufzeichnet oder photographiert. Dann schleift man wieder etwas ab, zeichnet wieder auf, und so fort, wobei man unter Umständen auch andere Schleifrichtungen benutzen kann. Zeichnet man sich dann die gewonnenen Strukturbilder auf durchsichtiges Papier oder Film auf, und bringt sie in einem kleinen Gerüst — meist vergrößert — in entsprechendem Abstand übereinander an, so erhält man ein fast lückenloses Bild des Verlaufs der einzelnen Gewebe und Strukturelemente des betreffenden Pflanzenteils.

Das Dünnschleifen selbst geschieht in der Weise, wie es bei der Herstellung der Kohlendünnschliffe beschrieben worden ist, doch benötigt man wegen der größeren Härte des Materials die oben genannte Schneidemaschine. Das Schleifen erfolgt dann von Hand mit Schmirgel verschiedener Feinheit unter Zusatz von Wasser auf Glasplatten, wie dort geschildert. Man muß während des Schleifens, wenn der Schliff schon ziemlich dünn und durchsichtig geworden ist, öfter unter dem Mikroskop beobachten, damit man nicht durch zu dünnes Schleifen die vorhandenen Strukturen wegschleift. Als letztes Schleifmittel benutzt man vielfach Englischrot. Mit Hilfe einer Dünnschleifmaschine, bei der die betreffenden Schleifmittel sich auf rotierenden Scheiben befinden, geht das Schleifen entsprechend schneller, doch wird ein Privatmann sich diese teueren Apparaturen meist nicht zulegen. Bei gewissen sehr genau zu behandelnden Objekten wird man vielfach besser tun, selber zu schleifen als die Schliffe fortzugeben; sonst ist das Letztere zu empfehlen, das zwar etwas kostet aber dem Untersuchenden Zeit und Ärger erspart.

Es sei noch darauf hingewiesen, was schon S. 145 erwähnt wurde, daß man gelegentlich durch Herstellung von Kollodiumabdrücken auch von echt versteinerten Pflanzen, besonders Hölzern, strukturzeigende Präparate erhalten kann.

III. Geologisch-paläontologische Untersuchung von Torfmooren.

Obgleich es sich bei diesen Untersuchungen um solche handelt, die sich mehr rezent botanischen Untersuchungen nähern, sollen sie doch hier ebenfalls kurz behandelt werden, da sie zu den paläobotanischen Methoden gehören und ein Teil von ihnen neuerdings besondere Bedeutung gewonnen hat, nämlich die Pollenanalyse. Auch hier zerfällt die Untersuchung in zwei Teile: in die Arbeit im Felde und die Arbeiten im Laboratorium.

1. Untersuchung der Moore im Felde. Bei dieser kann es sich um die Untersuchung und geologische Kartierung eines ganzen Moores handeln. Da dessen Charakter und Klassifizierung auf Grund der vorhandenen Pflanzendecke vorgenommen wird, so handelt es sich da zugleich um eine pflanzengeographische Untersuchung, die nicht in den Rahmen des

Buches fällt. Dagegen muß etwas über die Untersuchung des Torfs und des Moorprofils mitgeteilt werden. Das Moorprofil, d. h. die Beschaffenheit der übereinanderliegenden Schichten des Moors, wird an den Profilen, die in Torfstichen freigelegt sind, untersucht oder durch Bohrungen. In tieferen Mooren benutzt man meist den sogenannten Tellerbohrer mit zusammensetzbarem Gestänge. Man nimmt jeweils etwa alle $1/_3$ m eine Probe, die man dem hochgezogenen Bohrer entnimmt. Die Beschaffenheit der Bohrprobe wird nach den Hochziehen sofort notiert, und nötigenfalls wird für Laboratoriumsuntersuchungen ein Stück reserviert unter genauer Bezeichnung der Herkunft, Tiefe usw. Solche Proben sind nicht vom Rande, sondern von dem Kern der heraufgekommenen Bohrprobe zu nehmen. Beim Einsetzen wird der Bohrer gerade heruntergedrückt (ohne zu drehen) und dann 5—6 mal herumgedreht und herausgezogen; er muß jedesmal vollständig gesäubert werden, damit nichts von der alten Probe noch mit der neuen vermengt wird. Da oft Pollenuntersuchungen gemacht werden, muß darauf besonders geachtet werden. Die einzelnen Torfarten können hier natürlich nicht beschrieben werden. Man stößt solche Bohrlöcher in bestimmten Abständen ins Moor (je nach Bedarf, etwa alle 200 m) und überzieht so das Moor mit einem Netz von Bohrungen, aus denen man dann ein Profil des Moores mit den verschiedenen Torfarten in verschiedenen Richtungen entwerfen kann. Zur Bestimmung der Mächtigkeit eines Torflagers genügen Peilungen mit dem sogenannten Peilstangengerät, das unten einen kleinen Löffelbohrer trägt, mit dem man kleine Proben heraufbringen kann. Die einzelnen Stangen dieses Bohrgeräts sind 1—1,50 m lang und werden mit Muffen zusammengeschraubt.

Das Bestimmen des botanischen Inhalts des Torfes wird einmal die makroskopische oder Lupen-, andererseits die mikroskopische Untersuchung zu berücksichtigen haben. Beim Auseinanderbrechen größerer Torfstücke wird man oft schon mit der Lupe bestimmte Pflanzenreste und Arten feststellen können, die man mit Spatel und Pinzette herauslösen kann. Man kann auch an Ort und Stelle mit einem kleinen Sieb von 1,5 mm Maschenweite schon größere Bestandteile ausschlämmen, die man dann ebenso wie die unverletzten Torfbrocken, die man für die Pollenuntersuchung braucht, in mitgebrachte Sammelgläser mit Torfwasser tut. Die beizulegenden Zettel werden nicht mit Tinte, die durch die Humussäure verblaßt, sondern mit Bleistift geschrieben; Blechbüchsen sind für Torfproben nicht zu gebrauchen, da sie durchrosten. Will man mehr oder weniger schlammige Proben aus der Tiefe heraufbringen, so bedarf man dazu einer besonderen Schlammbüchse, die hier nicht näher beschrieben werden kann.

Bei älteren „subfossilen" und schon stärker verfestigten Torfen, wie sie sich im Interglazial usw. finden, muß man kräftigere Geräte nehmen, die oft von einem Einzelnen nicht zu bedienen sind; die interglazialen Braunkohlen der Alpen und Voralpen sind sogar schon von der Festigkeit gewisser Kohlen („Schieferkohlen"). Man kann sie nicht mehr stechen wie Torf. Die mitzunehmenden Proben kann man an Ort und Stelle mit Alkohol versetzen; Formalin sollte man nicht nehmen.

2. Untersuchung im Laboratorium. Für diese muß man möglichst die Torfproben im feuchten Zustand erhalten. Während man indes trockene Torfproben noch aufweichen kann, ist dies bei zusammengetrockneten Faulschlammassen oder stark faulschlammhaltigem Torf infolge des Gehalts an irreversiblen Kolloiden kaum mehr möglich. Die Untersuchung des Torfes für technische Zwecke kann hier nicht berührt werden; wir können nur die Untersuchung für wissenschaftliche Zwecke erläutern.

Zur weiteren Untersuchung des Torfes wird dieser geschlämmt. Man zerteilt die Proben durch Brechen in kleine Stücke und läßt sie in einer weißen Porzellanschale mit verdünnter Salpetersäure (1 : 5) unter einem Abzug etwa 1—3 Tage stehen. Die Torfstücke zerfallen und quellen auf. Die noch erhaltenen Pflanzenteile kommen meist mehr oder weniger an die Oberfläche und können abgeschöpft werden. Die Stücke werden dann mit Wasser solange gewaschen, bis keine braune Lösung mehr abgeht. Beim Sieben benutzt man hier etwa 1—1,5 mm weite Siebe. Man hat besondere Schlämm- und Siebapparate für diese Torfpräparationen ersonnen, von denen einer von RANGE beschrieben worden ist (Zeitschr. Deutsche Geol. Ges., 57, 172. 1905). LAGERHEIM hat zur Aufhellung von Torf 3proz. Oxalsäurelösung empfohlen; man kann das Material vorher mit einer verdünnten Lösung von übermangansaurem Kali ($KMnO_4$) behandeln, um die Sache zu fördern. Die Fossilien werden von der Oxalsäure weniger angegriffen als von der Salpetersäure. Manchmal genügt zur Aufweichung der Torfe ähnlich wie bei jüngeren Braunkohlen die Benutzung von verdünntem Ammoniak oder Kalilauge (Natronlauge). Trocken gewordene Torfe wird man überhaupt mit solchen Alkalien erweichen. E. REID hat durch Kochen mit kalzinierter Soda die Erweichung und Auflockerung derartiger fester Torfe oder auch Braunkohlen zu erreichen gesucht. Hat man bergfeuchte Faulschlamme zu untersuchen, so kann man mit ihnen ähnlich verfahren. Bei Faulschlammkalken beseitigt man den Kalk mit verdünnter Salzsäure. Wegen des starken Schäumens bei diesem Vorgange setzt man etwas Alkohol zu.

Die aus den Torfen herauspräparierten kleinen Samen, Blättchen und Früchte werden mit der Lupe oder mit schwach vergrößerndem Mikroskop untersucht und bestimmt. Nach Bestimmungsbüchern kann man dabei nur wenig verfahren, da eine derartige Aufgabe, die Pflanze nach kleinen Einzelbestandteilen zu bestimmen, an die Botaniker im allgemeinen nicht herantritt. Der Torfforscher muß sich daher eine Vergleichssammlung der in Frage kommenden Früchte, Samen usw. selbst anlegen. Oft genug ist es vorgekommen, daß man beim Auffinden unbekannter oder seltener oder bei uns ausgestorbener Pflanzenformen erst spät oder mehr durch Zufall hinter deren Art gekommen ist. Dies war z. B. bei den Samen eines Seerosengewächses (*Brasenia*), den Früchten der Wasserschere (*Stratiotes*) und dergleichen der Fall. Bei Laubblättern kann man oft noch die Blatthaut, bei Samen öfter noch etwas von der anatomischen Beschaffenheit untersuchen und die gewonnenen Daten bei der Bestimmung mit benutzen. Moosblätter erhalten sich oft verhältnismäßig gut, können aber nur vom Moosspezialisten richtig bestimmt werden. Holzreste werden in der auf S. 140 angegebenen Weise nach den drei benötigten Richtungen beschnitten. Ihre Bestimmung erfordert eine genaue Kenntnis der anatomischen Beschaffenheit der entsprechenden heutigen Hölzer.

Eine besondere Bedeutung hat neuerdings die Untersuchung der Pollen in den Torfablagerungen erlangt. Man bringt kleine Bröckchen des wie oben aufgeweichten Torfes unter das Mikroskop und bestimmt die oft zahlreich darin auftretenden Pollen. Diese werden gleichzeitig gezählt, indem man das Präparat unter dem Gesichtsfeld durchzieht, was am besten mit einem „Kreuztisch" geschieht. Die gefundenen Pollenhäufigkeiten werden notiert und später in ein Diagramm eingetragen und schließlich ergibt sich durch Untersuchung der Torfproben aus ver-

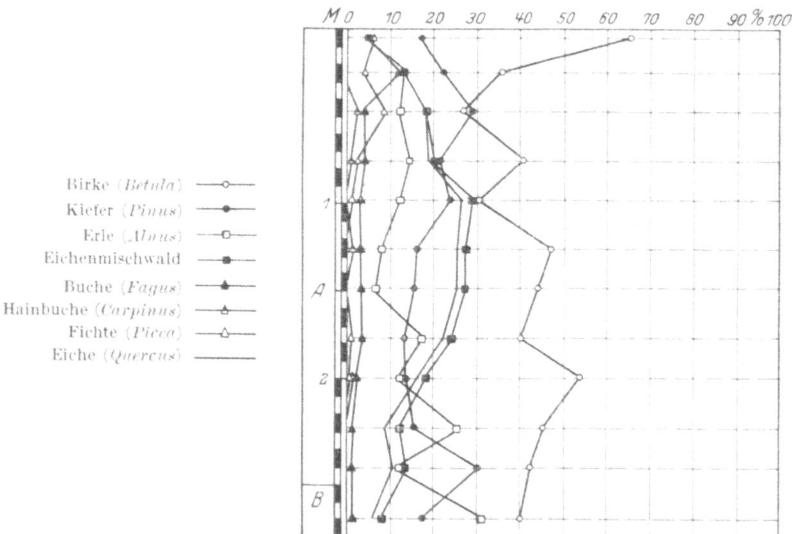

Abb. 48. Pollendiagramm des Moores von Munkatorp (südwestl. Schweden.) (Nach Erdtmann.)

schiedenen Niveaus des Moores „ein Pollenspektrum", aus dem man das Vorherrschen, die Ab- und Zunahme der verschiedenen Bäume im Verlauf der Torfbildung ablesen kann. Für die Geschichte der Waldbäume nach der Eiszeit hat man dadurch für verschiedene Gebiete sehr schöne und zum Teil unerwartete Aufschlüsse erzielt. Abb. 48 zeigt ein derartiges Pollendiagramm; die Signaturen für die Pollen der verschiedenen Baumarten werden heute meist einheitlich benutzt, damit man nicht bei jedem Autor erst wieder nach den Zeichen suchen oder umlernen muß.

Die Kenntnis der wichtigsten Baumpollen wird am besten durch eigenes Studium des Blütenstaubes erlangt, da dieselben Pollen je nach der Ansicht, in der man sie sieht, nicht immer ganz gleich aussehen. Man kann aber auch zur Unterstützung einige wissenschaftliche Werke mit Abbildungen zu Hilfe nehmen, von denen besonders für den Anfang die Schrift von ERDTMAN (Arkiv för Botanik *18*, Nr. 14, Stockholm 1923) zu nennen wäre. Die am häufigsten vorkommenden und daher an rezentem Material zu studierenden Pollen sind die der gewöhnlichen Kiefer (*Pinus silvestris*), der Bergkiefer (*P. montana*), der Birke (*Betula verrucosa*), der Erle (*Alnus glutinosa*), der Eiche (*Quercus pedunculata* usw.), der Linde (*Tilia*), der Tanne (*Abies alba*), der Fichte (*Picea excelsa*), der Buche (*Fagus silvatica*).

3. Konservierung der aus dem Torf gewonnenen Samen, Früchte, Blätter usw. Die bei der oben genannten Schlämmung gewonnenen kleinen Pflanzenteile sind fast immer so weich und leicht zerfallend, daß sie einer besonderen Konservierung bedürfen. Kleinere Samen und dergleichen kann man in Gläsern mit alkoholhaltigem Wasser (1:5) aufbewahren. Holzreste können oft, so wie sie sind, also trocken aufbewahrt werden, namentlich Nadelhölzer, oft aber müssen sie ebenfalls feucht gehalten werden, da sie — wenn stark erweicht, wie es bei vielen Laubhölzern vorkommt — so zusammenfallen, daß ihre Struktur nicht mehr kenntlich ist. Auch nachträgliches Aufquellen nützt dann nichts mehr. Zapfen und größere Früchte tränkt man nach STOLLER und anderen mit Paraffin (Schmelzpunkt 50—60°) und bewahrt sie trocken auf. Die Tränkung erfolgt in folgender Weise: Die zu präparierenden Stücke müssen entwässert werden. Dies geschieht, indem man die Stücke zunächst in 50—60proz. Alkohol legt (etwa 24 Stunden), dann in absoluten Alkohol, dann in eine Mischung von Xylol und Alkohol. Man taucht dann die Stücke in das auf dem Wasserbade in einer Porzellanschale geschmolzene Paraffin, bis keine Gasblasen mehr aufsteigen. Hierbei ist Vorsicht nötig, denn wenn das Paraffin zu heiß ist, ist die Gasentwicklung zu stark, und die Stücke werden oft zerrissen. Man kann zunächst zur Probe oder Übung wertlose Stücke nehmen. Die getränkten Stücke werden auf a n g e w ä r m t e m Löschpapier oder Fließpapier hin- und hergerollt, wodurch das überschüssige Paraffin aufgesogen wird. Glänzen die Stücke nun zu fettig, so fährt man mit ihnen einigemal vorsichtig über eine Spiritus- oder Gasflamme. Blätter, Häute und dergleichen kann man auch gut in Kanadabalsam einbetten und mit Deckglas versehen, überhaupt nach Art mikroskopischer Dauerpräparate behandeln. Man kann auch kleine Samen oder Blätter paraffinieren; auf einer Glasplatte wird ein Bröckchen Paraffin geschmolzen, dann der Same darauf gelegt; beim abermaligen Erhitzen verdampft das Wasser in den noch eben feucht gehaltenen, aber nicht entwässerten Früchten usw., und das Paraffin dringt ein. Blätter kann man zwischen zwei Glasplatten legen und erst die eine Seite, dann die andere durch Umdrehen des Präparats und vorsichtiges Schmelzen des Paraffins über einer Flamme tränken. Das überschüssige Paraffin wird durch Bewegen auf warmem Fließpapier oder durch Abbürsten mit einem weichen Pinsel beseitigt, der in Benzin oder Benzol getaucht ist. Die so präparierten Blätter kann man auf Karton ähnlich wie in den Herbarien befestigen.

IV. Präparation von fossilen Diatomeen (Bacillarien, Kieselalgen)[1].

Die mikroskopisch kleinen, durch die geometrischen, außerordentlich regelmäßigen Formen und Skulpturen ihrer zarten Kieselschalen so charakteristischen und für den Mikroskopiker reizvollen Organismen kommen nicht nur lebend und in allerjüngsten Ablagerungen vor, sondern auch schon recht häufig seit der Braunkohlenzeit und zwar vom ältesten Tertiär ab. In der Kreidezeit sind sie noch sehr selten, aber namentlich in der oberen Kreide zuweilen gefunden; die ältesten sind in der Liasformation bekannt geworden (Posidonienschiefer, Lias ε).

Es soll hier daher darauf eingegangen werden, soweit die fossilen in Betracht kommen, d. h. soweit sich die Diatomeen bereits in den Erdschichten eingebettet finden. Jedoch kann auch dieses Kapitel nur kurz gehalten werden, und wir müssen wegen genaueren Studiums auf Spezialliteratur verweisen, von denen wir außer dem etwas ausführlicheren Abschnitt in POTONIÉ und GOTHAN, Paläobotanisches Praktikum (Berlin 1913), auf die Arbeit von DEBES verweisen (Hewigia, 1885, Heft 2; STRASBURGER: Bot. Praktikum, Jena 1921 u. a.). Manchmal ist die Präparation der fossilen Diatomeen einfacher als die von lebenden, da das Plasma nicht entfernt zu werden braucht, oft ist sie jedoch schwieriger. In festem Gestein kann man sie nur in Dünnschliffen erkennen. Die Kieselsäure der Schalen dieser Algen ist oft in den Gesteinen zum Teil gelöst worden, auch bis zum Verschwinden der Schalen, und durch Umlagerung in Form von Konkretionen oder kieseligen Bänken wieder abgesetzt worden. Die jaspis- oder opalartigen Bänder oder Knollen in den Klebschiefern oder Meniliten des Tertiärs verdanken ihre Entstehung großenteils ursprünglich den Schalen der Bacillarien. So wie die Bacillarien vorkommen, können sie fast nie direkt zu Präparaten benutzt werden, da stets Schmutz, organische Stoffe, tonige und sandige Sedimente, auch Kalke sie verunreinigen, die erst beseitigt werden müssen. Indes kann man zu roher Betrachtung bei manchen lockeren Diatomeenerden einfach ein bißchen auf ein Objektglas bringen; besonders auffallende Formen treten dann schon oft hervor. Derartige provisorische trockene „Präparate" habe ich in den Vorlesungen immer vor den Augen der Hörer hergestellt. Die großen schiffchenförmigen Formen und dergleichen sind dabei jedenfalls zu erkennen. Bei der Präparation muß außer der Beseitigung der Beimengsel auch die Spaltung der Schalen vorgenommen werden, wenn diese noch zusammenhaften, da sonst die Gestaltung der „Gürtelseite" nicht hervortritt[1].

Die Präparation teilt sich nun je nach der Art des Materials in verschiedene Etappen, die sich nach der Art des Vorkommens richten und unterscheiden. Man kann etwa vier Arten des Vorkommens unterscheiden.

---

[1] Vgl. hierzu auch S. 74 ff.

[2] Die Diatomeen haben einen feinen Panzer von Kieselsäure, der aus zwei Schalen besteht, die nach Art der Pillenschachteln an der einen, meist schmaleren Seite (Gürtelseite) ineinanderstecken.

1. Lockere, mehr oder weniger erdige bis pulverige Massen, mehr oder weniger gemischt mit organischen und anorganischen Beimengungen (diluviale und jüngere Ablagerungen, unter dem Namen Kieselgur, Tripel, Bergmehl oder auch als sogenannte Infusorienerde bekannt).

2. Zusammengesinterte, also schon festere, aber noch zerreibliche poröse Materialien. Derartige Ablagerungen kommen im Diluvium und Tertiär vor, meist mit Meeresformen.

3. Tonige Massen festerer Konsistenz meist tertiären Alters (hierin vielfach ausgestorbene Formen).

4. Festes Gestein, wie es im Tertiär und noch früher vorkommt (Beispiele Zementsteine von Mors und Führ in Dänemark).

Das Material 1 wird ähnlich wie lebende Diatomeen behandelt. Es handelt sich dabei wesentlich um folgende Handgriffe:

1. Entfernung des etwa vorhandenen Kalkgehaltes, der in sehr vielen diatomeenhaltigen Faulschlammkalken oft sehr hoch ist. Dies geschieht mittels verdünnter Salzsäure, etwa in einem Becherglas; man rührt öfter um und läßt einige Tage stehen, wobei das Wasser mehrmals gewechselt wird. Schließlich fügt man destilliertes Wasser zu und überzeugt sich von der vollständigen Entsäuerung durch blaues Lackmuspapier, das nicht mehr rot werden darf. Man kann den Vorgang beschleunigen durch Kochen und Filtern, wobei der Rückstand dann auf dem Filter ausgewaschen wird. Ist keine saure Reaktion mehr da, wird das Filter durchstoßen und mit einer Spritzflasche der Rückstand in ein anderes Becherglas gespült. In diesem läßt man die Flüssigkeit längere Zeit stehen und gießt zuletzt vorsichtig das Wasser ab.

Die 2. Manipulation bezweckt die Verkohlung der organischen Substanzen, die man durch starke Schwefelsäure herbeiführt. Damit diese von dem auf dem Material im Becherglas stehenden Wasser nicht zu stark verdünnt wird, muß man das Wasser so viel wie möglich abgießen und setzt dann das 3—5fache Volumen von konzentrierter Schwefelsäure zu; mit einem kleinen Glasstab, der im Glase stehen bleibt, rührt man öfter um; nach etwa 8 Tagen ist die organische Substanz verkohlt, was sich durch die Dunkelfärbung zu erkennen gibt.

Die 3. Manipulation bezweckt die Oxydierung des Kohlenstoffes durch entsprechende Chemikalien, wozu Salpetersäure, Kalisalpeter, Kaliumbichromat usw. benutzt wird. Das Verfahren ist dabei folgendes: Der schwarzen Masse von Nr. 2 wird unter einem Abzug tropfenweise Salpetersäure hinzugefügt, oder es werden kleine Bröckchen von Salpeter hineingeworfen. Man kann auch zu der Masse etwas Kaliumbichromat hinzufügen; man läßt dann die Masse kalt eine Woche stehen unter öfterem Umrühren. Der dann weiß gewordene Rückstand wird unter dem Mikroskop geprüft; etwa noch vorhandene flockige Massen toniger Bestandteile entfernt man durch eine 4. Operation, nämlich durch Behandlung mit Alkali. Hierbei ist jedoch mit Vorsicht zu verfahren, da hierbei die Schalen leicht aufgelöst werden; zweckmäßig nimmt man daher jeweils nur einen Teil der Masse dazu. Man setzt zu diesem Teil etwas stark verdünnte Salpetersäure, läßt einen Tag stehen und wäscht dann mit destilliertem Wasser aus, bis rotes Lackmuspapier nicht mehr blau wird. Man kann auch mit venezianischer Seife kochen oder — aber nur kurze Zeit —

mit Soda oder einige Sekunden bis Minuten mit stark verdünnter Kalilauge. Im folgenden wird auf diese Prozesse noch näher eingegangen.

Nun enthält das Material oft noch kleine Quarzkörnchen, die man am
besten kurz vor der Herstellung der mikroskopischen Präparate ab-
scheidet. Man bringt etwas von dem gereinigten Material in ein Uhrschälchen (mit Wasser), wackelt mit diesem auf und ab und kippt es zuletzt plötzlich etwas. Die leichteren Diatomeen fangen an zu schweben,
während die Quarzkörner unten bleiben. Bei dem plötzlichen Neigen
sinken die Diatomeen zur Seite und können mit der Pipette abgezogen
werden, auf die man zweckmäßig ein Gummihütchen steckt. Die Diatomeen bringt man aus der Pipette auf ein Deckgläschen, das hier am besten
rund genommen wird. Man läßt dann das Wasser über einer Spiritusflamme verdunsten, wobei die Schälchen meist am Deckglas kleben
bleiben. Bringt man nun einen Tropfen der Einbettungssubstanz auf
das Deckglas, so kann man es mit den Diatomeen auf dem Objektträger
befestigen. Als Einschlußmittel empfiehlt sich Monobromstyrax und
Kanadabalsam mit Monobromnaphthalin, ersteres für feine, letzteres
für gröbere Formen (diese sowie die meisten Geräte für Diatomeen-
präparation sind von der Firma E. Thum, Leipzig, Teichstr. 2 zu beziehen). Man muß die Präparate bei den genannten Mitteln mit Lackring verschließen; als Lackring dient am besten dicke Schellacklösung,
die in Immersionsöl (Zedernholzöl) nicht gelöst wird, das man bei Diato-
meenbeobachtung öfter braucht.

Im folgenden werden nun noch einige Angaben über die Schlämm-
und Siebverfahren gemacht und einige weitere Winke gegeben. Zunächst
ist betreffs des Kochprozesses zu erwähnen, daß oben mit dem Vorhandensein eines Abzuges gerechnet wurde, da die Säuren scharfe ätzende
Dämpfe entwickeln. Vielfach hat man aber in Privatwohnungen usw.
einen solchen nicht zur Verfügung. Man kann dann in offenen Schalen
nicht kochen. Man benutzt dann zweckmäßig eine Kochflasche, die in
einem eingeschliffenen Glasstöpsel zwei ungleich lange U-förmig ge-
krümmte Glasröhren hat, deren eine mit dem äußeren Schenkel tiefer
als der Boden der Flasche hinabreicht und in ammoniakalisches Wasser
getaucht wird, das die Säuredämpfe absorbiert. Nimmt man für das
ammoniakalische Wasser höhere Zylinder, so kann man deren obere
Öffnung mit einem nassen Lappen oder dergleichen verschließen, der mit
derselben Lösung getränkt ist. Dieselben Dienste tut eine Woulfsche
Flasche. Beim Kochen ist übrigens zu berücksichtigen, daß durch das
Stoßen der Gas- und Dampfblasen manches Material zerstört wird; man
darf daher nur langsam kochen.

Das Schlämmen oder Dekantieren erfolgt in Bechergläsern oder
Standzylindern; einen besonderen Schlämmapparat braucht man
meistens nicht. Wichtig sind aber lange Pipetten zum Entnehmen von
Flüssigkeitsproben aus dem Schlämmgefäß.

Zum Sieben benötigt man weitmaschige Drahtsiebe und fein-
maschige Seidengazesiebe verschiedener Maschenweiten; auch diese sind
von der Firma Thum in Leipzig erhältlich. Die Gaze wird mit einem
Gummiring über den Siebring geklemmt, kann also ausgewechselt wer-

den. Von Drahtsieben, die eingelötet werden müssen, braucht man etwa drei verschiedene Nummern, von Gazesieben etwa vier bis fünf Sorten, deren feinste Gaze (Nr. 20 des Handels) 78 Fäden für 1 cm zählt, mit Maschen von 0,04 μ Weite, die bei Befeuchtung auf 0,03 zusammenschrumpfen. Von anderen Gazen seien Nr. 18, 16, 13, 10 empfohlen mit 70, 62, 51 und 43 Fäden für je 1 cm. Siebe und Gaze müssen nach ihrem Gebrauch sehr sorgfältig ausgewaschen werden; Alkalien und Säuren dürfen nicht herankommen. Man nehme nun beim Schlämmen immer sehr wenig Material in Behandlung und geize damit nicht, da es auf ein paar Diatomeen nicht ankommt und man mit einem geringen Quantum ja sehr zahlreiche Präparate herstellen kann. Haben sich manche der wie oben behandelten Schalen nicht voneinander getrennt („gespalten"), so kann man dies durch vorsichtiges Kochen mit sehr verdünnten Alkalien ($^{1}/_{10}$—$^{1}/_{2}$vH) noch einmal zu erzielen suchen, muß aber zur Verhütung der Auflösung der Schalen den Prozeß sorgfältig überwachen. Läßt man die zum Einlegen fertigen Diatomeen noch stehen, so setzt man dem Wasser etwas Alkohol zu, da etwa auftretende Pilz- und Algenbildungen sehr störend sind.

Ist das Rohmaterial sehr verunreinigt und mit erdigen Bestandteilen gemengt und trocken, wird es in kleine Stückchen zerbröckelt und in einem größeren Becherglas mit kaltem Wasser übergossen. Salzhaltiges Material zerfällt im Wasser oft rasch, und die Diatomeen steigen oft im Wasser bis zur Oberfläche empor, wo sie in großer Menge weggefischt werden können oder am Gefäßrand haften. Man kann das Material eventuell weiter mit verdünnter Salzsäure kochen. Unangenehm ist der Schlick, wie ihn z. B. das Wattenmeer der Nordsee liefert, worin nur wenige Diatomeen sich befinden. Man kocht das Material zunächst mit Wasser in einem Topf und beginnt dann mit dem Sieben, das man auf einem flachen Teller ausführt, auf dem das Sieb im Wasser so lange hin- und herbewegt wird, bis nichts mehr durchgeht. Man beginnt mit gröberen Sieben und geht allmählich zu feineren über, dabei wird der Rückstand im Siebe mit dem Mikroskop geprüft. Solange er beim Weitersieben der Masse noch keine Diatomeen enthält, schüttet man ihn fort. Erst später, bei feineren Siebnummern finden sich in dem Siebe die Diatomeen, von denen zunächst die größeren, später die feineren Formen von den feinen Sieben festgehalten werden. Mit dem so erlangten Material kann oder muß man eventuell noch die vorgenannten Operationen vornehmen (Kochen mit Säure, eventuell Alkalien usw.). Öfter sind die Diatomeen noch mit feineren Mineralteilen (Glimmerblättchen usw.) gemischt. Diese kann man abtrennen durch den Gebrauch der THOU-LETSCHEN Lösung (konz. Jodkali-Jodquecksilberlösung), die man käuflich beziehen kann und die auch von den Mineralogen benutzt wird, weil sie durch ihre Schwere verschiedene Mineralien leicht voneinander zu trennen gestattet. Man bringt sie auf das spezifische Gewicht von 2,3 durch Verdünnung mit Wasser, was man dadurch ausprobieren kann, daß ein hineingeworfenes Glimmerblättchen (spez. Gew. 3) schnell zu Boden sinken muß, während Alkaliglas (2,4—2,6) leicht schwebend erhalten werden muß. Der Sinn ihrer Anwendung für die Diatomeenpräparation liegt darin, daß organische Kieselsäure leichter (2,1) als anorganische (2,5) ist. Man fülle die Lösung in ein kleines Becherglas bis zum Rand und läßt sie mit dem hineingegebenen Material ruhig stehen. Allmählich tritt eine deutliche Scheidung ein in einen schweren Bodensatz und einen rahmartigen Absatz von Diatomeen, der oben schwimmt. Falls von den schwimmenden Diatomeen kleine Mineralteilchen mit hochgenommen sein sollten, klopft man hin und wieder an das Glas. Das schwimmende Material kann mit der Pipette abgezogen, am Rande haftendes mit einem feinen Pinsel fortgenommen werden. Sich bildende rote Kriställchen von Jodquecksilber werden durch einige Tropfen Jodkalilösung wieder aufgelöst. Die Lösung ist übrigens als Quecksilberverbindung giftig.

Bei lockeren erdigen Massen, die man nicht zerbröckeln will, kann man übrigens kristallisiertes Glaubersalz benutzen, das in sehr wenig Wasser bei 35—40° gelöst wird. Man durchtränkt das fossile Material damit; beim Stehen kristallisiert das Glaubersalz wieder aus und zertrümmert das Material, wie gewünscht. Man kann das Verfahren mehreremal wiederholen, wenn nötig. Bei fossilen Diatomeen sind übrigens die oben genannten Vorsichtsmaße noch besonders angebracht, da sie leichter zerstört werden als frische lebende. Weitere Angaben findet man in der zitierten Literatur.

Bei der Bearbeitung von festem Gestein ist noch zu bedenken, ob es sich um Kalk- oder Silikatgesteine handelt. Im ersteren Falle erreicht man meist etwas durch Auflösen des Kalks in Salzsäure. Wo dies nicht möglich ist, muß man zu Dünnschliffen greifen, über die S. 151/9 das Nötige gesagt ist.

Sachverzeichnis.

Biologische Studienbücher

Herausgegeben von

Professor Dr. **Walther Schoenichen**

Berlin

Bisher sind erschienen:

Band I: Praktische Übungen zur Vererbungslehre. Für Studierende, Ärzte und Lehrer. In Anlehnung an den Lehrplan des Erbkundlichen Seminars von Professor Dr. Heinrich Poll. Von Dr. Günther Just, Kaiser-Wilhelm-Institut für Biologie in Berlin-Dahlem. Mit 37 Abbildungen im Text. 88 Seiten. 1923.   RM 3.50; gebunden RM 5.—

Band II: Biologie der Blütenpflanzen. Eine Einführung an der Hand mikroskopischer Übungen von Professor Dr. Walther Schoenichen. Mit 306 Originalabbildungen. 216 Seiten. 1924. RM 6.60; gebunden RM 8.—

Band III: Biologie der Schmetterlinge. Von Dr. Martin Hering, Vorsteher der Lepidopteren-Abteilung am Zoologischen Museum der Universität Berlin. Mit 82 Textabbildungen und 13 Tafeln. VI, 480 Seiten. 1926.   RM 18.—; gebunden RM 19.50

Band IV: Kleines Praktikum der Vegetationskunde. Von Dr. Friedrich Markgraf, Assistent am Botanischen Museum Berlin-Dahlem. Mit 31 Abbildungen. VI, 64 Seiten. 1926. RM 4.20; gebunden RM 5.40

Band V: Biologie der Hymenopteren. Eine Naturgeschichte der Hautflügler von Dr. H. Bischoff, Kustos am Zoologischen Museum der Universität Berlin. Mit 224 Abbildungen. VII, 598 Seiten. 1927.
RM 27.—; gebunden RM 28.20

Band VI: Biologie der Früchte und Samen (Karpobiologie). Von Professor Dr. E. Ulbrich, Kustos am Botanischen Museum der Universität Berlin-Dahlem. Mit 51 Abbildungen. VIII, 230 Seiten. 1928.
RM 12.—; gebunden RM 13.20

Band VII: Pflanzensoziologie. Grundzüge der Vegetationskunde. Von Dozent Dr. J. Braun-Blanquet, Montpellier. Mit 168 Abbildungen. X, 330 Seiten. 1928.   RM 18.—; gebunden RM 19.40

Die weiteren Bände der Sammlung werden behandeln:

Protozoenkunde. Von Privatdozent Dr. K. Bělař-Berlin. — **Entwicklungsphysiologie der Pflanzen.** Von Professor Dr. F. v. Wettstein-Göttingen. — **Reizphysiologie und Tierpsychologie.** Von Professor Dr. A. Kühn-Göttingen. — **Einführung in die Limnologie.** Von Professor Dr. Brehm-Eger. — **Die Tierwelt des Waldes.** Eine Einführung an der Hand praktischer Übungen. Von Professor Dr. Wolff-Eberswalde. — **Die Insekten des Süßwassers.** Eine Einführung an Hand praktischer Übungen. Von Dr. Effenberger-Berlin. — **Die Lebensgemeinschaften der Tiere** mit besonderer Berücksichtigung der Insekten. Eine Einführung in die Biocönotik. Von Dr. H. Hedicke-Berlin. — **Einführung in die Biologie der Süßwasserseen.** Von Dr. Lenz-Plön. — **Praktikum der Gallenkunde.** Von Professor Dr. H. Ross-München. — **Kurzes Praktikum der Pollenanalyse.** Von Dr. Kurt Hueck-Berlin. — **Biologie der Käfer.** Von Prof. Dr. von Lengerken-Berlin.